秒懂！行動網頁設計

Visual Studio Code + GitHub + Bootstrap5 + CSS3 + HTML5 + Web App

CSS HTML

專案實作

序 | *preface*

於國立臺中科技大學資訊管理系任教一段時間，我們與業界互動良好，深深感受到廠商對於前端人才的迫切需求，因此，我們積極訓練學生的技能、發掘他們的潛力並與廠商深入互動交流，期望能夠創造一個產學互助的模式，幫助學生順利就業。經由開發產學案與企業實習的經驗，我們與學生成長許多，透過多屆師生的努力，編制了一些教材與訓練課程，本書至今也已經改版第三次了，主要是將學生在業界實習與專案開發的經驗、以及一些老師教學與學生本身學習的經驗、遭遇困難與解決問題的過程，希望能夠結合這些歷程與學習經驗，透過知識的累積演化為更適合前端技術初學者學習且貼近業界需求的教材，期許能夠突破現今學生在程式設計的學習過程中容易遭受挫折進而衍生放棄念頭的困境，從而持續不間斷地訓練新進的學生。

學校的教學與工作實務上仍有一段落差，而我們透過一屆屆學長姊的經驗傳承與分享，持續積累知識，尋找較佳的學習方式，降低學習挫折，並輔以產學合作，培養出來的學生已逐漸彌補學用落差，迎合上業界的需求。我們相信每位學生都有潛力，只要經得起磨練，透過知識經驗的累積與技術傳承，讓每位願意努力學習的學生，都能獲益及成長。其中，將經驗及範例撰寫成書籍出版，便是一種知識累積與傳承的方式，也是撰寫這本書的初衷及目的。本書是從初學者的角度出發，內容撰寫與設計，有眾多初學者的經驗與分享，期望藉由書籍的出版讓更多對程式設計學習懼怕的讀者能透過這本書輕易跨過學習前端程式的障礙與瓶頸。

由於『Visual Studio Code(簡稱 VS Code) 是一款跨平台的免費原始碼編輯器，Bootstrap 版本及語法的大幅修改，再加上 GitHub 版本控制的技巧，與前端技術在網頁版行動介面 (Web APP) 開發上的應用』，是促成這次改版的最大動力，書中的範例都是學生練習後的成果，範例程式碼都經過學生們再三確認無誤，這本書能成功出版要特別感謝璟誼、子瑜、珮儀、家源的用心與努力，也非常感謝實驗室古雅媛、陳旻愉的心得回饋與細心校稿，讓這本書的內容與編排能更臻完善，也更貼近初學者的角度，再次強調學生們才是這本書的真正作者。

蕭國倫、姜琇森
撰寫於 國立臺中科技大學資訊管理系

關於本書 *about this book*

讓每位學習者可以秒懂書中的講解及範例是撰寫本書的初衷，希望能夠幫忙初學者快速熟悉網頁設計的技術，本書中所有的講說都搭配範例，以確保學習者可以從範例中快速了解重點，同時將範例化繁為簡，讓學習者可以在很短時間內理解。

如何使用這本書幫助你掌握網頁設計的技術？

1. 按步就班，依序完成本書的範例：本書的內容經過精心的安排與設計，讓初學者可以很容易的依照書中的步驟完成練習，因此不要跳過任何步驟，請耐心的依序完成。

2. 反覆練習實作範例：看書完成練習後，請將書本放一旁，再將書中的範例練習一次，以確保每個觀念都完全理解。

3. 以書中範例為基礎，設計新的版面：舉一反三，才能觸類旁通，以書中的範例及說明的設計原則設計新版面，才能不斷創新以應付不同的需求。

本書新增內容：

1. 以熱門網站開發工具 Visual Studio Code(VS Code) 操作教學，取代 Sublime Text。
2. 補充雲端版本控制服務 GitHub 應用，適合程式開發人員放置網頁作品及進行共同編輯。
3. 更新網頁轉 APP 的發佈流程，幫助您快速上架 Android APP。

版權聲明

我們在撰寫本書的過程中，參考一些國內外的網站與網路上現有的資料，因此有些內容無法準確地標明出處，在此請見諒。倘若本書引用了您的書籍、網路資料與作品，但沒有標明出處，歡迎您們即時與出版社或我們聯繫，我們將於下一版中進行更正與補充。最後，在此感謝所有參考資料來源的作者，謝謝您們為本書提供大量的參考依據。

目錄 *contents*

chapter 4 網頁建置流程與網頁設計

chapter 5 利用 HTML+CSS 製作基本版型

chapter 6 初學 Bootstrap 5

chapter 7 使用 Bootstrap 5 開發響應式網站

本書範例、附錄 B 請至 http://books.gotop.com.tw/download/AEL024900 下載，檔案為 ZIP 格式，請讀者下載後自行解壓縮即可。其內容僅供合法持有本書的讀者使用，未經授權不得抄襲、轉載或任意散佈。

1

Visual Studio Code +GitHub 使用教學

Visual Studio Code 是一個支援近乎所有主流程式語言的跨平台原始碼編輯器，本身內建命令行工具及 Git，是現今前端開發人員愛不釋手的開發工具。 為了讓 Visual Studio Code 的初學者們，可以快速上手並且流暢地使用 Visual Studio Code 進行網站開發，本章節針對 Visual Studio Code 作詳細的教學，並結合 Git 的使用；此外，本章節也將介紹一些使用 Visual Studio Code 提升開發效率的好用套件與技巧，帶領讀者們一覽使用 Visual Studio Code 開發的世界。

- 操作 Visual Studio Code
- Git 基礎教學
- 安裝與移除套件
- 提升開發效率的套件與技巧

Visual Studio Code 安裝教學

1-1-1 Visual Studio Code 版本

目前 Visual Studio Code 的最新版本為 1.56 版，於 2021 年 4 月發布，在 Visual Studio Code 的官方網站（https://code.visualstudio.com）上，提供依據不同作業系統環境的安裝檔，使用者可以根據個人電腦的作業系統選擇符合需求的安裝檔進行下載。

> **TIP**
>
> 有關 Visual Studio Code 的安裝操作，請參見電子書：附錄 B-1。

1-2 Visual Studio Code 基本介紹

1-2-1 Visual Studio Code 介紹

過去許多網頁前端初學者普遍都是使用「Adobe Dreamweaver」進行開發，Adobe Dreamweaver 是一個集網頁製作與網站管理於一身的網頁編輯器，並且能夠滿足開發者所見及所得的需求，但是它在啟動速度與耗費資源相較其他網頁編輯器多上許多，因此輕量級的網頁編輯器逐漸成為許多前端開發人員的首選。

輕量級的網頁編輯器有很多選擇，像是「Sublime Text」、「Atom」等，皆是畫面簡潔、易編輯且提供許多外掛，是不少前端開發人員嘗試使用的網頁編輯器，而「Visual Studio Code」結合了命令行工具、Git 及偵錯工具，讓使用者可以在 Visual Studio Code 的友善開發環境中，達到「開發、偵錯、版本控制、部署」的一系列的工作，綜合以上優點，使 Visual Studio Code 躋身現今前端開發人員最常使用的開發工具。

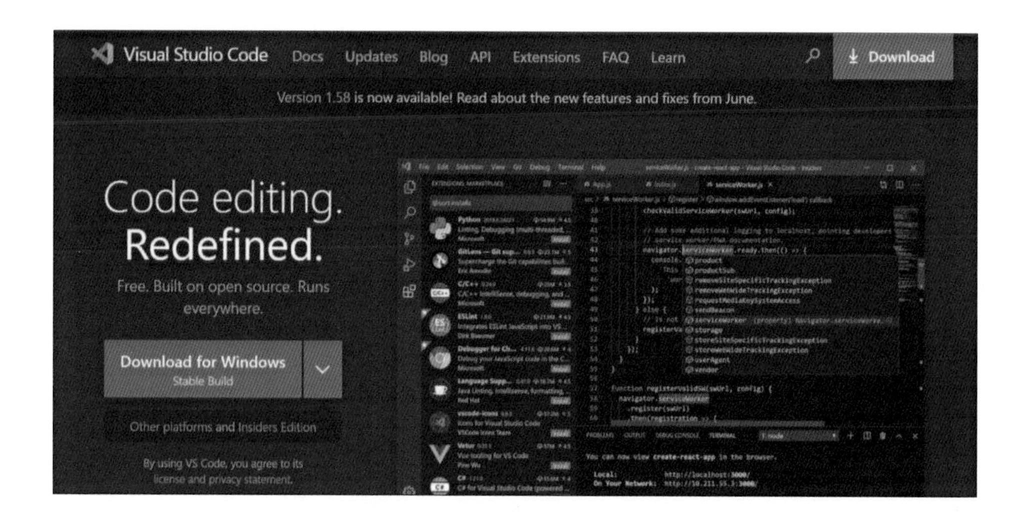

1-2-2 Visual Studio Code 特色

1. 簡潔、易操作的視窗介面

   Visual Studio Code 功能列簡潔明瞭，並且提供許多快捷鍵，讓使用者在開發網頁時，可以更加方便快速。

2. 內建命令行工具

   Visual Studio Code 內建命令行工具，快捷鍵「ctrl + `」即可開啟終端機。

3. Git 版本控制

   Visual Studio Code 可以和 Git 連接，直接在開發的過程中，一併完成版本控管，並且以簡單的圖形化界面操作，讓初學者可快速入門。

4. 可擴充套件

   Visual Studio Code 可以依開發者的語言、需求及習慣安裝各種適合的的套件，以建立更高效率的開發環境。

5. 程式碼補全提示

   Visual Studio Code 提供多種程式語言的程式碼補全提示，其中包含了 HTML、CSS 及 JavaScript⋯等。

6. 可分割編輯視窗

   Visual Studio Code 提供多種版面配置，可上下或左右切割，以上下分割為例，可分為單列式、兩列式、三列式，左右則是欄式，另外也可分割為格狀，讓使用者可以同時編輯多個文件，減少切換文件編輯的情況產生。

7. 迷你地圖功能

   迷你地圖功能，可以協助開發者在冗長的程式碼中，快速地找到目標程式碼以進行修改，無需不斷拉動滾軸或使用滑鼠的滾輪尋找。

8. 快速開啟檔案

   Visual Studio Code 的側邊欄會顯示專案資料夾內的所有文件，可以直接點擊任一文件，該文件就會立即在 Visual Studio Code 中開啟。

9. 文件記憶功能

   開發者倘若在開發過程中，尚未儲存文件就將 Visual Studio Code 關掉，並不需要擔心文件內容遺失的問題，一切歸功於 Visual Studio Code 所具備的文件記憶功能，再次開啟 Visual Studio Code 時，文件會停留在先前編輯的狀態。

TIP

此功能是 Visual Studio Code 貼心的設計，並非鼓勵開發者不隨時儲存文件，隨時的將編輯中的文件儲存才是良好的開發習慣喔！

1-2-3 Visual Studio Code 的版面配置

在進入下一個小節前，先帶大家熟悉 Visual Studio Code 的版面配置。

TIP

繁體中文套件的安裝步驟，請參見電子書：附錄 B-2。

1-3 Visual Studio Code 常用導覽列介紹

在正式使用 Visual Studio Code 開發之前，先了解它的操作環境，有助於提升開發上的順暢度，本節將介紹一些常用的導覽列功能：

1-3-1 新增檔案

欲新增一個空白的文件時，請點擊導覽列上的「檔案」→「新增檔案」。

> **TIP**
>
> 新增檔案的快捷鍵為「Ctrl」+「N」。

1-3-2 開啟舊檔

欲開啟一個已存在的檔案時，請點擊導覽列上的「檔案」→「開啟檔案」。

> **TIP**
>
> 開啟檔案的快捷鍵為「Ctrl」+「O」。

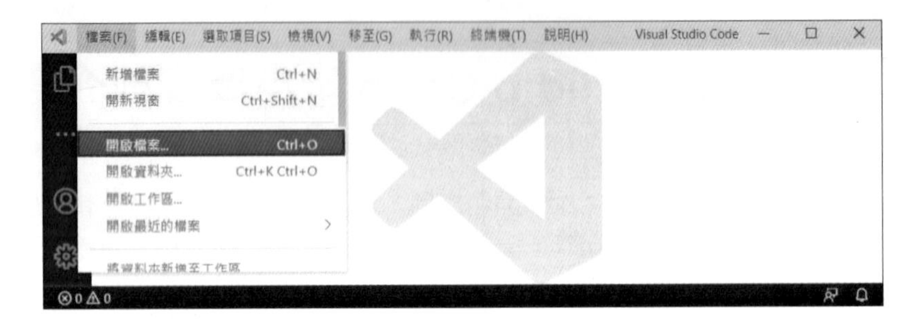

1-3-3 開啟專案資料夾

欲開啟一個專案資料夾時，請點擊導覽列上的「檔案」→「開啟資料夾」。

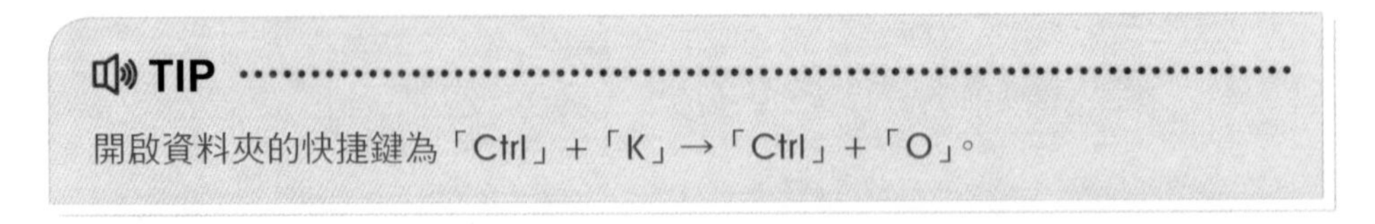

TIP

開啟資料夾的快捷鍵為「Ctrl」+「K」→「Ctrl」+「O」。

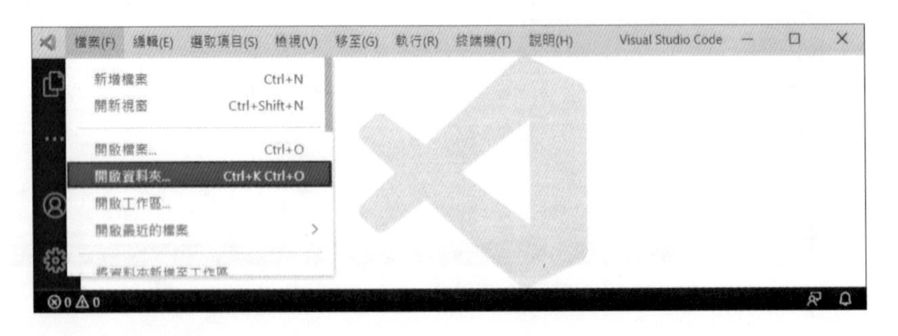

1-3-4 儲存檔案

欲儲存更動的檔案，請點擊導覽列上的「檔案」→「儲存」。

TIP

儲存檔案的快捷鍵為「Ctrl」+「S」。

1-3-5 另存新檔

欲將檔案另存成新的檔名時，請點擊導覽列上的「檔案」→「另存新檔…」。

TIP

另存新檔的快捷鍵為「Ctrl」+「Shift」+「S」。

1-3-6 全部儲存

欲一次將更動的所有檔案作儲存，請點擊導覽列上的「檔案」→「全部儲存」。

TIP

全部儲存的快捷鍵為「Ctrl」+「K」+「S」。

1-3-7 常用快捷鍵

在開發的過程中，建議使用者活用快捷鍵以提高開發上的效率，除了上述所介紹功能的快捷外，本小節也額外整理了一些開發上也常使用的快捷鍵，如下表：

	功能	快捷鍵		功能	快捷鍵
1	新增檔案	Ctrl + N	7	剪下	Ctrl + X
2	開啟舊檔	Ctrl + O	8	複製	Ctrl + C
3	開啟專案資料夾	Ctrl + K → Ctrl + O	9	貼上	Ctrl + V
4	儲存檔案	Ctrl + S	10	復原	Ctrl + Z
5	另存新檔	Ctrl + Shift + S	11	重做	Ctrl + Y
6	全部儲存	Ctrl + K +S	12	全選	Ctrl + A

1-4 Visual Studio Code 延伸套件安裝教學

初始的 Visual Studio Code 環境，雖然已經可以用於開發，但是在撰寫程式碼上的方便性還可以更加完善，為了使 Visual Studio Code 成為一個高效率的網頁開發工具，可以透過安裝延伸套件的方式幫助開發者在撰寫程式的過程中更加輕鬆與快速。

1-4-1 延伸套件管理

欲查看已安裝、啟用或停用的套件有哪些，請點擊側邊欄的「延伸模組」→「…」→「檢視」→「已安裝」、「啟用」或「停用」。

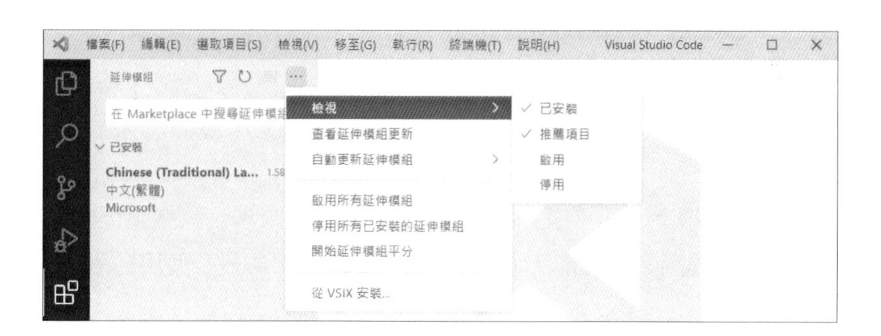

1-4-2 前端網頁開發延伸套件推薦

在正式開發之前，可以安裝一些好用的套件來提升開發上的效率，下表是針對前端網頁開發的套件推薦說明，使用者可以根據附錄 B-3 的安裝步驟，依套件名稱一一作安裝。

	套件名稱	套件說明
1	Auto Close Tag	撰寫 HTML 語法時，當使用者打完起始標籤，Auto Close Tag 套件會自動將結尾標籤補齊。
2	Auto Rename Tag	撰寫 HTML 語法時，若使用者遇到需要修改標籤時，修改起始標籤，Auto Rename Tag 套件會使結尾標籤會同時做更動；反之，修改結尾標籤，起始標籤也會同時做更動。
3	File Name Complete	當使用者在引入檔案時，File Name Complete 套件會根據使用者已輸入的路徑，提供後續路徑的提示。
4	vscode-icons	vscode-icons 套件會將檔案總管中檔案清單的所有檔案，根據副檔名呈現對應的圖示，協助使用者能更加直覺的辨識檔案類型。
5	Prettier	Prettier 套件為程式碼排版美化的工具，觸發方式的快捷鍵是「Shift」+「Alt」+「F」。

1-5 Git 版本控制

1-5-1 Git & GitHub 介紹

Git 是一個分散式版本控制軟體，有如程式碼的時光機，讓開發人員可以回溯過去的專案版本，回復程式碼或是查看開發歷程。

GitHub 是一個線上服務平臺，提供開發人員將 Git 版本資訊儲存至此，並且也提供開發人員共同開發的功能。 GitHub 是現今開發人員最多使用的版本控制平台。

而 Visual Studio Code 內建 Git，讓開發與版本控制的過程更加便利，本章節將介紹 Git 安裝與 GitHub 註冊，並且以適用於初學者的圖形化介面進行基本操作教學。

目前 Git 的最新版本為 2.31.1 版，於 2021 年 3 月 26 日發布，在 Git 的官方網站 (http://git-scm.com) 上，提供依據不同作業系統環境的安裝檔，使用者可以根據個人電腦的作業系統選擇符合需求的安裝檔進行下載與安裝。

TIP

Git 的下載與安裝，請參見電子書：附錄 B-4。

1-5-2 註冊 GitHub

step 01 首先於 GitHub 官網點擊「Sign up」，至下列頁面。

TIP

GitHub 官網網址為 https://github.com。

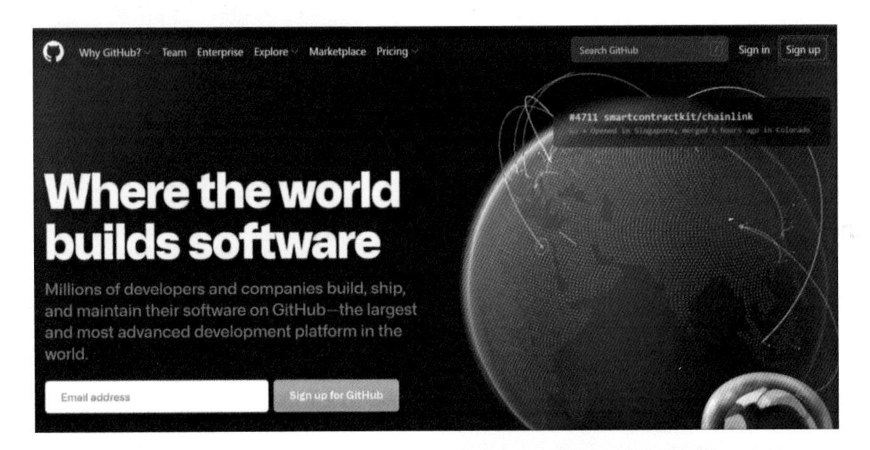

step 02 填寫個人資料。

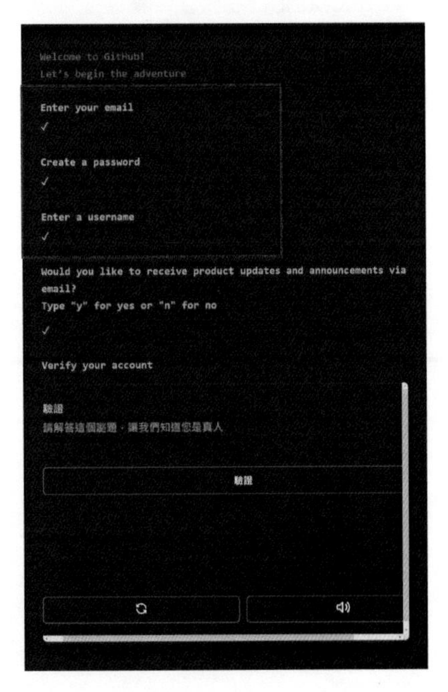

step 03 進行帳戶驗證。

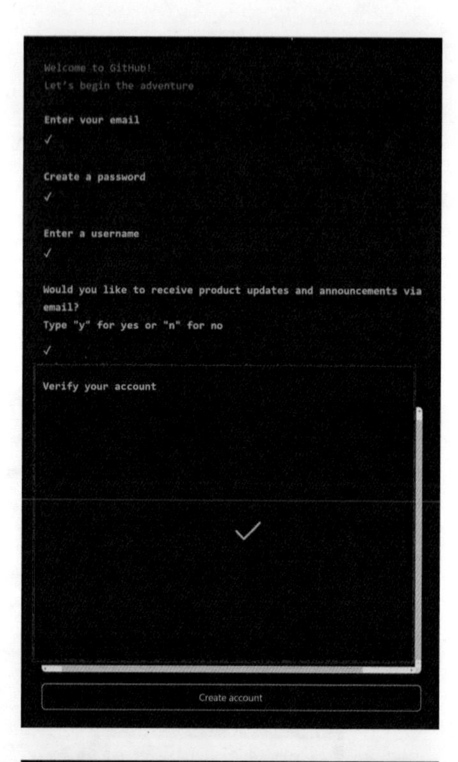

step 04 上述填寫完成後，點擊「Create account」。

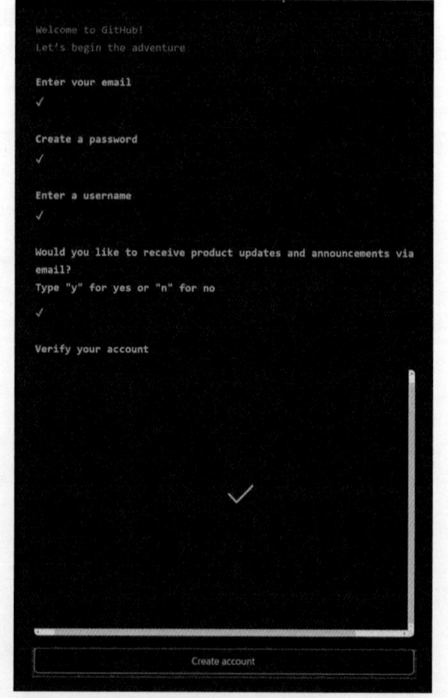

step 05 請前往個人信箱收取驗證信，並點擊「Verify email address」。

TIP

驗證信主旨 Your GitHub launch code。

Open GitHub

1-5-3 設定 Git 環境資料

step 01 請到桌面按下「滑鼠右鍵」，並點擊「Git Bash Here」。

step 02 輸入「git config --global user.name」與註冊 GitHub 時的 Username，並按下鍵盤「Enter 鍵」。

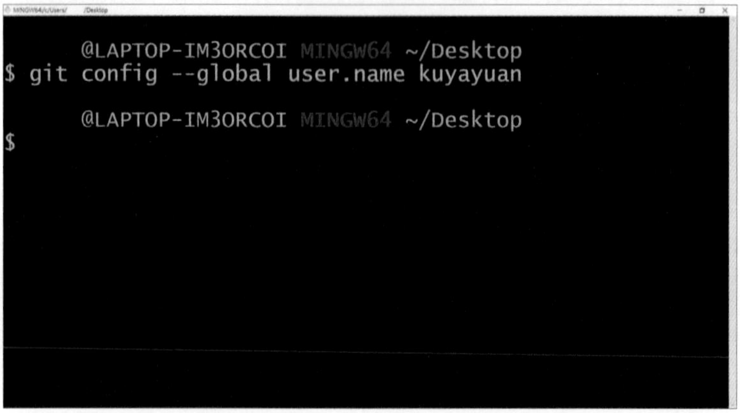

```
     @LAPTOP-IM3ORCOI MINGW64 ~/Desktop
$ git config --global user.name kuyayuan

     @LAPTOP-IM3ORCOI MINGW64 ~/Desktop
$
```

step 03 輸 入「git config --global user.email」 與 註 冊 GitHub 時 的 Email address，並按下鍵盤「Enter 鍵」。

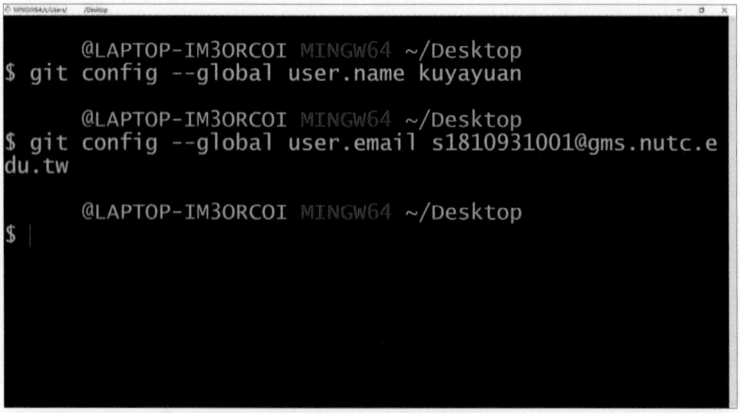

```
     @LAPTOP-IM3ORCOI MINGW64 ~/Desktop
$ git config --global user.name kuyayuan

     @LAPTOP-IM3ORCOI MINGW64 ~/Desktop
$ git config --global user.email s1810931001@gms.nutc.e
du.tw

     @LAPTOP-IM3ORCOI MINGW64 ~/Desktop
$
```

TIP

這個部分只需要首次使用時才需要設定，如果後續需要更改資訊時，只要再透過上述的設定指令覆蓋即可。

1-6 視覺化介面操作 Git

使用 Git 版本控制輔助開發已然是現今開發人員常用的開發模式，接下來為大家介紹，易於初學者入門的兩種視覺化界面操作 Git，以及如何使用 GitHub Pages 來呈現個人的網頁。

1-6-1 使用 Visual Studio Code 視覺化介面操作 Git

step 01 首先請前往 GitHub 網頁，並登入 GitHub 進入到首頁。

TIP

尚未註冊 GitHub 的使用者，請參照 1-5-2 小節進行註冊。

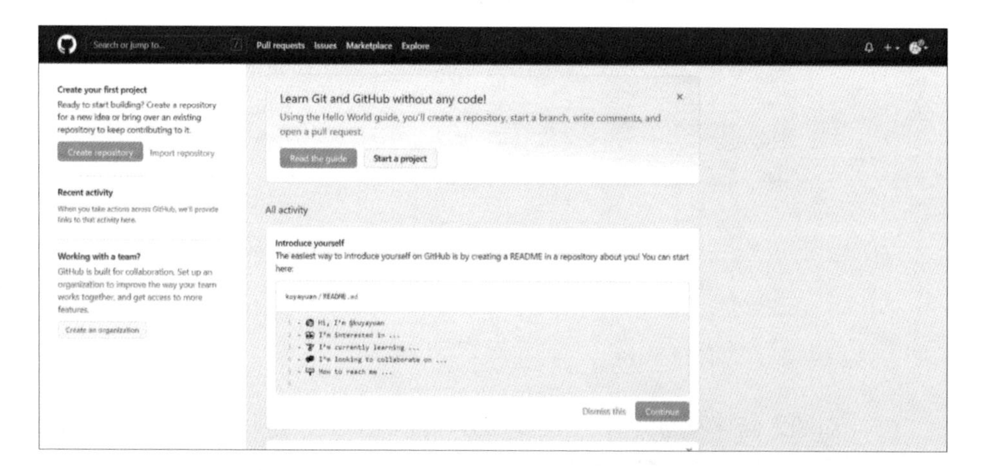

step 02 請點擊右上角的頭像，並在下拉選單中點擊「Your repositories」，將會進入到個人的儲存庫頁面。

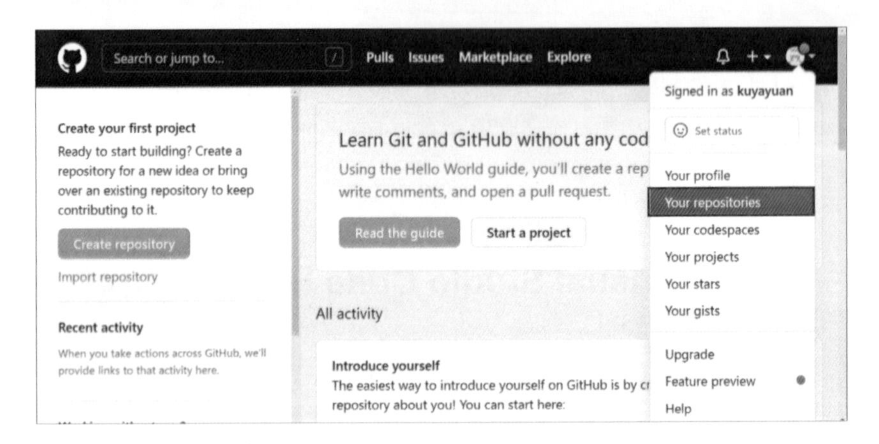

step 03 請點擊「New」以新增一個新的儲存庫。

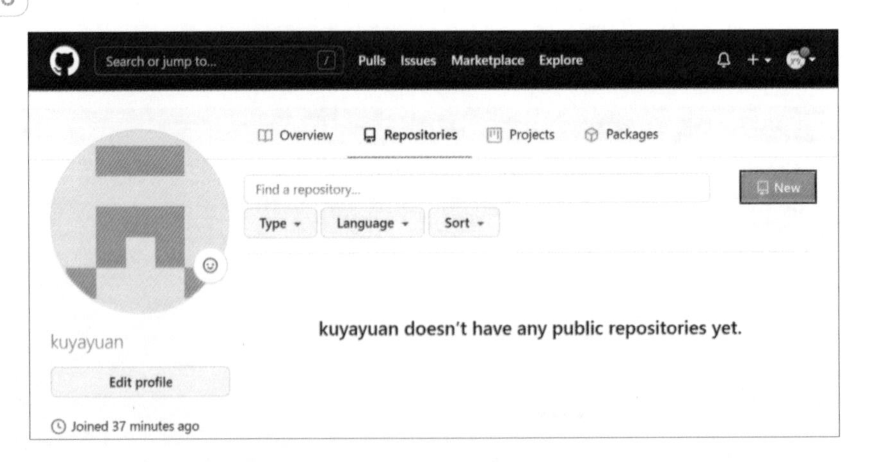

step 04 請輸入儲存庫的名稱，並根據個人需求選擇是「Public」或「Private」，接下來勾選專案是否預設檔案，最後點擊「Create repository」。

TIP

1. GitHub 裡的儲存庫可以設定為公開的或私有的，故新增專案時會勾選「Public」或「Private」。
2. GitHub 儲存庫在建立的時候，可以選擇是否一併建立預設檔案，這些檔案分別為：
   - 「README file」：提供開發人員對專案撰寫說明。
   - 「.gitignore」：提供開發人員撰寫專案中不上傳至 Git 儲存庫的檔案。
   - 「license」：提供開發人員告訴其他開發人員使用自己的程式碼有什麼不能做。

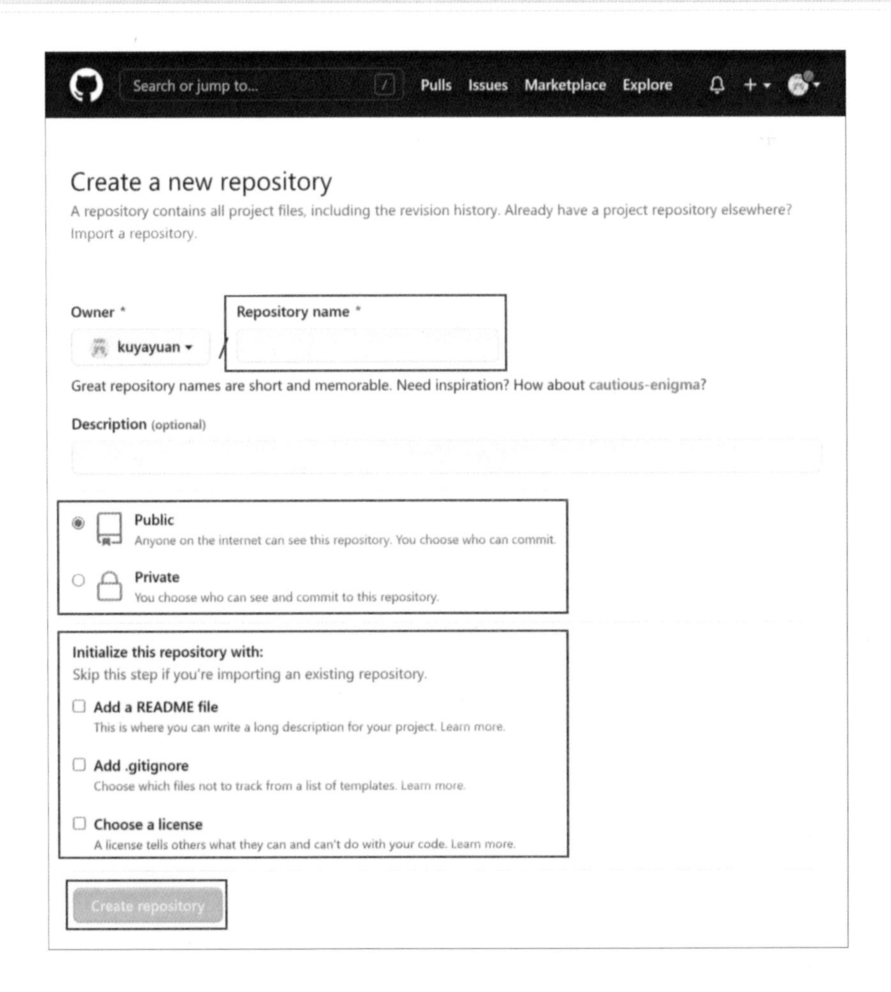

step 05 下列畫面為儲存庫的頁面，點擊「Code」並點擊網址旁邊的「複製圖示」將網址複製。

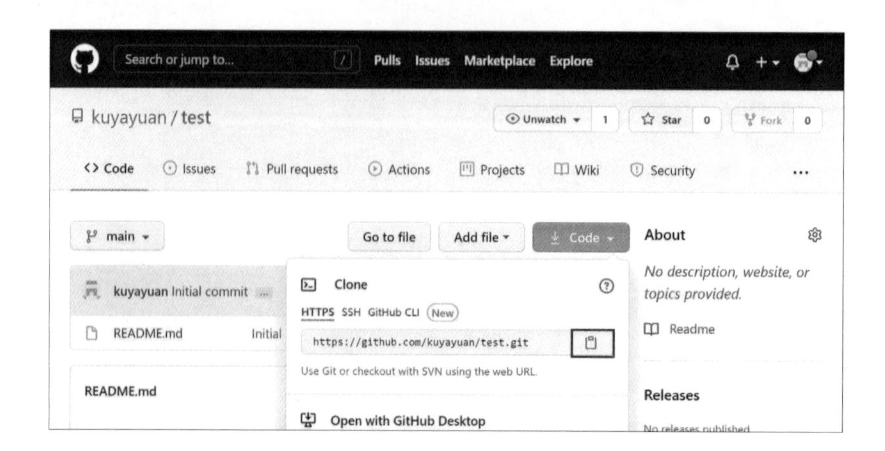

step 06 請到桌面空白處按下「滑鼠右鍵」，並點擊「Git Bash Here」。

step 07 請輸入「git clone」後，按下「滑鼠右鍵」貼上 (Paste) 先前所複製的網址，並按下鍵盤「Enter 鍵」。

TIP

此處的貼上無法使用快捷鍵「Ctrl」+「V」。

```
@LAPTOP-IM3ORCOI MINGW64 ~/Desktop
$ git clone https://github.com/kuyayuan/test.git
```

step 08 出現以下畫面即表示下載完成。

```
@LAPTOP-IM3ORCOI MINGW64 ~/Desktop
$ git clone https://github.com/kuyayuan/test.git
Cloning into 'test'...
remote: Enumerating objects: 3, done.
remote: Counting objects: 100% (3/3), done.
remote: Total 3 (delta 0), reused 0 (delta 0), pack
-reused 0
Receiving objects: 100% (3/3), done.

@LAPTOP-IM3ORCOI MINGW64 ~/Desktop
$
```

step 09 請將 clone 下來的資料夾點開。

TIP

可以根據 Git Bash 中的檔案路徑找到資料夾，資料夾名稱則為先前所建立的儲存庫名稱。

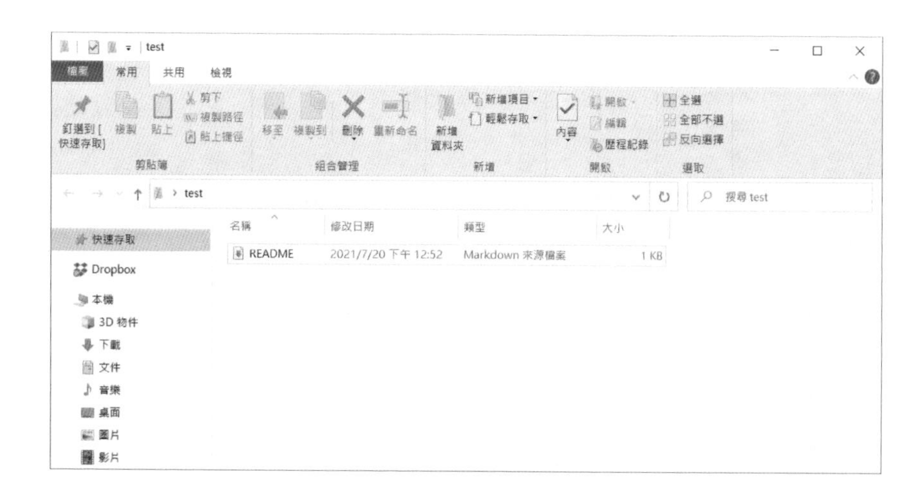

step 10 請於空白處按下滑鼠右鍵，並點擊「以 Code 開啟」。

TIP

除了「以 Code 開啟」之外，也可以在 Visual Studio Code 以「開啟資料夾」的方式開啟。

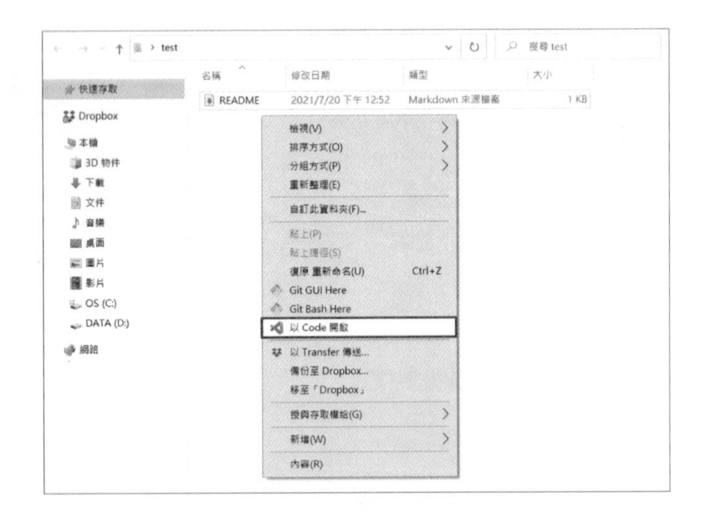

step 11 請新增一個檔案，點擊導覽列的「檔案」→「新增檔案」。

TIP

新增檔案的快捷鍵為「Ctrl」+「N」。

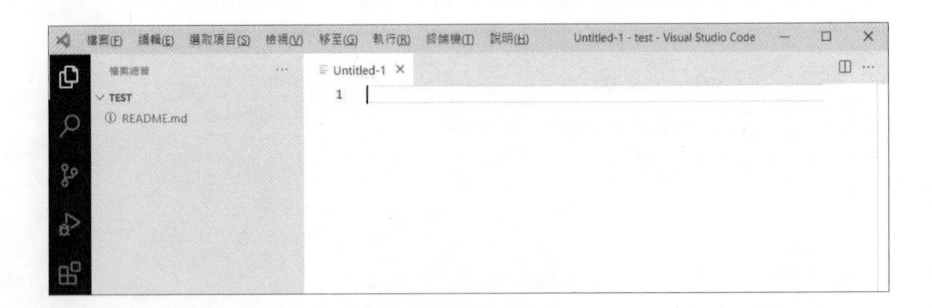

step 12 請點擊畫面右下角的「純文字」以更改文件程式語言類型，此處以 HTML 為例。

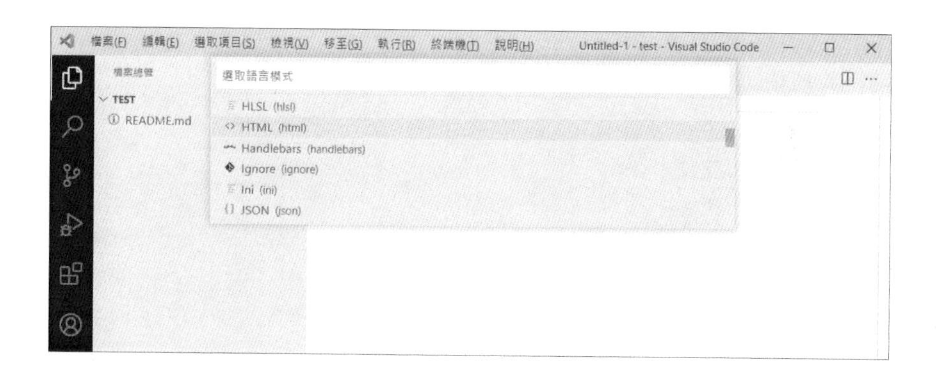

step 13 請輸入「Shift」+「!」，可以快速產生 HTML 語法。

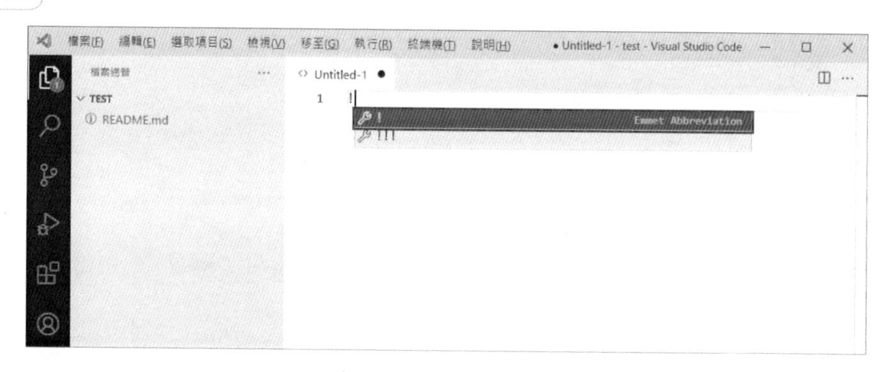

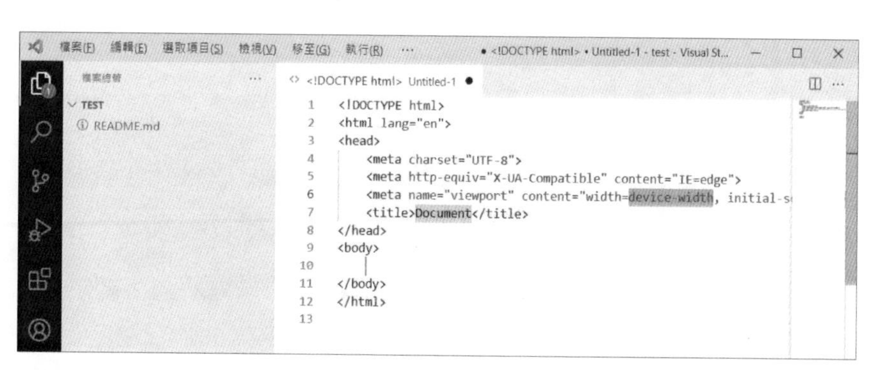

step 14 請將檔案另存新檔，並且輸入檔名「index.html」。

TIP

另存新檔的快捷鍵為「Ctrl」＋「Shift」＋「S」。

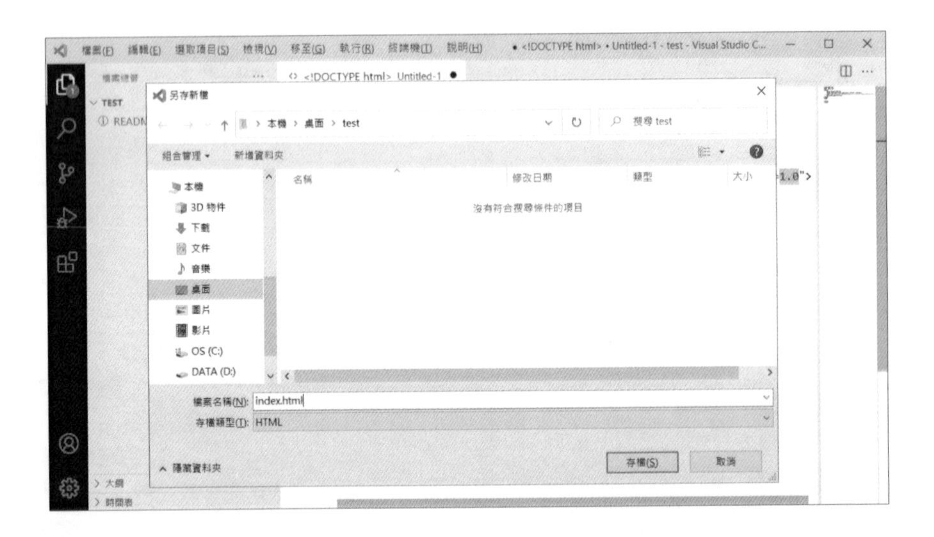

step 15 存檔後，可以看到檔案在檔案總管清單中的顏色改變。

TIP

檔案顏色所代表的含意：

顏色	說明
白色	已加入版本控制，已提交檔案，檔案內容未改動。
綠色	已加入版本控制，新增的檔案，尚未提交。
橘黃色	已加入版本控制，檔案內容有改動，尚未提交。

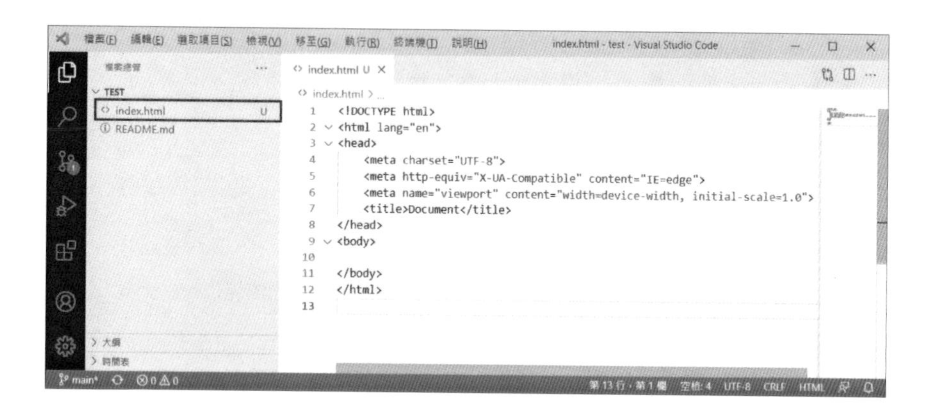

step 16 請點擊側邊欄「原始碼控制」。

TIP

圖示上的小數字為此次新增或修改的檔案總數。

step 17 請點擊「+」將檔案暫存。

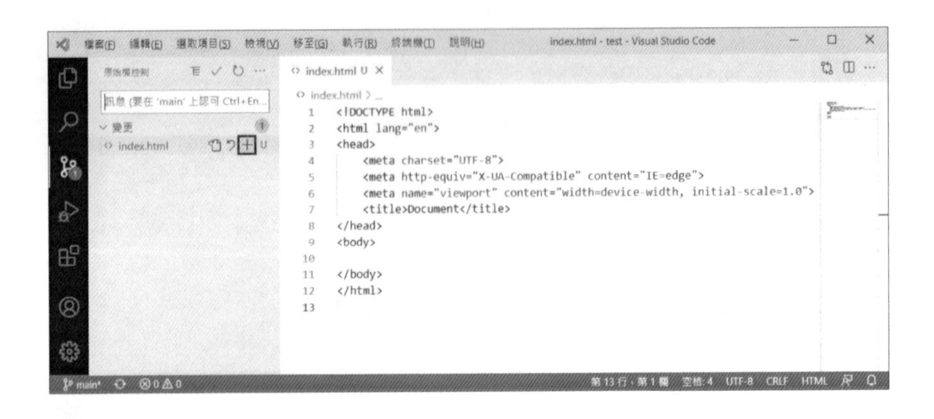

TIP

圖示所代表的含意：

圖示	說明
	開啟該檔案。
	捨棄此次變更。請注意：此功能會將改動的檔案回復到改動前，且無法保留改動的內容，故使用此功能時請特別留意。
	將新增或修改的檔案暫存。

如果一次新增或修改多個檔案，可以點擊「變更」旁邊的「＋」，將所有變更一次暫存。此處的圖示需將滑鼠游標移上去才會出現。

如果想要將已暫存的檔案取消，請點擊「一」。

step 18 請於輸入框輸入該次開發所做的工作內容簡述。

step 19 請點擊「☑」提交所有變更。

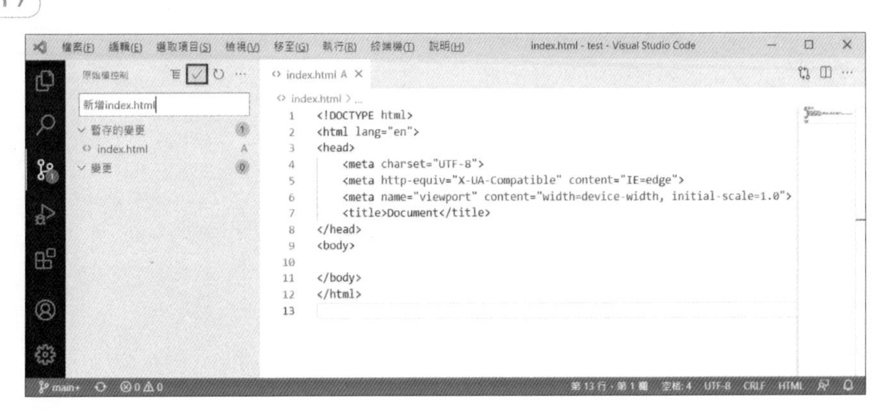

step 20 請點擊「...」→「提取、推送」→「推送」。

step 21 前往 GitHub 頁面，可以看到推送的開發紀錄。

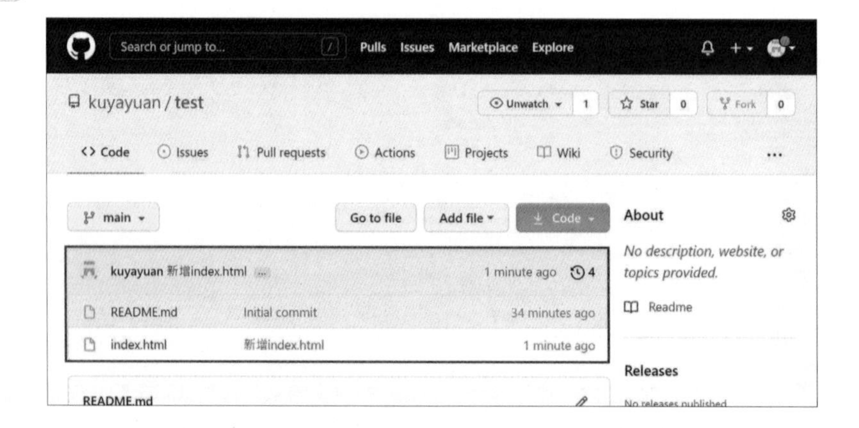

1-6-2 使用 Git GUI 操作 Git

step 01 請到桌面空白處按下「滑鼠右鍵」，點擊「新增資料夾」，並輸入專案名稱。

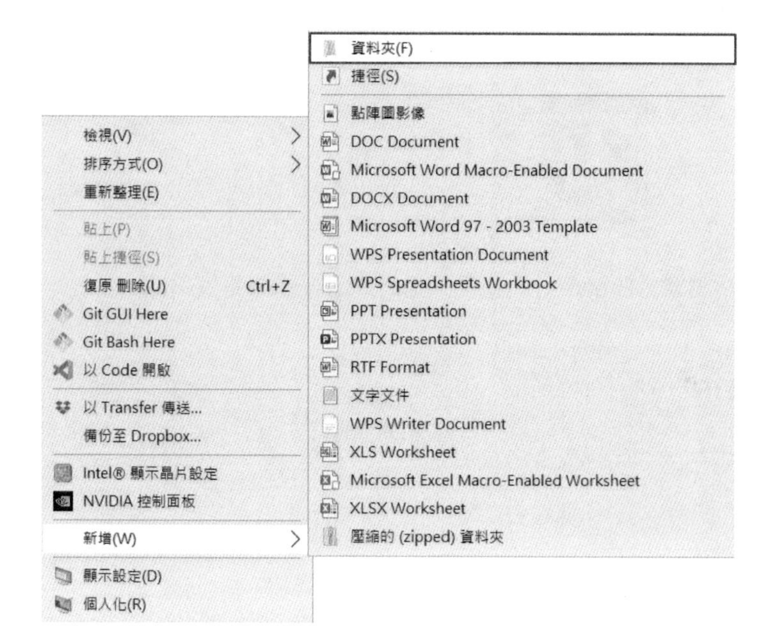

step 02 請到桌面空白處按下「滑鼠右鍵」，並點擊「Git GUI Here」。

step 03 請點擊「Create New Repository」。

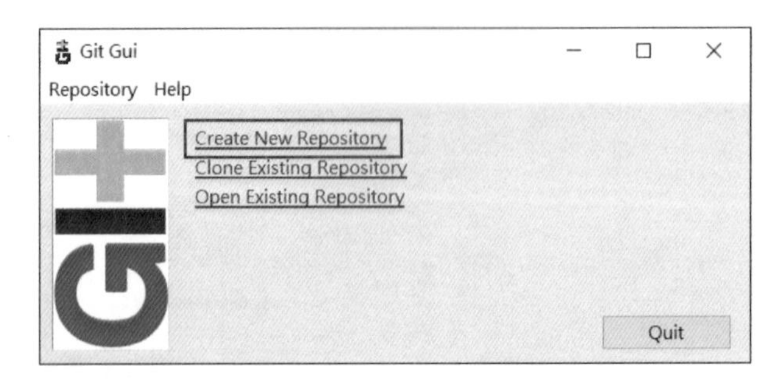

step 04 請點擊「Browse」，並選擇先前建立好的專案資料夾。

TIP

如果是已存在的專案，則不用重新建立資料夾喔！

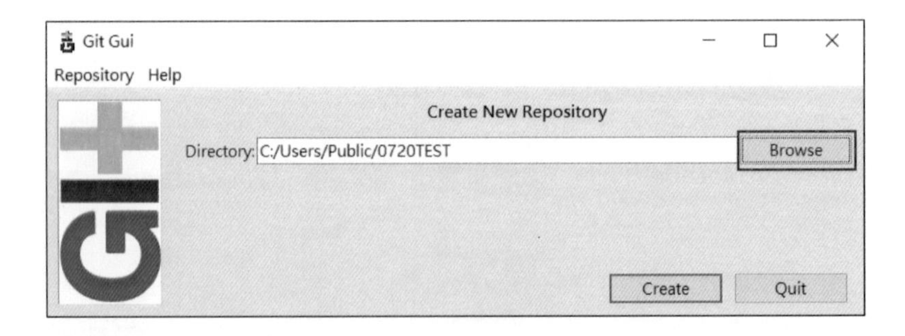

step 05 請點擊「Create」。

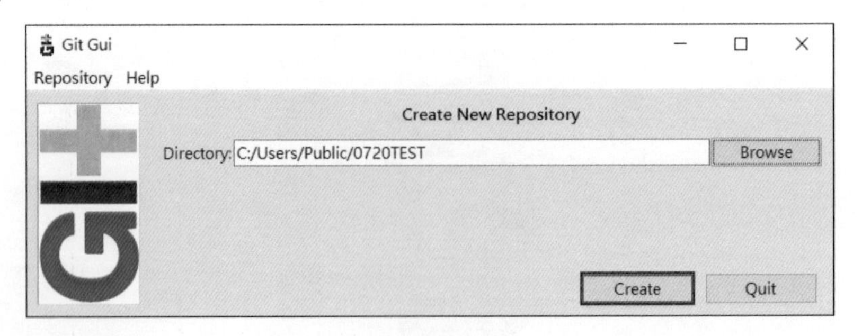

step 06 請將專案的資料夾點開。

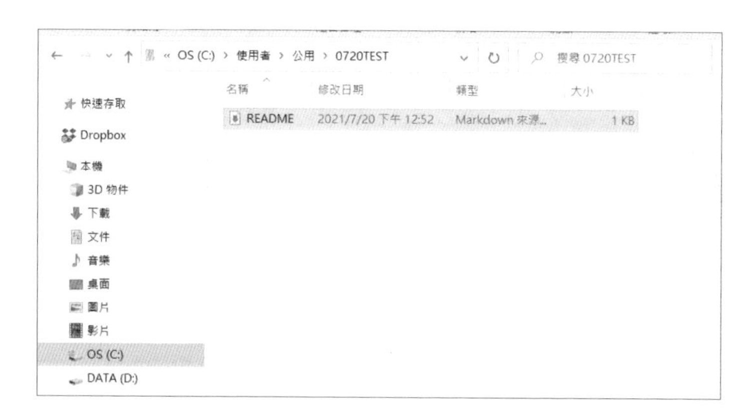

step 07 請於空白處按下滑鼠右鍵，並點擊「以 Code 開啟」。

TIP

除了「以 Code 開啟」之外，也可以在 Visual Studio Code 以「開啟資料夾」的方式開啟。

step 08 請新增一個檔案，點擊導覽列的「檔案」→「新增檔案」。

TIP

新增檔案的快捷鍵為「Ctrl」+「N」。

step 09 請點擊畫面右下角的「純文字」以更改文件程式語言類型，此處以 HTML 為例。

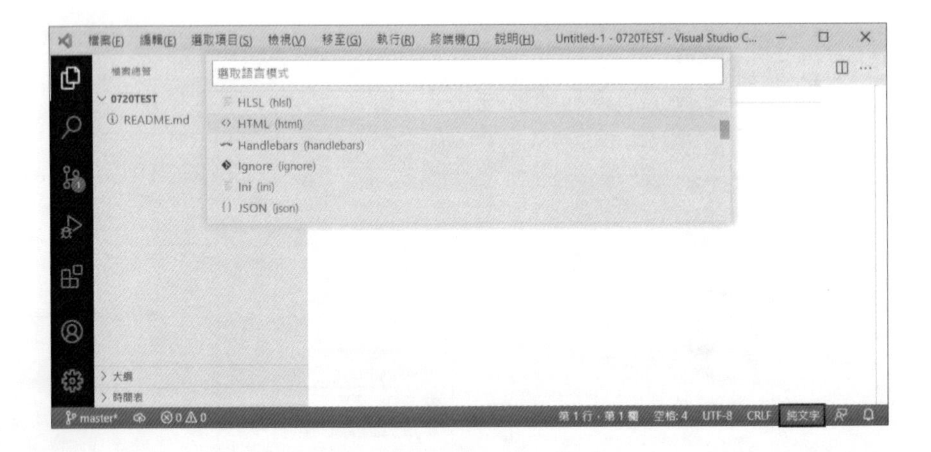

step 10 請輸入「Shift」+「!」，可以快速產生 HTML 語法。

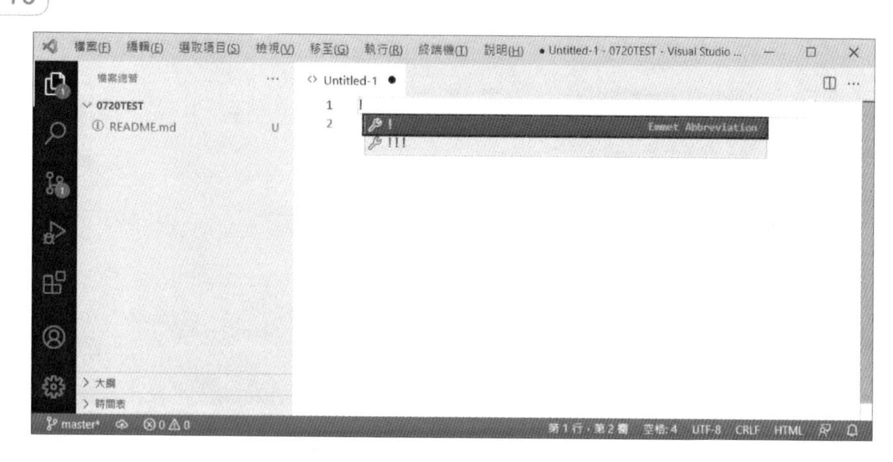

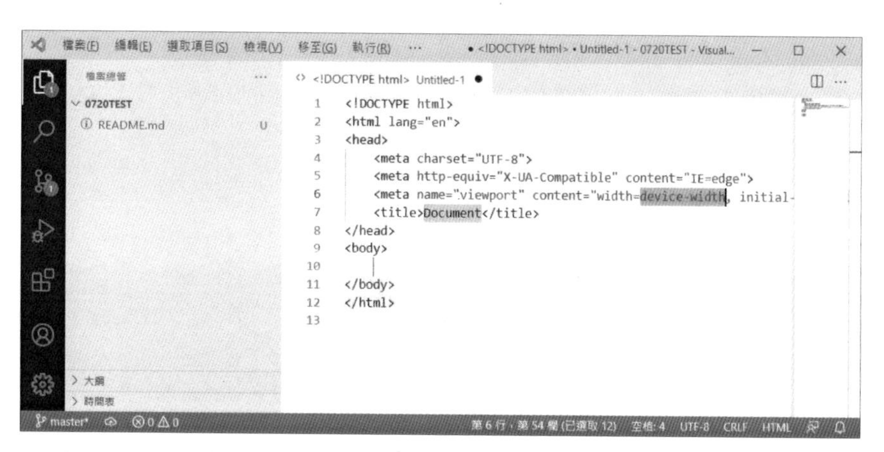

step 11 請將檔案另存新檔，並且輸入檔名「index_2.html」。

TIP

另存新檔的快捷鍵為「Ctrl」+「Shift」+「S」。

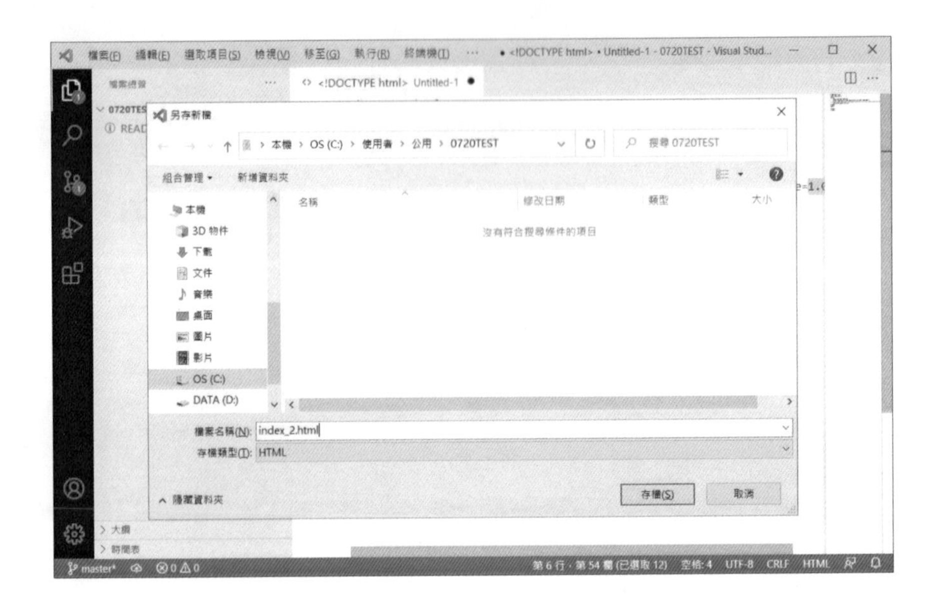

step 12 請回到 Git GUI，點擊「Rescan」，Unstaged Changes 區域會出現先前建立的 index_2.html 檔案。

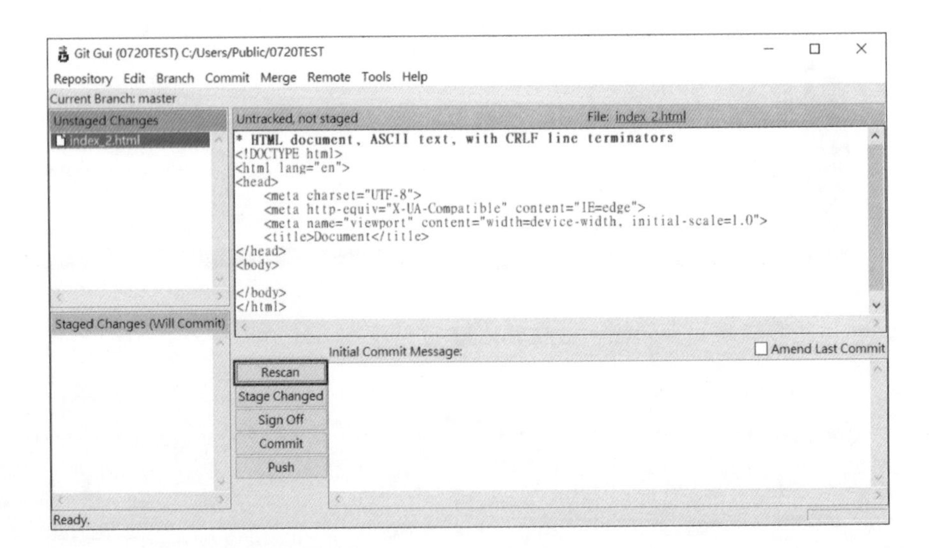

step 13 請點擊導覽列中的「Edit」→「Options...」。

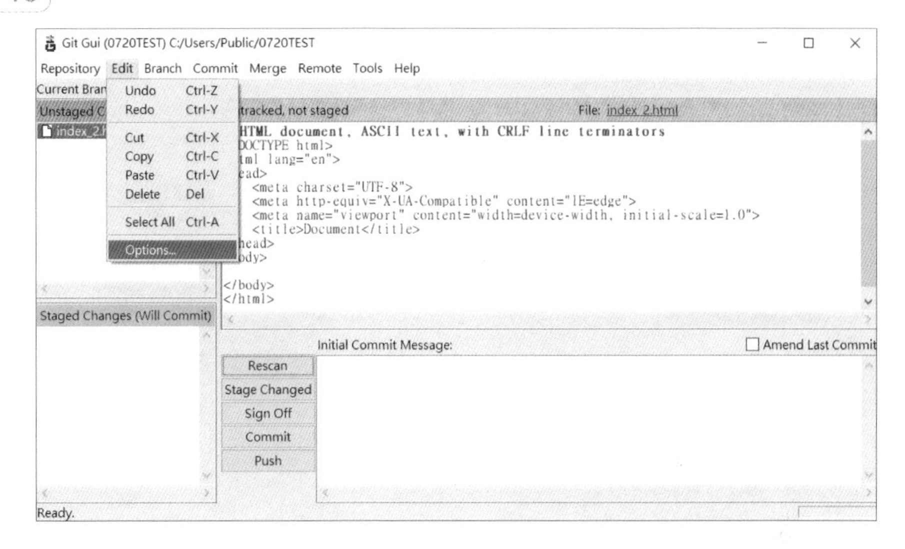

step 14 請輸入「User Name」與「Email Address」。再點擊「Save」。

Git Gui (0720TEST): Options

0720TEST Repository		Global (All Repositories)	
User Name:	kuyayuan	User Name:	kuyayuan
Email Address:	s1810931001@gms.nutc.edu.tw	Email Address:	s1810931001@gms.nutc.edu.tw
☐ Summarize Merge Commits		☐ Summarize Merge Commits	
Merge Verbosity:	2	Merge Verbosity:	2
☑ Show Diffstat After Merge		☑ Show Diffstat After Merge	
Use Merge Tool:		Use Merge Tool:	
☐ Trust File Modification Timestamps		☐ Trust File Modification Timestamps	
☐ Prune Tracking Branches During Fetch		☐ Prune Tracking Branches During Fetch	
☐ Match Tracking Branches		☐ Match Tracking Branches	
☑ Use Textconv For Diffs and Blames		☑ Use Textconv For Diffs and Blames	
☐ Blame Copy Only On Changed Files		☐ Blame Copy Only On Changed Files	
Maximum Length of Recent Repositories List:	10	Maximum Length of Recent Repositories List:	10
Minimum Letters To Blame Copy On:	40	Minimum Letters To Blame Copy On:	40
Blame History Context Radius (days):	7	Blame History Context Radius (days):	7
Number of Diff Context Lines:	5	Number of Diff Context Lines:	5
Additional Diff Parameters:		Additional Diff Parameters:	
Commit Message Text Width:	75	Commit Message Text Width:	75
New Branch Name Template:		New Branch Name Template:	
Default File Contents Encoding:	cp950 Change	Default File Contents Encoding:	cp950 Change
☐ Warn before committing to a detached head		☐ Warn before committing to a detached head	
Staging of untracked files:	ask	Staging of untracked files:	ask
☑ Show untracked files		☑ Show untracked files	
Tab spacing:	8	Tab spacing:	8
Spelling Dictionary:		Spelling Dictionary:	
		Main Font:	Microsoft JhengHei UI 9 pt. Change Font
		Diff/Console Font:	細明體 10 pt. Change Font

Restore Defaults　　Cancel　　Save

step 15 請點擊「Stage Changed」。

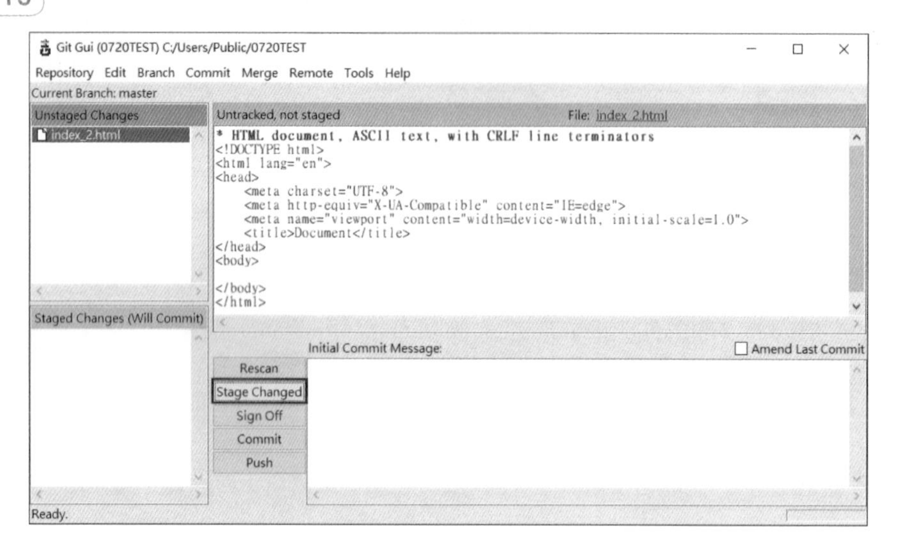

step 16 請點擊「是 (Y)」。

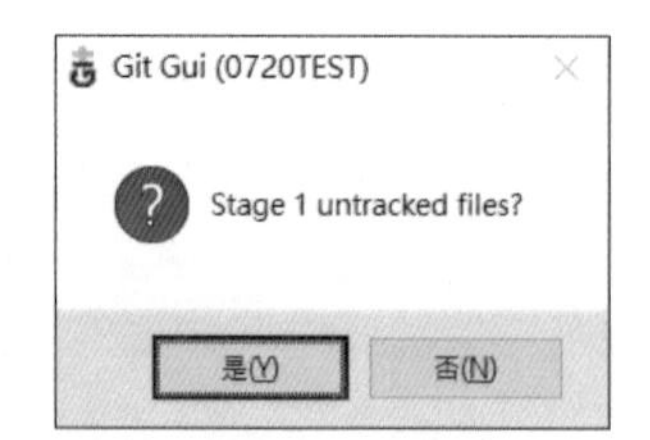

step 17 輸入該次開發所做的工作內容簡述，再點擊「Commit」。

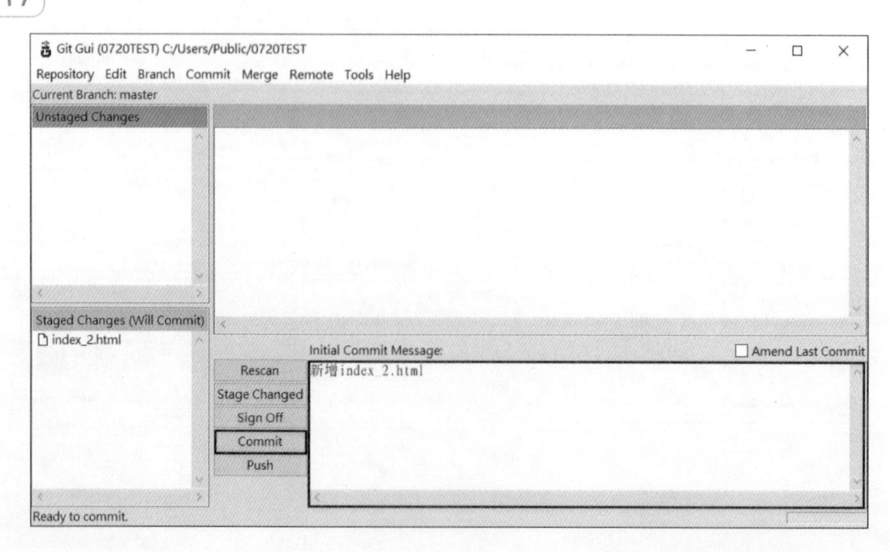

step 18 請前往 GitHub 網頁，並登入 GitHub 進入到首頁。

TIP

尚未註冊 GitHub 的使用者，請參照 1-5-2 小節進行註冊。

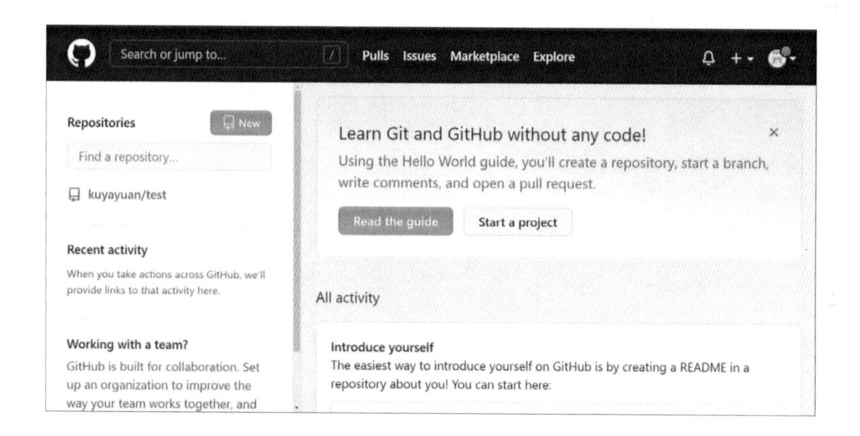

step 19 請點擊右上角的頭像，並在下拉選單中點擊「Your repositories」，將會進入到個人的儲存庫頁面。

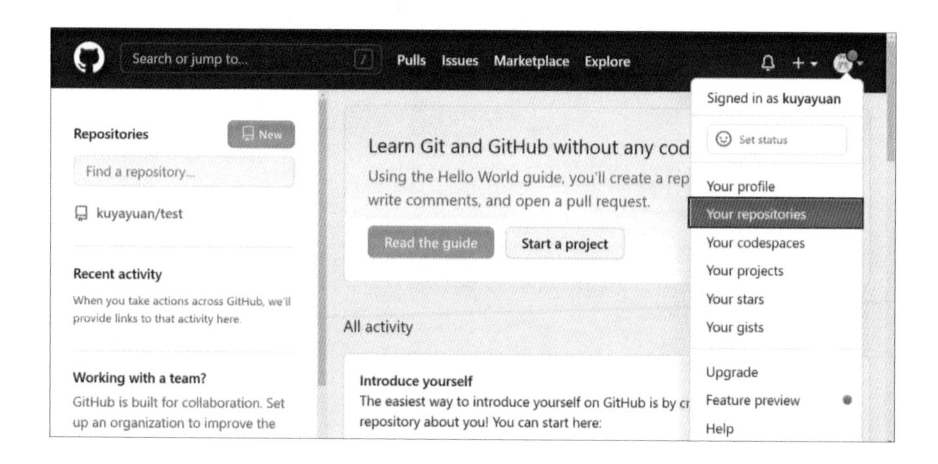

step 20 請點擊「New」以新增一個新的儲存庫

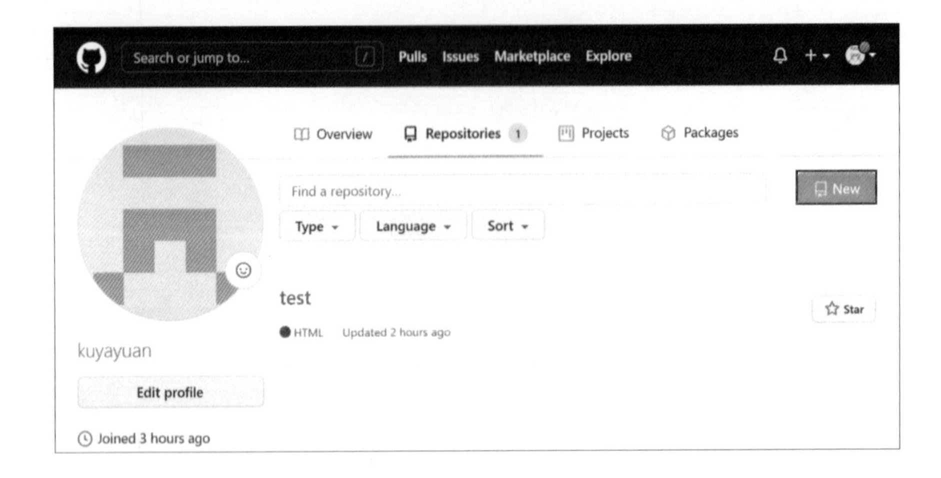

step 21 請輸入與先前建立專案資料夾相同的儲存庫名稱，並根據個人需求選擇是「Public」或「Private」，接下來勾選專案是否預設檔案，最後點擊「Create repository」。

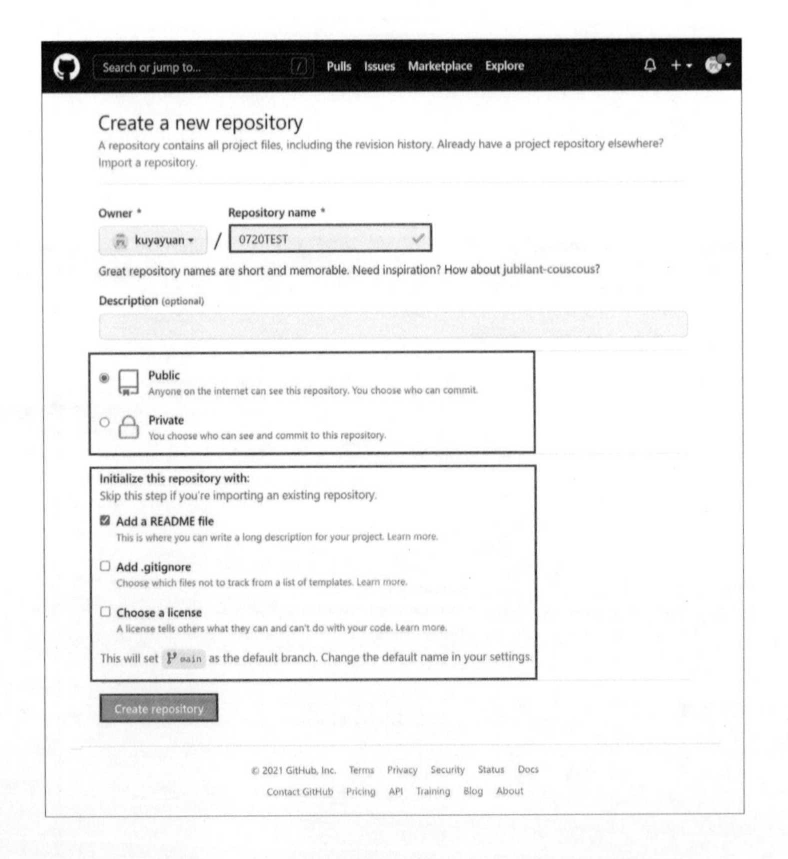

TIP

1. GitHub 裡的儲存庫可以設定為公開的或私有的，故新增專案時會勾選「Public」或「Private」。
2. GitHub 儲存庫在建立的時候，可以選擇是否一併建立預設檔案，分別為：
    - 「README file」：提供開發人員對專案撰寫說明。
    - 「.gitignore」：提供開發人員撰寫專案中不上傳至 Git 儲存庫的檔案。
    - 「license」：提供開發人員告訴其他開發人員使用自己的程式碼有什麼不能做。

step 22 下列畫面為儲存庫的頁面，點擊「Code」並點擊網址旁邊的「複製圖示」將網址複製。

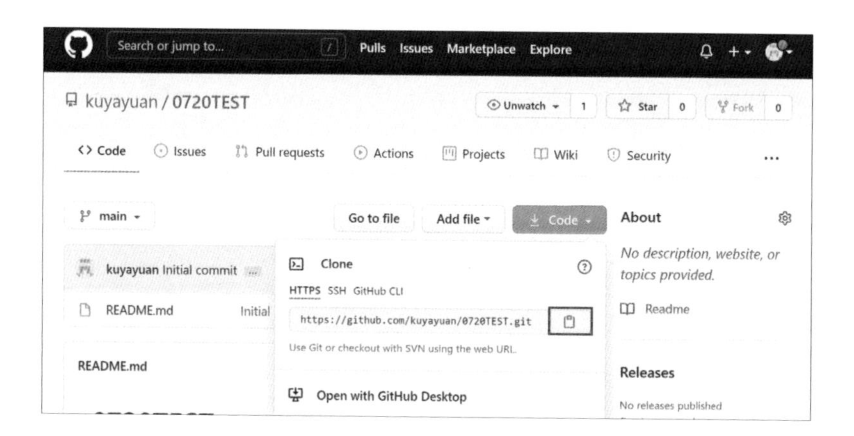

step 23 請回到 Git GUI，選擇導覽列「Remote」→「Add...」。

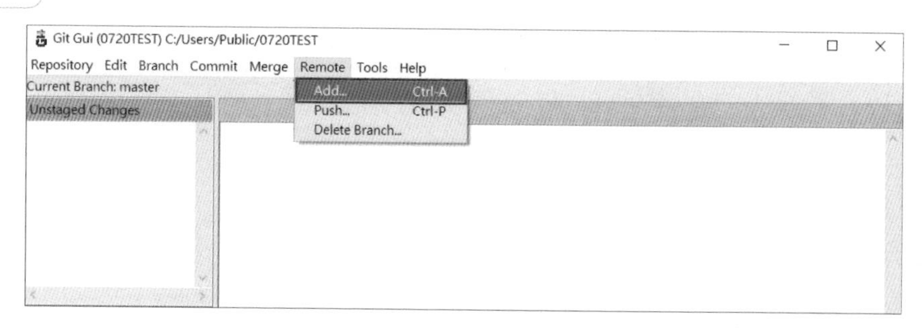

step 24 請輸入 Git 的 User Name 與複製的網址，並選取「Fetch Immediately」，最後點擊「Add」。

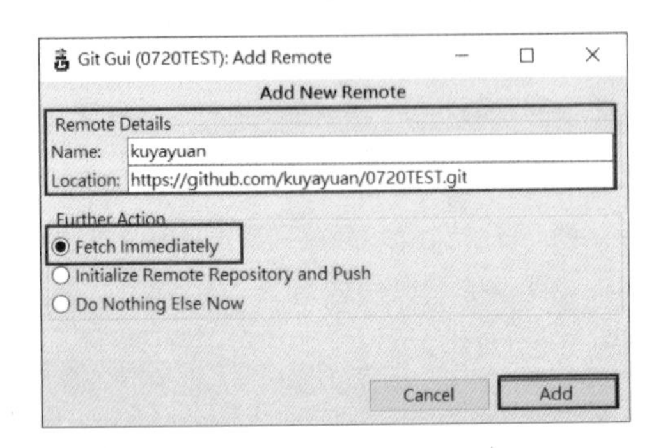

step 25 請點擊「Push」。

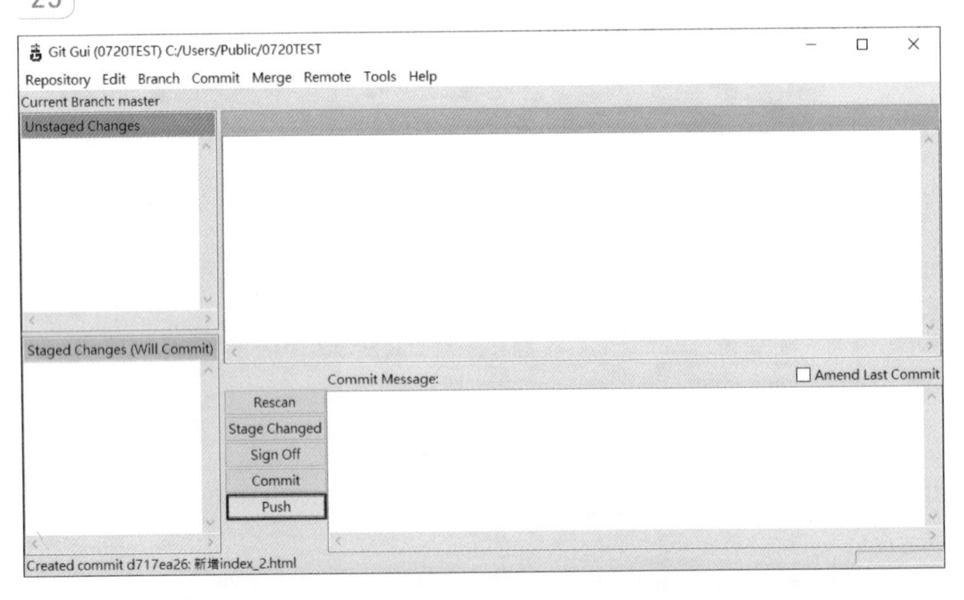

step 26 請勾選「Force overwrite existing branch」，並點擊「Push」。

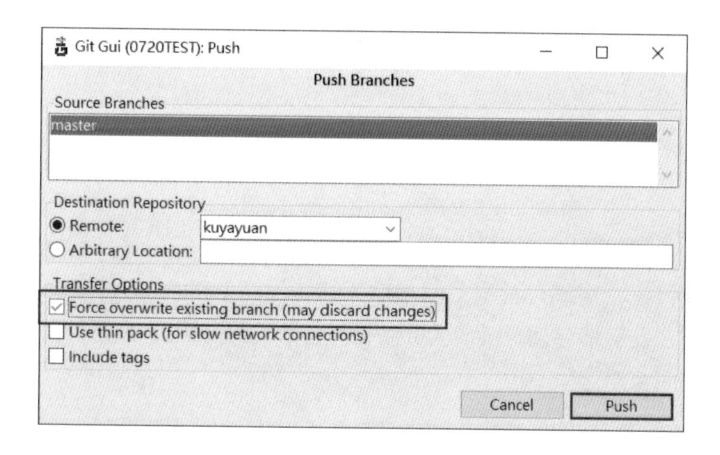

step 27 待進度跑完，點擊「Close」。

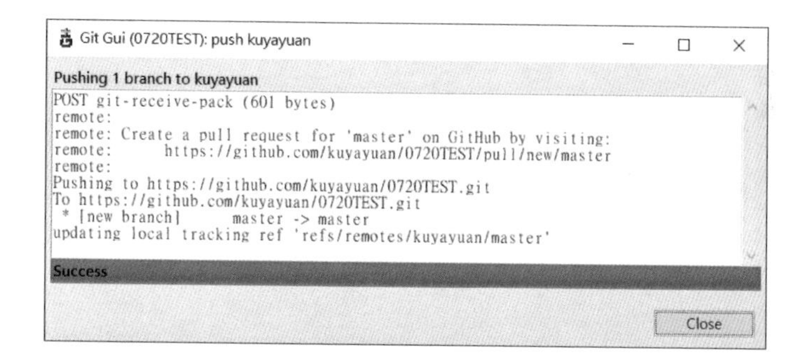

step 28 前往 GitHub 頁面，可以看到推送的開發紀錄。

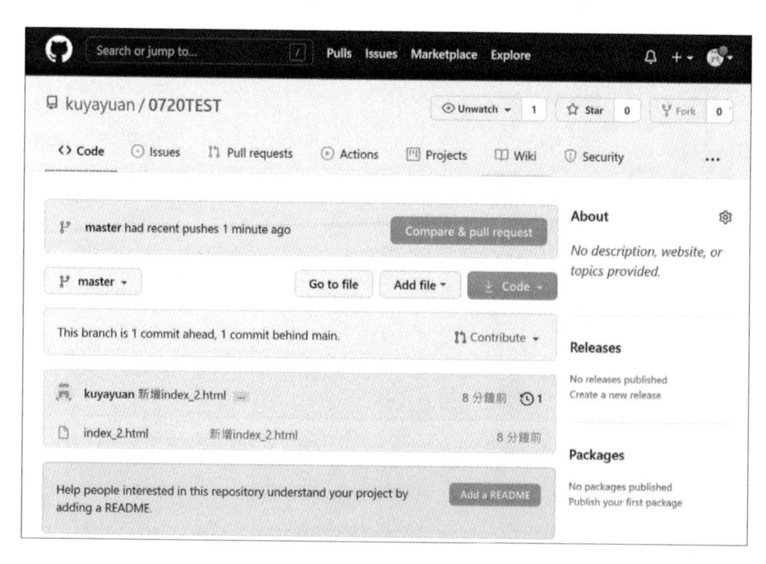

1-6-3 使用 GitHub Pages 呈現個人網頁

step 01 請修改 1-6-1 小節所建立的 index.html，詳細修改內容如下。

> **TIP**
>
> 修改過後請記得儲存檔案，儲存檔案的快捷鍵「Ctrl」+「S」，此處值得留意的是，在檔案儲存後，檔案呈現橘黃色，代表此檔案已加入版本控制，內容有所改動尚未提交。

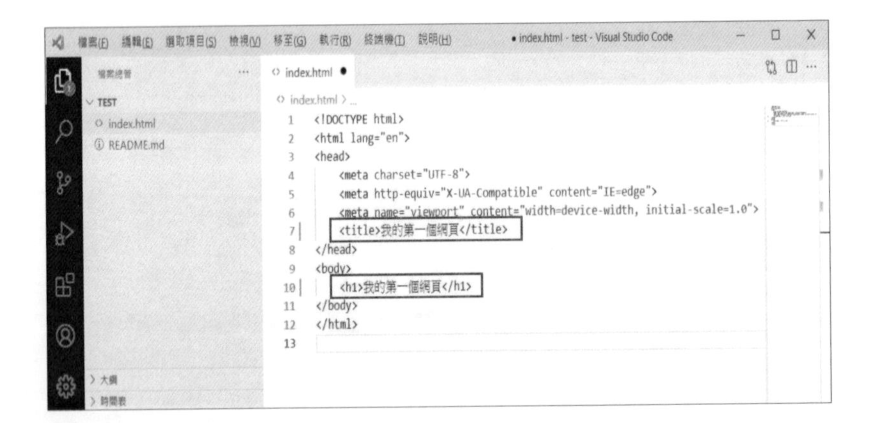

step 02 請點擊側邊欄「原始碼控制」，再點擊「＋」將檔案暫存。

> **TIP**
>
> 可以根據 1-6-1 或 1-6-2 小節步驟將更新的內容提交至 Git，此處將以 1-6-1 小節為例。

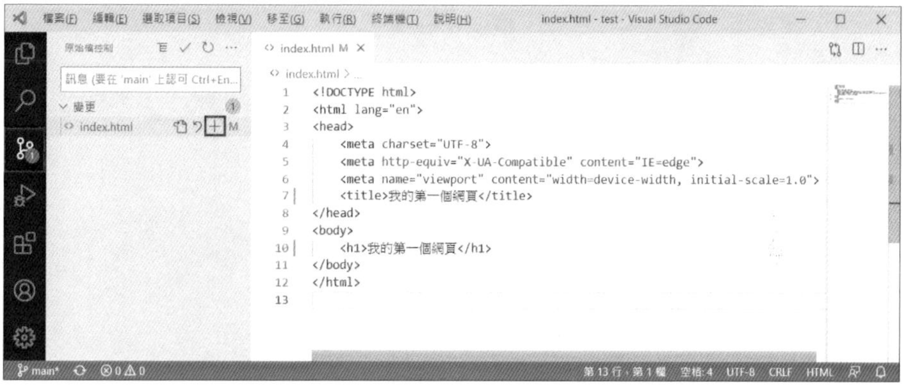

檔案(F) 編輯(E) 選取項目(S) 檢視(V) 移至(G) 執行(R) 終端機(T) 說明(H) index.html - test - Visual Studio Code

原始檔控制

訊息 (要在 'main' 上認可 Ctrl+En...

變更 1

index.html M

index.html M ×

index.html > ...

```
1  <!DOCTYPE html>
2  <html lang="en">
3  <head>
4      <meta charset="UTF-8">
5      <meta http-equiv="X-UA-Compatible" content="IE=edge">
6      <meta name="viewport" content="width=device-width, initial-scale=1.0">
7      <title>我的第一個網頁</title>
8  </head>
9  <body>
10     <h1>我的第一個網頁</h1>
11 </body>
12 </html>
13
```

main* ⊗0 ⚠0 第 13 行，第 1 欄 空格:4 UTF-8 CRLF HTML

step 03 請於輸入框輸入該次開發所做的工作內容簡述。

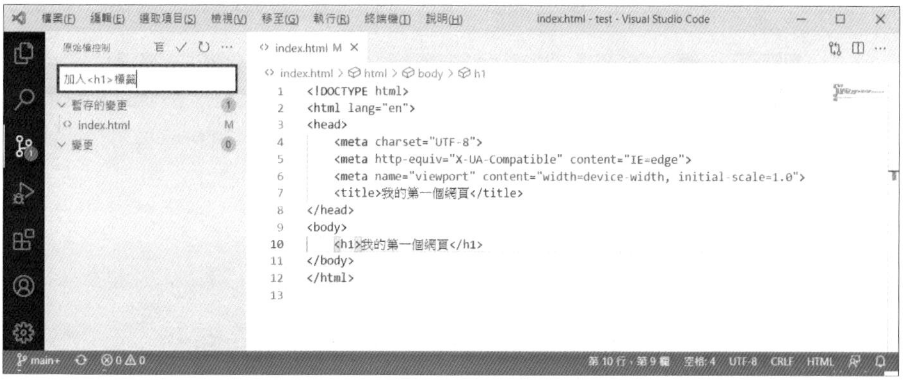

檔案(F) 編輯(E) 選取項目(S) 檢視(V) 移至(G) 執行(R) 終端機(T) 說明(H) index.html - test - Visual Studio Code

原始檔控制

加入<h1>標籤

暫存的變更 1

index.html M

變更 0

index.html M ×

index.html > html > body > h1

```
1  <!DOCTYPE html>
2  <html lang="en">
3  <head>
4      <meta charset="UTF-8">
5      <meta http-equiv="X-UA-Compatible" content="IE=edge">
6      <meta name="viewport" content="width=device-width, initial-scale=1.0">
7      <title>我的第一個網頁</title>
8  </head>
9  <body>
10     <h1>我的第一個網頁</h1>
11 </body>
12 </html>
13
```

main+ ⊗0 ⚠0 第 10 行，第 9 欄 空格:4 UTF-8 CRLF HTML

step 04 請點擊「☑」提交所有變更。

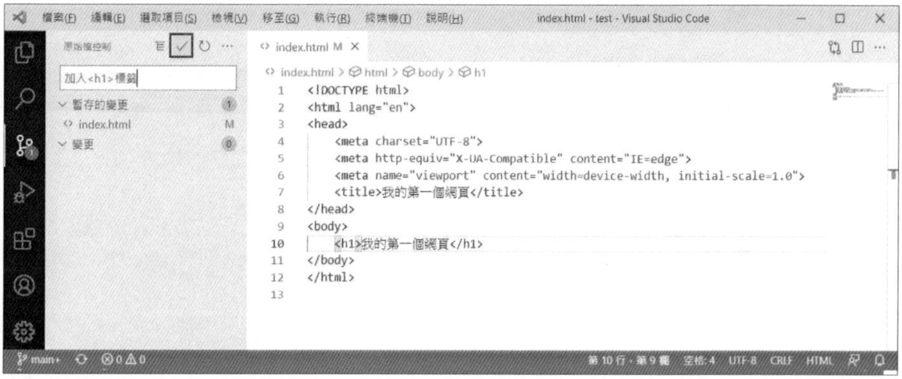

檔案(F) 編輯(E) 選取項目(S) 檢視(V) 移至(G) 執行(R) 終端機(T) 說明(H) index.html - test - Visual Studio Code

原始檔控制

加入<h1>標籤

暫存的變更 1

index.html M

變更 0

index.html M ×

index.html > html > body > h1

```
1  <!DOCTYPE html>
2  <html lang="en">
3  <head>
4      <meta charset="UTF-8">
5      <meta http-equiv="X-UA-Compatible" content="IE=edge">
6      <meta name="viewport" content="width=device-width, initial-scale=1.0">
7      <title>我的第一個網頁</title>
8  </head>
9  <body>
10     <h1>我的第一個網頁</h1>
11 </body>
12 </html>
13
```

main+ ⊗0 ⚠0 第 10 行，第 9 欄 空格:4 UTF-8 CRLF HTML

step 05 請點擊「…」→「提取、推送」→「推送」。

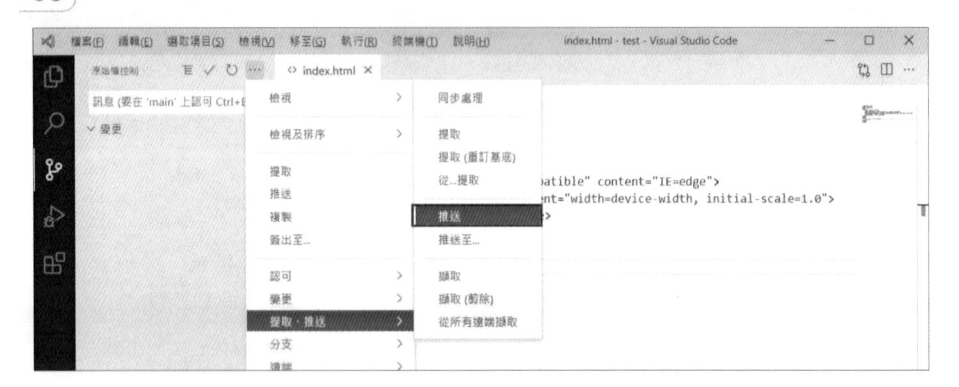

step 06 前往 GitHub 頁面，可以看到推送的開發紀錄。

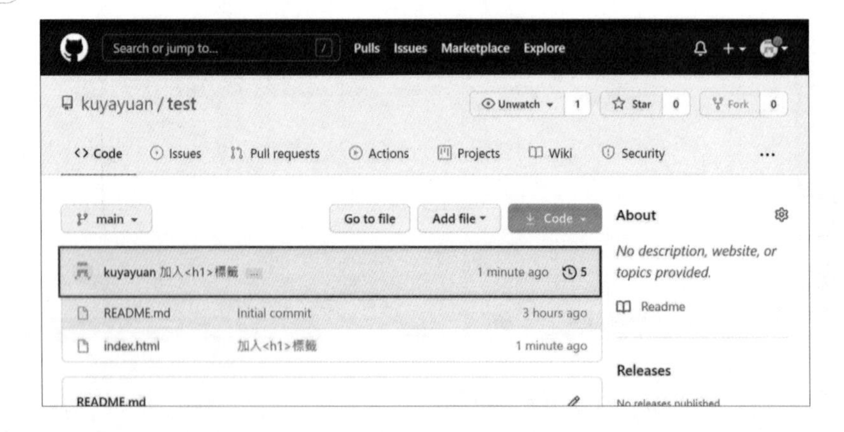

step 07 請點擊「Settings」。

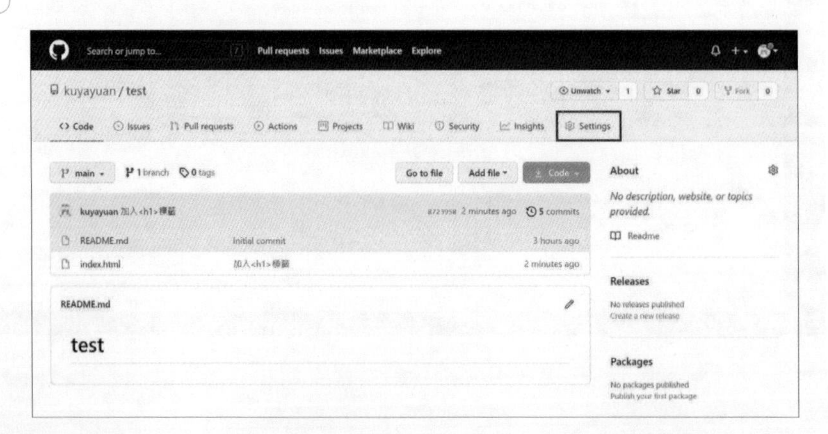

step 08 請滾動滑鼠滾輪找到 GitHub Pages，並點擊「Check it out here!」。

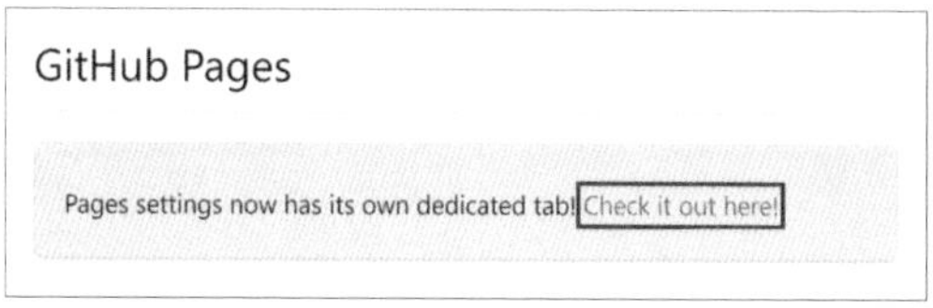

GitHub Pages

Pages settings now has its own dedicated tab! Check it out here!

step 09 請點擊「None ▼」，並選擇欲呈現的分支。

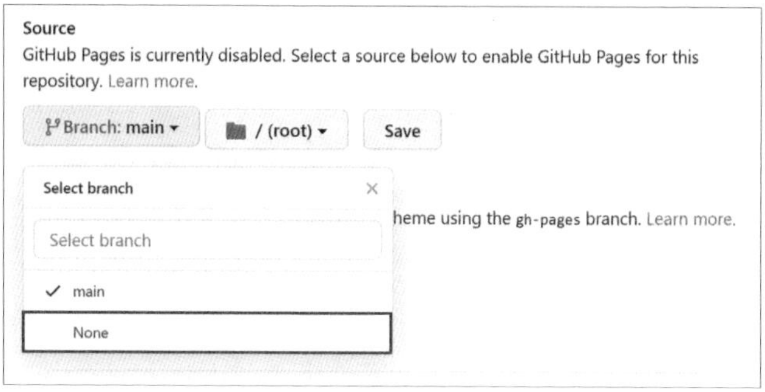

Source
GitHub Pages is currently disabled. Select a source below to enable GitHub Pages for this repository. Learn more.
Branch: main ▾ / (root) ▾ Save
Select branch ×
Select branch
✓ main
None
heme using the gh-pages branch. Learn more.

step 10 請點擊「Save」儲存呈現分支變更。

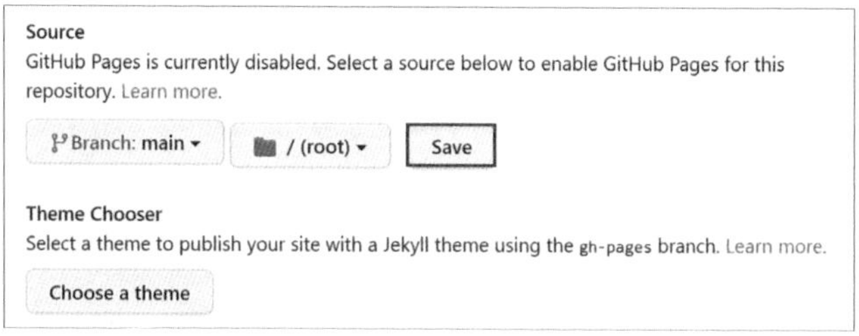

Source
GitHub Pages is currently disabled. Select a source below to enable GitHub Pages for this repository. Learn more.
Branch: main ▾ / (root) ▾ Save
Theme Chooser
Select a theme to publish your site with a Jekyll theme using the gh-pages branch. Learn more.
Choose a theme

step 11 請點擊網址。

TIP

網址的組成為 https:// +「GitHub username」+「github.io」+「儲存庫名稱」。

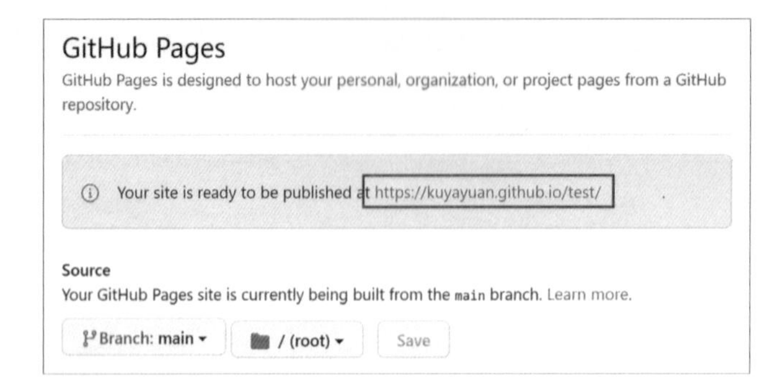

step 12 出現以下畫面即表示成功。

TIP

預設顯示的檔案為「index.html」，如果欲呈現的檔案非此檔名，請於網址後方加入「檔名 .html」。

初學 HTML

現今撰寫前端網頁的技術很多種，而 HTML 與 CSS 是撰寫網頁最基本的語言。前端網頁注重 UI 介面與畫面的流暢度，以及使用者體驗，為了讓我們設計出的網頁更貼近使用者，我們首先就來學習如何使用 HTML 吧！

- 網頁的基本架構
- 常用的 HTML 標籤
- HTML 元素的屬性
- 瀏覽器網頁除錯

2-1 何謂 HTML

HTML（Hyper Text Markup Language）的中文翻譯為「超本文標記語言」，它是一種描述文件結構的語法，你可以利用它來定義網站中的標題、超連結，以及圖片等等，並且讓瀏覽器知道網站整個架構的呈現。這種使用 HTML 標籤進行格式化的文件，就稱為 HTML 文件。

目前 HTML 最新的修訂版本為 HTML5，是由全球資訊網協會（World Wide Web Consortium，W3C）於 2014 年 10 月制定的。HTML5 針對過去的 HTML 規格做許多改良，不但增加許多語意化標籤（如：<header>、<footer>、<article>），也將某些屬性（如：style、title）更改為全域屬性，適用於全部 HTML 元素上。

然而 HTML 僅有顯示網頁資訊的功能，並沒有顯示任何樣式效果，因此若你要使網頁更加美觀，你需要撰寫 CSS（Cascading Style Sheets），以改變文字的顏色或是字體大小等等，CSS 的教學在第三章節，若你對 HTML 有一定的了解，可以直接至第三章節進行學習。

2-2 HTML 文件架構

在第一章中，我們已經知道如何利用 Visual Studio Code 產生一個 HTML 基本架構。為了讓讀者更加熟悉 HTML，以下我們將針對基本的 HTML 架構進行説明。

一個 HTML 的基本架構如下所示，其中包含 !DOCTYPE 聲明、html 元素、head 元素以及 body 元素。

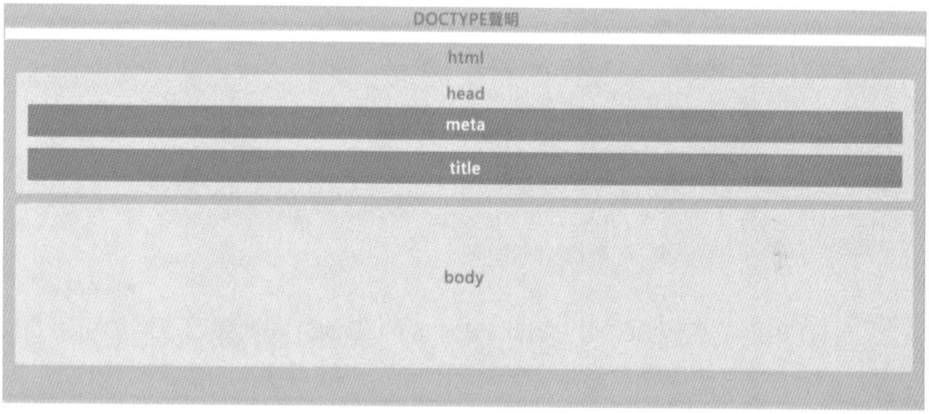

DOCTYPE聲明
html
head
meta
title
body

```
<!DOCTYPE html>
<html lang="en">
<head>
    <meta charset="UTF-8">
    <title>Document</title>
</head>
<body>

</body>
</html>
```

!DOCTYPE 聲明

DOCTYPE（Document type）的中文翻譯為「文件類型」。它是用來告知網頁瀏覽器 HTML 文件是使用何種的 HTML 版本。

由於 HTML4.01 基於標準通用標記語言（Standard Generalized Markup Language，SGML），因此在 HTML4.01 中撰寫 !DOCTYPE 聲明時，你必須引用文件類型聲明（Document Type Definition，DTD）。以下是 HTML 4.01 的三種 !DOCTYPE 聲明：

HTML 4.01 Strict

```
<!DOCTYPE HTML PUBLIC "-//W3C//DTD HTML 4.01//EN"
"http://www.w3.org/TR/html4/strict.dtd">
```

HTML 4.01 Transitional

```
<!DOCTYPE HTML PUBLIC "-//W3C//DTD HTML 4.01 Transitional//EN"
"http://www.w3.org/TR/html4/loose.dtd">
```

XHTML 1.0 Strict

```
<!DOCTYPE HTML PUBLIC "-//W3C//DTD HTML 4.01 Frameset//EN"
"http://www.w3.org/TR/html4/frameset.dtd">
```

因為 HTML5 不基於 SGML，因此 HTML5 的 !DOCTYPE 聲明不需要引用 DTD。在 HTML5 文件中，我們應該這樣撰寫 !DOCTYPE 聲明：

```
<!DOCTYPE html>
```

html 元素

html 元素用於告知瀏覽器自身為一個 HTML 文件，而在這元素中限定了 HTML 文件的起始點與結束點。此外，html 元素也可以用於設定 HTML 文件的語系，常用的網頁語系代碼有「en」與「zh」。en 為英文語系的代碼，而 zh 為中文語系的代碼。

head 元素

head 元素用於設定 HTML 文件的資訊，在此元素中能夠放置的內容包含：網頁標題（title 標籤）、網頁相關的資訊（meta 元素）、網頁的外部資源連結（link 元素）、網頁樣式（style 元素）與 javascript（script 元素）。

body 元素

body 元素用於定義 HTML 文件的主體內容，它能夠放置的內容包含文字（p 元素）、表格（title 元素）、圖片（img 元素）等等。

2-3 認識 HTML 標籤

網頁是由許多的 HTML 元素組合而成的，例如：div 元素、table 元素、p 元素等等，因此要學習開發網頁時，我們第一個要學習的就是 HTML 元素。

然而，HTML 元素是什麼呢？元素是由兩個 HTML 標籤組合而成，並將控制的文字放置於中間，其完整的語法為 < 標籤名稱 > 文字 </ 標籤名稱 >，例如：p 元素的語法即為 <p> 範例文字 </p>，以下我們將常用的 HTML 標籤分別介紹：

2-3-1 基礎標籤

標籤名稱	格式	說明
註解	<! -- 註解文字 -->	註解標籤內的文字，並不會顯示於瀏覽器畫面之中
html	<html></html>	<html> 可告知瀏覽器此文件為 HTML 文件
body	<body></body>	<body> 是網頁的主體，網頁的內容皆放於此元素中
title	<title></title>	<title> 用於定義網頁名稱
p	<p></p>	<p> 用於定義段落文字
br	 	 可使文字換行
hr	<hr>	<hr> 可顯示一條水平線
hn	<hn></hn>	n 可以填 1 到 6，表示標題文字可分為六種等級，它用於定義標題的文字大小

練習使用基礎標籤

step 01 於 body 元素中加入 h1、p、hr、h2 與 br 元素。

```
<!DOCTYPE html>
<html lang="en">
<head>
    <meta charset="UTF-8">
    <title>ch02 範例 </title>
```

```
</head>
<body>
    <h1>h1 標籤 </h1>
    <p>p 段落文字 </p>
    <hr><!-- 註解水平線標籤 -->
    <h2>h2 標籤 </h2>
    <br><!-- 註解換行標籤 -->
    <p>p 段落文字 </p>
</body>
</html>
```

step 02 儲存後，在瀏覽器中開啟文件。

2-3-2 樣式標籤

標籤名稱	格式	說明
section	<section></section>	<section> 用於定義 HTML 文件內的區域
article	<article></article>	<article> 用於定義與前後文不相關的內容，它經常用來包覆文章與新聞內容
aside	<aside></aside>	<aside> 用於定義網頁內容的附加資訊
header	<header></header>	<header> 用於定義網頁內容的標題區域，通常我們會將 Logo 以及選單列放置在 header 元素中

標籤名稱	格式	說明
footer	<footer></footer>	<footer> 用於定義網頁內容的置底版權區域，通常我們會將著作權、作者資訊等內容放置其中
style	<style></style>	<style> 用於定義 HTML 元素的樣式
div	<div></div>	<div> 用於定義區塊

練習使用 section、article、aside 標籤

section 元素用於定義 HTML 文件內的區域，但其內容應放置標題或是有意義的資訊，這是因為 section 元素「不是」樣式容器，它是用來表示內容的一部分，而所謂的「部分」是指按照主題分組的內容區域，例如：書的章節。由此可知，section 元素中經常有標題文字。

article 元素是一個特殊的 section 元素，它比 section 元素更具有明確的語義，用於表示一個獨立且完整的內容區塊，例如：網誌或是新聞文章。

aside 元素定義 article 元素以外的內容，其內容應該與 article 的內容相關，因此經常放置網頁內容的附加資訊，例如廣告、主要內容的補充文章等等。

step 01 首先於 body 元素中，新增一個 article 元素，用於表示一個獨立的內容區塊。

```
<!DOCTYPE html>
<html lang="en">
<head>
    <meta charset="UTF-8">
    <title>ch02 範例 </title>
</head>
<body>
    <article>
    </article>
</body>
</html>
```

step 02 於 article 元素中，新增兩個 section 元素，讓內容區分成兩大主題。

```
<body>
    <article>
      <section>
      </section>
      <section>
      </section>
    </article>
</body>
```

step 03 然後，分別於 section 元素中加入標題文字。

```
<body>
    <article>
      <section>
        <h3>Visual Studio Code 優點介紹 </h3>
      </section>
      <section>
        <h3>Visual Studio Code 指令 </h3>
      </section>
    </article>
</body>
```

step 04 緊接著分別於 section 元素中，加入內容文字。

```
<body>
    <article>
      <section>
        <h3>Visual Studio Code 優點介紹 </h3>
        <ul>
          <li> 簡潔的視窗介面 </li>
          <li> 分割編輯視窗 </li>
          <li> 快速開啟檔案 </li>
        </ul>
      </section>
      <section>
        <h3>Visual Studio Code 常用快捷鍵 </h3>
        <ul>
          <li> 新增檔案 Ctrl + N</li>
          <li> 開啟舊檔 Ctrl + O</li>
          <li> 儲存檔案 Ctrl + S</li>
```

```
            </ul>
        </section>
    </article>
</body>
```

step 05 於 section 元素下方新增 aside 元素，用以補充內容的附加資訊。

```
<body>
    <article>
        <section>
            <h3>Visual Studio Code 優點介紹 </h3>
            <ul>
                <li> 簡潔的視窗介面 </li>
                <li> 分割編輯視窗 </li>
                <li> 快速開啟檔案 </li>
            </ul>
        </section>
        <section>
            <h3>Visual Studio Code 常用快捷鍵 </h3>
            <ul>
                <li> 新增檔案 Ctrl + N</li>
                <li> 開啟舊檔 Ctrl + O</li>
                <li> 儲存檔案 Ctrl + S</li>
            </ul>
    </section>
        <aside>
        </aside>
    </article>
</body>
```

step 06 於 aside 元素中，新增附加資訊的文字。

```
<body>
    <article>
        <section>
            <h3>Visual Studio Code 優點介紹 </h3>
            <ul>
                <li> 簡潔的視窗介面 </li>
                <li> 分割編輯視窗 </li>
                <li> 快速開啟檔案 </li>
            </ul>
        </section>
```

```
      <section>
        <h3>Visual Studio Code 常用快捷鍵 </h3>
        <ul>
          <li> 新增檔案 Ctrl + N</li>
          <li> 開啟舊檔 Ctrl + O</li>
          <li> 儲存檔案 Ctrl + S</li>
        </ul>
      </section>
      <aside>
        <p>Visual Studio Code 目前最新版本為 1.56 版，若需要下載請至 Visual Studio
        Code 官方網站 ( https://code.visualstudio.com ) 上進行下載。</p>
      </aside>
    </article>
</body>
```

step 07 儲存後，在瀏覽器中開啟文件。

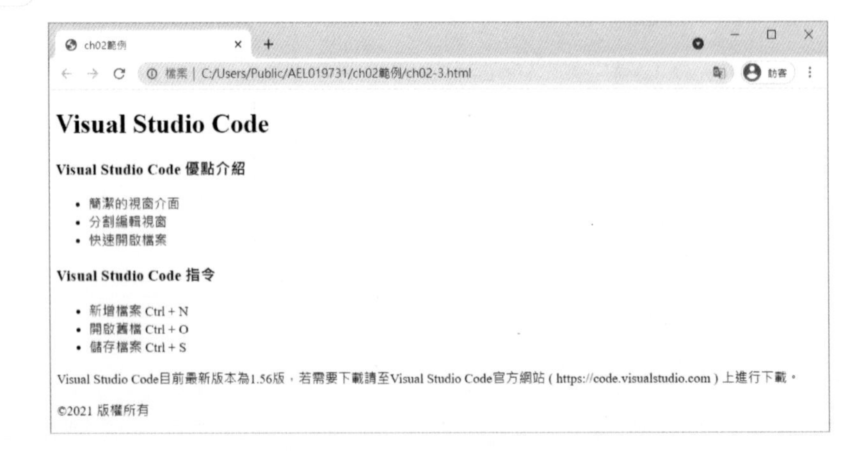

練習使用 header、footer、style 標籤

在此的範例中，我們將透過上一個範例繼續實作，讓大家知道如何使用 header 元素及 footer 元素與 style 元素。

step 01 首先於 article 元素上方，新增一個 header 元素。

```
<!DOCTYPE html>
<html lang="en">
<head>
    <meta charset="UTF-8">
```

```
    <title>ch02 範例 </title>
</head>
<body>
    <header>
      <h1>Visual Studio Code</h1>
    </header>
    <article>
      <section>
        <h3>Visual Studio Code 優點介紹 </h3>
        <ul>
          <li> 簡潔的視窗介面 </li>
          <li> 分割編輯視窗 </li>
          <li> 快速開啟檔案 </li>
        </ul>
      </section>
      <section>
        <h3>Visual Studio Code 常用快捷鍵 </h3>
        <ul>
          <li> 新增檔案 Ctrl + N</li>
          <li> 開啟舊檔 Ctrl + O</li>
          <li> 儲存檔案 Ctrl + S</li>
        </ul>
      </section>
      <aside>
        <p>Visual Studio Code 目前最新版本為 1.56 版，若需要下載請至 Visual Studio
        Code 官方網站 ( https://code.visualstudio.com ) 上進行下載。</p>
      </aside>
    </article>
</body>
</html>
```

step 02 接著，於 article 元素下方，新增一個 footer 元素。

```
<body>
    <header>
      <h1>Visual Studio Code</h1>
    </header>
    <article>
      <section>
      <h3>Visual Studio Code 優點介紹 </h3>
      <ul>
        <li> 簡潔的視窗介面 </li>
        <li> 分割編輯視窗 </li>
```

```
        <li> 快速開啟檔案 </li>
      </ul>
    </section>
    <section>
      <h3>Visual Studio Code 常用快捷鍵 </h3>
      <ul>
        <li> 新增檔案 Ctrl + N</li>
        <li> 開啟舊檔 Ctrl + O</li>
        <li> 儲存檔案 Ctrl + S</li>
      </ul>
    </section>
    <aside>
      <p>Visual Studio Code 目前最新版本為 1.56 版，若需要下載請至 Visual Studio
      Code 官方網站 ( https://code.visualstudio.com ) 上進行下載。</p>
      </aside>
    </article>
    <footer>
      <p>©2021 版權所有 </p>
    </footer>
</body>
```

step 03 於 head 元素中新增 style 元素，以增加元素的樣式。

```
<head>
    <meta charset="UTF-8">
    <title>ch02 範例 </title>
    <style>
      body{
        font-family: Microsoft JhengHei;
      }
      footer{
        text-align: center;
      }
      h3{
        color: red;
      }
    </style>
</head>
```

step 04 儲存後，在瀏覽器中開啟文件。

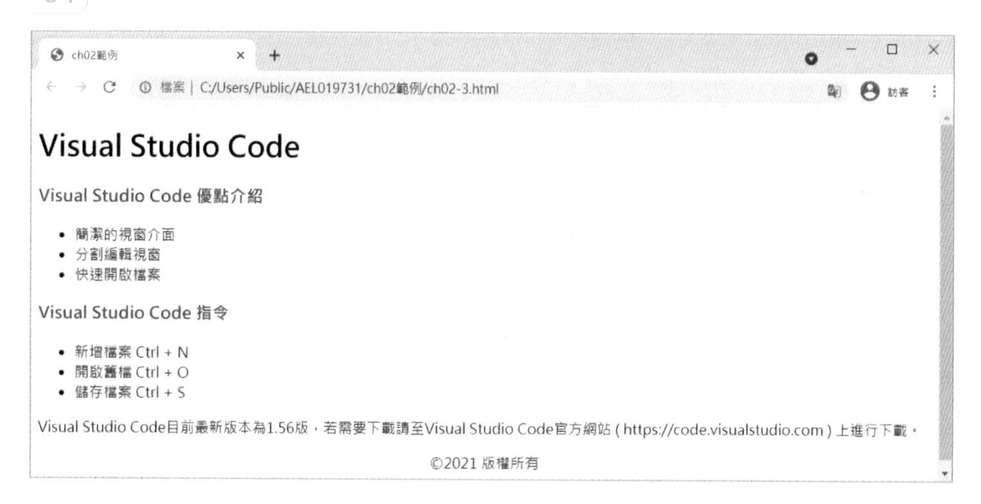

2-3-3 鏈結標籤

標籤名稱	格式	說明
a	<a href=""></a>	<a> 用於定義超連結，點擊超連結之後，可連結至其他網頁。其中，href 屬性必須設置你欲連結的網址
link	<link href="">	<link> 用於控制網頁與外部資源的連結，最常見的應用為連結 CSS 文件
nav	<nav></nav>	<nav> 用於定義導覽列，它通常與 <ul> 一起使用

2-3-4 列表標籤

標籤名稱	格式	說明
ul	<ul></ul>	<ul> 用於定義一個無排序的項目清單
li	<li></li>	<li> 用於定義項目清單列表中個別的項目

練習使用鏈結元素與列表標籤

step 01 於 body 元素中，新增一個 nav 元素。

```
<!DOCTYPE html>
<html lang="en">
<head>
    <meta charset="UTF-8">
    <title>ch02 範例 </title>
</head>
<body>
    <nav>
    </nav>
</body>
</html>
```

step 02 於 nav 元素中，新增一個 ul 元素。

```
<body>
    <nav>
      <ul>
      </ul>
    </nav>
</body>
```

step 03 於 ul 元素中，新增兩個 li 元素。

```
<body>
    <nav>
      <ul>
        <li></li>
        <li></li>
      </ul>
    </nav>
</body>
```

step 04 分別於 li 元素中，新增一個 a 元素。

```
<body>
    <nav>
      <ul>
```

```
                <li><a href="https://www.google.com.tw">Google</a></li>
                <li><a href="https://tw.yahoo.com">Yahoo</a></li>
            </ul>
        </nav>
</body>
```

step 05 儲存後，在瀏覽器中開啟文件。

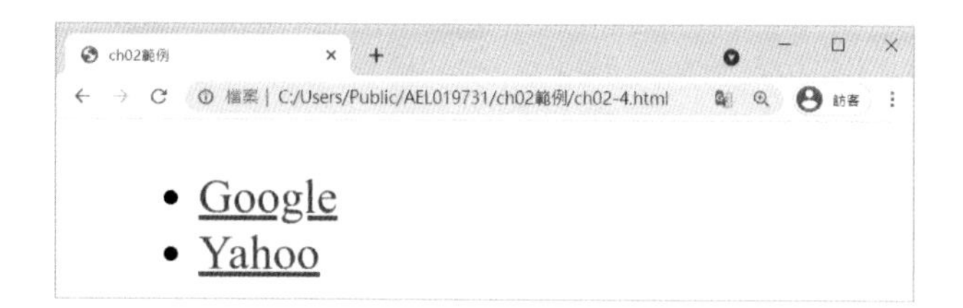

TIP

a 元素是超連結，當瀏覽者點擊 a 元素就可以跳轉至其他頁面，其 href 屬性即是用來放置你欲連結的網址。「#」表示為連結到網頁本身，即為不連結至任何頁面。反之，若您想連結至其他網頁，例如：連結至 Google 首頁時，你可以在 href 屬性中設定 Google 網址，其完整語法為 <a href=" http://www.google.com.tw">Google 首頁 </a>。

2-3-5 表格標籤

標籤名稱	格式	說明
table	<table></table>	<table> 用於定義表格，它必須與 <tr> 及 <td> 一起使用才能組成完整的表格
thead	<thead></thead>	<thead> 用於定義表格的表頭
tfoot	<tfoot></tfoot>	<tfoot> 用於定義表格的表尾
tbody	<tbody></tbody>	<tbody> 用於定義表格的主體
tr	<tr></tr>	<tr> 用於定義表格的行
td	<td></td>	<td> 用於定義表格的列

練習使用表格標籤

step 01 於 body 元素中，新增一個 table 元素。

```
<!DOCTYPE html>
<html lang="en">
<head>
    <meta charset="UTF-8">
    <title>ch02 範例 </title>
</head>
<body>
    <table>
    </table>
</body>
</html>
```

step 02 於 table 元素中，新增三個 tr 元素。

```
<body>
    <table>
      <tr></tr>
      <tr></tr>
      <tr></tr>
    </table>
</body>
```

step 03 分別於 tr 元素中，新增三個 td 元素，用以製作三行三列的表格。

```
<body>
    <table>
      <tr>
        <td> 店家 </td>
        <td> 產品名稱 </td>
        <td> 價錢 </td>
      </tr>
      <tr>
        <td> 依品茶館 </td>
        <td> 珍珠奶茶 </td>
        <td>50 元 </td>
      </tr>
      <tr>
        <td> 茶塘飲料店 </td>
```

```
            <td> 珍珠綠茶 </td>
            <td>55 元 </td>
        </tr>
    </table>
</body>
```

step 04 儲存後，在瀏覽器中開啟文件。

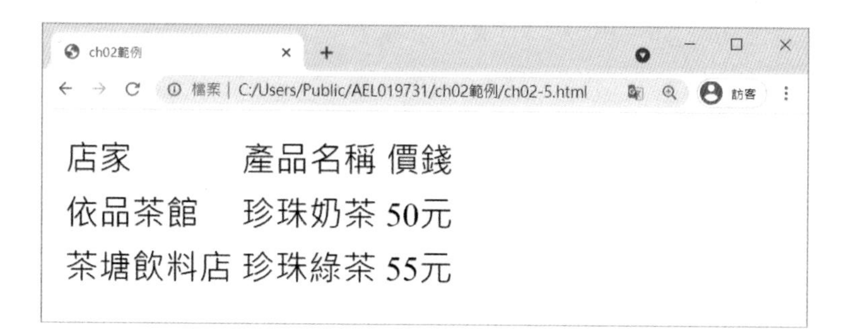

練習使用 thead、tbody、tfoot 標籤

thead、tbody、tfoot 這三個標籤應同時使用。

step 01 於 body 元素中，新增一個 table 元素。

```
<!DOCTYPE html>
<html lang="en">
<head>
    <meta charset="UTF-8">
    <title>ch02 範例 </title>
</head>
<body>
    <table>
    </table>
</body>
</html>
```

step 02 於 table 元素中，依序新增 thead、tbody 與 tfoot 元素。

```
<body>
    <table>
      <thead>
```

```
        </thead>
        <tbody>
        </tbody>
        <tfoot>
        </tfoot>
    </table>
</body>
```

step 03 於 thead 元素中，新增一個 tr 元素。

```
<body>
    <table>
        <thead>
            <tr>
            </tr>
        </thead>
        <tbody>
        <tfoot>
        </tfoot>
    </table>
</body>
```

step 04 接著於 tr 元素中，新增兩個 th 元素。

```
<body>
    <table>
        <thead>
            <tr>
                <th> 課程 </th>
                <th> 分數 </th>
            </tr>
        </thead>
        <tbody>
        </tbody>
        <tfoot>
        </tfoot>
    </table>
</body>
```

step 05 於 tbody 元素中，新增三個 tr 元素，用以製作三個資料行。

```
<body>
    <table>
      <thead>
        <tr>
          <th> 課程 </th>
          <th> 分數 </th>
        </tr>
      </thead>
      <tbody>
        <tr>
        </tr>
        <tr>
        </tr>
        <tr>
        </tr>
      </tbody>
      <tfoot>
      </tfoot>
    </table>
</body>
```

step 06 於 tr 元素中，分別加入兩個 td 元素。

```
<body>
    <table>
      <thead>
        <tr>
          <th> 課程 </th>
          <th> 分數 </th>
        </tr>
      </thead>
      <tbody>
        <tr>
          <td> 國語 </td>
          <td>87</td>
        </tr>
        <tr>
          <td> 數學 </td>
          <td>93</td>
        </tr>
        <tr>
```

```
            <td> 自然 </td>
            <td>85</td>
         </tr>
      </tbody>
      <tfoot>
      </tfoot>
   </table>
</body>
```

step 07 於 tfoot 元素中，加入一個 tr 元素。

```
<body>
    <table>
      <thead>
         <tr>
            <th> 課程 </th>
            <th> 分數 </th>
         </tr>
      </thead>
      <tbody>
         <tr>
            <td> 國語 </td>
            <td>87</td>
         </tr>
         <tr>
            <td> 數學 </td>
            <td>93</td>
         </tr>
         <tr>
            <td> 自然 </td>
            <td>85</td>
         </tr>
      </tbody>
      <tfoot>
         <tr>
         </tr>
      </tfoot>
   </table>
</body>
```

step 08 於 tr 元素中，加入兩個 td 元素。

```
<body>
    <table>
      <thead>
        <tr>
          <th> 課程 </th>
          <th> 分數 </th>
        </tr>
      </thead>
      <tbody>
        <tr>
          <td> 國語 </td>
          <td>87</td>
        </tr>
        <tr>
          <td> 數學 </td>
          <td>93</td>
        </tr>
        <tr>
          <td> 自然 </td>
          <td>85</td>
        </tr>
      </tbody>
      <tfoot>
        <tr>
          <td> 總分 </td>
          <td>265</td>
        </tr>
      </tfoot>
    </table>
</body>
```

step 09 儲存後，在瀏覽器中開啟文件。

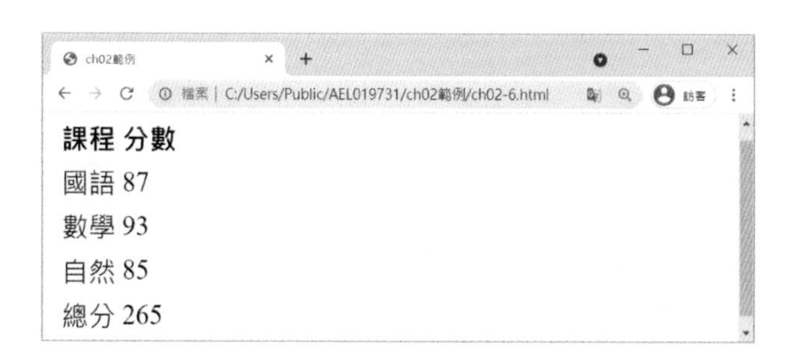

2-3-6 表單標籤

標籤名稱	格式	說明
form	<form></form>	<form> 用於定義可讓使用者輸入的表單
input	<input></input>	<input> 用於定義為輸入欄位，其 type 屬性可依照使用者的需求設定。例如，你若需要按鈕，那麼你可以將 type 屬性設定 button、radio 等等屬性
select	<select></select>	<select> 用於定義下拉式選單，它必須與 <option> 一起使用才可以組成完整的下拉式選單
option	<option></option>	<option> 用於定義為下拉式選單的項目
textarea	<textarea></textarea>	<textarea> 用於定義為多行的文字輸入欄位
label	<label></label>	<label> 為 <input> 的標註
button	<button></button>	<button> 用於定義按鈕

練習使用表單標籤

step 01 於 body 元素中，新增一個 form 元素。

```
<!DOCTYPE html>
<html lang="en">
<head>
    <meta charset="UTF-8">
    <title>ch02 範例 </title>
</head>
<body>
    <form action="form_action.php" method="get">
    </form>
</body>
</html>
```

TIP

form 元素的 action 屬性用於設定表單資料會向何處發送，而 method 屬性則用於設定表單資料的傳送方式。

step 02 於 form 元素中，新增一個 h1 元素。

```
<body>
    <form action="form_action.php" method="get">
      <h1> 基本資料 </h1>
    </form>
</body>
```

step 03 於 h1 元素下方，新增一組 label 與 input 元素。

```
<body>
    <form action="form_action.php" method="get">
      <h1> 基本資料 </h1>
      <label for="myname"> 姓名 </label>
      <input type="text" id="myname" name="myname">
      <br>
      <br>
    </form>
</body>
```

TIP

- for 屬性用於設定 label 元素與某個表單元素綁定，綁定的方式是將 for 屬性的設定值設為欲綁定元素的 id。在此，我們將 for 屬性的設定值設定為 input 元素的 id 名（myname）。
- br 標籤為換行標籤，在此我們加入兩個 br 標籤，使得 input 元素下方產生兩行的空白。

step 04 於 br 元素下方新增一組 label 元素與 select 元素。

```
<body>
    <form action="form_action.php" method="get">
        <h1> 基本資料 </h1>
        <label for="myname"> 姓名 </label>
        <input type="text" id="myname" name="myname">
        <br>
        <br>
        <label for="grade"> 年級 </label>
        <select id="grade">
            <option value=" 一年級 "> 一年級 </option>
            <option value=" 二年級 "> 二年級 </option>
            <option value=" 三年級 "> 三年級 </option>
            <option value=" 四年級 "> 四年級 </option>
            <option value=" 五年級 "> 五年級 </option>
            <option value=" 六年級 "> 六年級 </option>
        </select>
        <br>
        <br>
    </form>
</body>
```

TIP

在此，我們將 for 屬性的設定值設定為 select 元素的 id 名（grade）。

step 05 於 br 元素下方，新增一個 p 元素、兩組 label 與 input 元素。

```
<body>
    <form action="form_action.php" method="get">
        <h1> 基本資料 </h1>
        <label for="myname"> 姓名 </label>
        <input type="text" id="myname" name="myname">
        <br>
        <br>
        <label for="grade"> 年級 </label>
        <select id="grade">
            <option value=" 一年級 "> 一年級 </option>
            <option value=" 二年級 "> 二年級 </option>
            <option value=" 三年級 "> 三年級 </option>
```

```
            <option value=" 四年級 "> 四年級 </option>
            <option value=" 五年級 "> 五年級 </option>
            <option value=" 六年級 "> 六年級 </option>
        </select>
        <br>
        <br>
        <p> 性別 </p>
        <label for="male"> 男 </label>
        <input type="radio" id="male" name="sex">
        <label for="female"> 女 </label>
        <input type="radio" id="female" name="sex">
        <br>
        <br>
    </form>
</body>
```

TIP

- 在此，我們分別將兩個 label 元素的 for 屬性的設定值設定為 input 元素的 id 名（male 或是 female）。
- 將 input 元素的 type 屬性設定為 radio，用於定義單選按鈕。

step 06 於 br 元素下方，新增一組 label 與 textarea 元素。

```
<body>
    <form action="form_action.php" method="get">
      <h1> 基本資料 </h1>
      <label for="myname"> 姓名 </label>
      <input type="text" id="myname" name="myname">
      <br>
      <br>
      <label for="grade"> 年級 </label>
      <select id="grade">
          <option value=" 一年級 "> 一年級 </option>
          <option value=" 二年級 "> 二年級 </option>
          <option value=" 三年級 "> 三年級 </option>
          <option value=" 四年級 "> 四年級 </option>
          <option value=" 五年級 "> 五年級 </option>
          <option value=" 六年級 "> 六年級 </option>
        </select>
```

```
        <br>
        <br>
        <p> 性別 </p>
        <label for="male"> 男 </label>
        <input type="radio" id="male" name="sex">
        <label for="female"> 女 </label>
        <input type="radio" id="female" name="sex">
        <br>
        <br>
        <label for="remarks"> 備註 </label>
        <br>
        <textarea rows="4" id="remarks"></textarea>
        <br>
        <br>
    </form>
</body>
```

TIP

- 在此，我們將 label 元素的 for 屬性的設定值設定為 textarea 元素的 id 名（remarks）。
- textarea 元素用於輸入多行文字，它允許使用者透過 rows 與 cols 屬性，設定欄位的高度與寬度。在此，我們設定 textarea 元素的高度為 4 個列。

step 07 於 br 元素下方，新增一個 input 元素。

```
<body>
    <form action="form_action.php" method="get">
      <h1> 基本資料 </h1>
      <label for="myname"> 姓名 </label>
      <input type="text" id="myname" name="myname">
      <br>
      <br>
      <label for="grade"> 年級 </label>
      <select id="grade">
          <option value=" 一年級 "> 一年級 </option>
          <option value=" 二年級 "> 二年級 </option>
          <option value=" 三年級 "> 三年級 </option>
          <option value=" 四年級 "> 四年級 </option>
          <option value=" 五年級 "> 五年級 </option>
```

```
        <option value=" 六年級 "> 六年級 </option>
      </select>
      <br>
      <br>
      <p> 性別 </p>
      <label for="male"> 男 </label>
      <input type="radio" id="male" name="sex">
      <label for="female"> 女 </label>
      <input type="radio" id="female" name="sex">
      <br>
      <br>
      <label for="remarks"> 備註 </label>
      <br>
      <textarea rows="4" id="remarks"></textarea>
      <br>
      <br>
      <input type="submit" value=" 送出 ">
    </form>
</body>
```

TIP

將 input 元素的 type 屬性設定為 submit，用以定義提交按鈕。點擊提交按鈕會將表單資料傳送到伺服器。

step 08 儲存後，在瀏覽器中開啟文件。

2-3-7 多媒體標籤

標籤名稱	格式	說明
img	<img src="" alt="">	<img> 用於定義為圖片，將圖片存放位址放在 src 屬性中便可呼叫圖片，而 alt 屬性則可設定圖片呼叫失敗時的替代文字
source	<source>	<source> 用於定義媒體元素的資源
audio	<audio></audio>	<audio> 用於定義聲音
video	<video></video>	<video> 用於定義影像

練習使用多媒體標籤

step 01 於 body 元素中，新增一個 img 元素。

```
<!DOCTYPE html>
<html lang="en">
<head>
    <meta charset="UTF-8">
    <title>ch02 範例 </title>
</head>
<body>
    <img
src="https://api.fnkr.net/testimg/350x200/00CED1/FFF/?text=img+placeholder">
</body>
</html>
```

TIP

此處設定圖片是來自於假圖產生器，因此 src 屬性中放置的是假圖產生器的網址。

step 02 於 img 元素下方，新增一組 audio 元素。

```
<body>
    <img
src="https://api.fnkr.net/testimg/350x200/00CED1/FFF/?text=img+placeholder">
    <audiocontrols>
      <source src="source/exsample.ogg">
      <source src="source/exsample.mp3">
    </audio>
</body>
```

TIP

- audio 元素為 HTML5 的新元素，它用於定義聲音，其中的 controls 屬性用於向瀏覽者顯示控制鍵，如：播放鍵、音量鍵。
- source 元素為也同樣為 HTML5 的新元素，用於為媒體元素定義媒體資源，它允許瀏覽器根據自身對媒體類型或是編解碼器的支持，選擇你設定的聲音檔案。

step 03 儲存後，在瀏覽器中開啟文件。

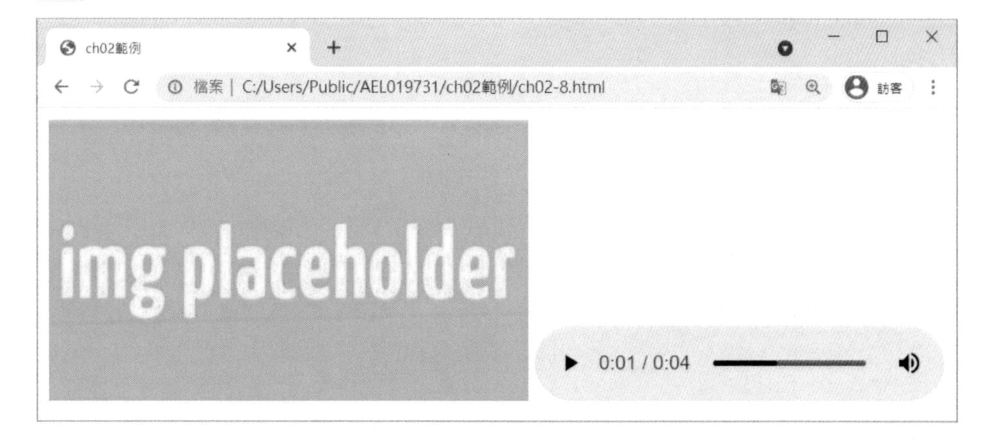

2-3-8 程式語言標籤

標籤名稱	格式	說明
script	<script></script>	在 script 元素中可放置 Javascript 與 jQuery 的程式，也可以設定透過 src 屬性設定外部 jQuery 文件路徑，指向外部的 jQuery 文件

練習使用程式語言元素

step 01 於 head 元素中，新增兩個 script 元素。

```
<!DOCTYPE html>
<html lang="en">
<head>
    <meta charset="UTF-8">
    <title>ch02 範例 </title>
    <!-- 方法 1 -->
    <script type="text/javascript" src="text/javascript" src="https://cdnjs.
cloudflare.com/ajax/libs/jquery/3.2.0/jquery.min.js"></script>
    <!-- 方法 2 -->
    <script type="text/javascript">
    // JS
    </script>
    </head>
<body>
</body>
</html>
```

TIP

script 元素的 type 屬性預設為 text/javascript，因此 type 並非一定要設置，但為了程式閱讀性，本書建議加上 type 屬性。

2-3-9 元訊息標籤

標籤名稱	格式	說明
head	<head></head>	head 元素中可放置網頁的基本資訊
meta	<meta>	<meta> 可用於定義網頁的描述、關鍵字，以及編碼

meta 元素用於定義網頁相關的資訊，例如：網頁描述、關鍵字等等給搜尋引擎或是瀏覽器進行判斷。

meta 元素並沒有結尾標籤，所有的參數直接寫於元素中即可。

此外，在同一網頁中你可以於 head 元素內加入多個 meta 元素。

```
<head>
    <meta name="description" content=" 網頁簡短描述 ">
    <meta http-equiv="Content-Type" content="text/html"; charset="uft-8">
</head>
```

meta 元素有兩個重要的部份，分別為「name」與「http-equiv」，以下我們將為大家分別介紹。

name

name 的語法格式：

```
<meta name=" 參數 "content=" 內容 "/>
```

「name」屬性可視為「變數」的名稱，而 content 可視為「設定值」，因此 meta 元素的設定，可以讓我們透過變數，去呼叫其對應的設定值。

我們經常使用的 meta name 屬性值有以下兩種：

1. description（描述）

   在設計網站後，我們經常會設定網站的描述。網站的描述就如同網站的定位說明，它會出現在搜尋引擎的搜尋結果中。利用短文的方式撰寫網站描述，並將你所設定的網站關鍵字帶入，較能提高網站的搜尋排名。此外，在撰寫網頁描述時，字數的部分你必須多加注意一下。因為過短的網頁描述，會讓搜尋引擎自動從你的網站內容文字中產生描述，進而容易產生不具關鍵意義的內容，而過長的網頁描述，在搜尋結果上也無法看到完整的內容，因此建議本書建議網頁描述應撰寫 60 至 150 字較為適合。

description 語法為：

```
<meta name="description" content=" 網頁簡短描述 ">
```

2. keywords（關鍵字）

關鍵字同如網站的定位。設定關鍵字可以提示搜尋引擎我們的網站與某些特定的字詞相關，使得搜尋者在透過特定的字詞進行搜尋時，較可以搜尋到你的網站。

keywords 語法為：

```
<meta name="keywords" content=" 網頁關鍵字 ">
```

其中多個關鍵字之間使用「半形逗號」隔開。

http-equiv

http-equiv 的語法格式為：

```
<meta http-equiv=" 參數 "content=" 內容 "/>
```

「http-equiv」屬性可視為「變數」的名稱，而 content 可視為「設定值」。

我們經常使用的 http-equiv 屬性值有以下四種：

1. Content-Type 用於設定網頁內容的類型以及編碼，其語法為：

```
<meta http-equiv="Content-Type" content="text/html"; charset=" 編碼 ">
```

網頁的編碼我們通常設定為 UTF-8 萬國碼。

2. Content-Language 用於宣告網頁所使用的語言，其語法為：

```
<meta http-equiv="Content-Language" content=" 編碼 ">
```

在這邊可以注意的是，隨著 HTML5 的推出，現今我們已可以使用 <meta charset=" 編碼 "/> 設定網頁所使用的語言，此寫法與 Content-Language 相比較為簡潔。

3. Refresh 用於設定網頁自動更新的時間，其語法為：

```
<meta http-equiv="Refresh" content=" 時間 ">
```

其設定的時間以「秒數」為單位。若我們希望每隔 5 秒更新一次網頁，那麼在時間的地方就比輸入「5」。

此外，你也可以設定網頁在多少秒之後，跳轉到其他頁面，達成自動轉址。若我們設定 <meta content="60; url=http://www.yahoo.com/" http-equiv="refresh">，則表示在 60 秒之後，網頁將自動跳轉至 www.yahoo.com。

4. Pragma 用於禁止瀏覽器使用快取的方式開啟網頁。透過 Pragma 的設定，當瀏覽者在離線狀態時，便無法瀏覽了！ Pragma 的語法為：

```
<meta http-equiv="Pragma" content="no-cache">
```

2-4 全域屬性

每個 HTML 元素皆可設定的屬性即稱為「全域屬性」，例如 <div id="example"> 範例文字 </p>，在此元素裡的 id 就是全域屬性，因為每個 HTML 元素都可以設定 id 屬性，以下我們將分別介紹幾個常用的全域屬性：

class

class 屬性可為每個 HTML 元素定義類別名稱。若我們想套用 class 為 a 的類別，其寫法即為 class="a"。

此外，一個 HTML 元素可以同時套用多個 class，因此若我們想同時套用 class 為 a 與 b 的類別，其寫法為 class=a b，在 a 與 b 之間擁有空白。

```
<divclass="a"></div>
<divclass="a b"></div>
```

id

id 屬性可為每個 HTML 元素定義「獨一無二」的識別名稱。若我們想為 HTML 元素定義一個 id 為 a 的識別名稱，其寫法為 id="a"。

```
<div id="a"></div>
```

hidden

hidden 屬性可將 HTML 元素設置為隱藏，其寫法為 hidden="hidden"。

```
<div hidden="hidden"> 使用 hidden</div>
<div> 不使用 hidden</div>
```

style

style 屬性可定義 html 元素的樣式。若我們想在 div 上加入靠右浮動的樣式，其寫法為 style="float:right;"。

```
<div style="float:right"> 使用 style 靠右對齊 </div>
<div> 不使用 style 靠右對齊 </div>
```

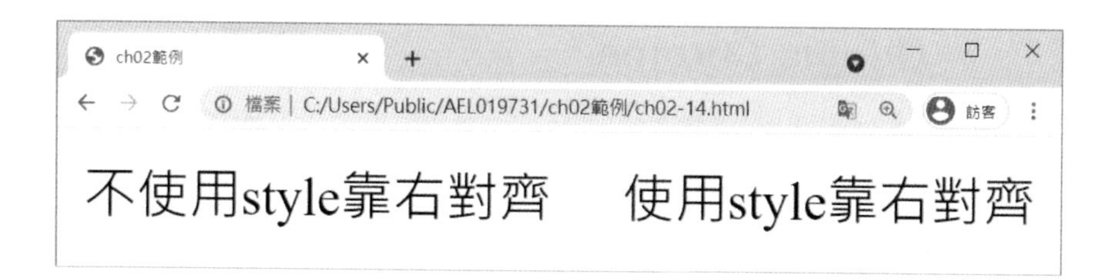

title

title 屬性可定義鼠標移到 HTML 元素上時顯示的文字。若我們想在鼠標移到 p 元素上時，顯示「歡迎」，其寫法為 title=" 歡迎 "。

```
<p title=" 歡迎 ">Welcome</p>
```

lang

lang 屬性可定義 HTML 元素所使用的語言。若我們要指定中文為優先的使用語言，其寫法為 lang="zh-tw"。

```
<p lang="zh-tw"> 歡迎 </p>
```

2-5 瀏覽器除錯網頁教學

將製作好的網頁放進瀏覽器後，便可以檢視網頁內容。然而，並不是每一次網頁都能夠正確執行，因此我們必須透過瀏覽器自己的開發者工具（Developers tools）檢視網頁的錯誤。以下將教大家如何使用開發者工具進行除錯。

2-5-1 Google Chrome

step 01 開啟 Google Chrome 的開發者工具擁有兩種方式，第一種方式為按下「F12」，第二種方式為滑鼠右鍵選取「檢查」，即可開啟開發者工具。

step 02 開啟後的畫面如下圖所示，左邊的區塊為 HTML 元素，而右邊的區塊為所選取的 HTML 元素的 CSS 樣式。

step 03 當滑鼠在 HTML 的元素上移動時，相對應的網頁內容便會被選取起來，透過這種方式可以清楚地選取到我們欲修改的元素。

step 04 若我們要針對某個 HTML 元素做樣式修改，便可以在左邊選取的元素，接著在右邊區塊修改其樣式。然而，在右邊區塊修改 CSS 樣式後，並不會儲存其設定，這是因為開發者工具僅提供預覽效果的功能，因此當你將網頁重整時，網頁又會恢復成先前的樣式設定。

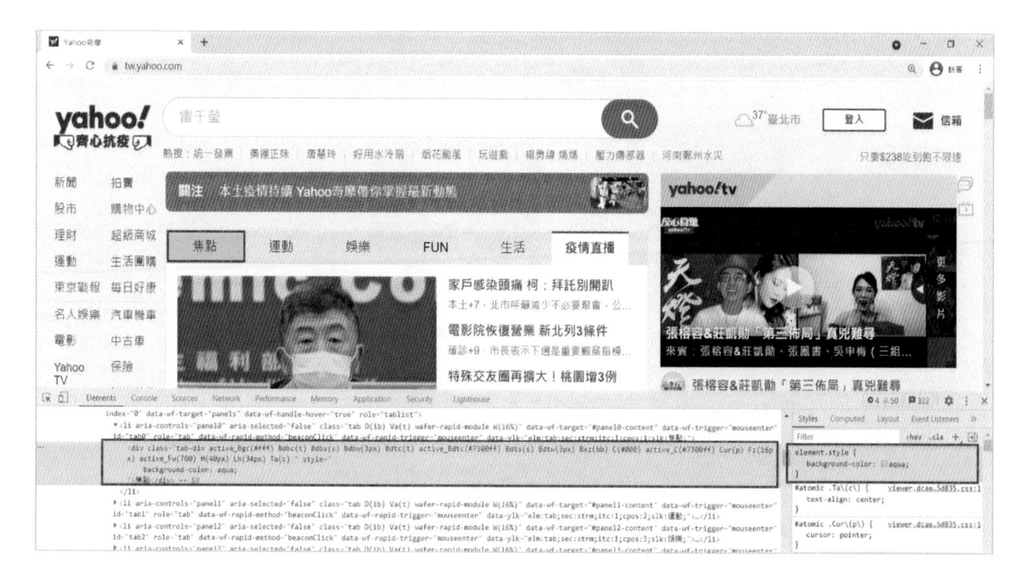

2-5-2 Microsoft Edge

開啟 Microsoft Edge 的開發者工具的方法，不僅延續使用過去 IE 開啟開發者工具的方式外，還增加新的開啟方式：滑鼠右鍵選取「檢查」。

2-5-3 Safari

開啟 Safari 的開發工具可以使用兩種開發方式，第一種按下「Option + Command + I」，第二種為滑鼠右鍵選取「檢閱元件」。

3

初學 CSS

學習概念

CSS 是網頁開發者必定學習的，因為 CSS 可以讓網頁變得美觀、漂亮，就像是網頁的美容師一樣，舉凡文字、圖片、表格等等元素，我們都能透過 CSS 讓元素加上樣式，吸引使用者的目光。

- 何謂 CSS
- CSS 語法
- CSS 的使用方式

3-1 何謂 CSS

CSS（Cascading Style Sheets）的中文翻譯為「串接樣式表」，它是一個用來為 HTML 文件或是 XML 應用等增加樣式的電腦語言，是由全球資訊網聯盟（World Wide Web Consortium，W3C）所定義和維護的。

CSS 就像是網頁的美容師，它能夠設定網頁的背景顏色、文字的大小、顏色或是表格的邊框等等樣式，其用途主要是用於美化網頁與編排版型。

就整體而言，CSS 是用來輔助 HTML，而不是取代 HTML。使用者可以利用設定好的 CSS 樣式，指定給 HTML 元素使用，而被指定套用的 HTML 元素，會依據其 CSS 樣式改變外觀並顯示於網頁上。

3-2 DIV+CSS 排版法

CSS 不僅可以幫助我們美化網頁，也可以幫助我們編排網頁版型。經常被大家使用的網頁排版方式有兩種：表格與 DIV。由於表格的儲存格可以劃分區塊，並且能夠放入各式各樣的內容，因此後來被網頁開發者作為編排網頁版型的功能。

而 DIV 與表格雖然同樣都是方型容器，但是有別於表格具有不易更改版型、原始碼過於冗長等等的問題，DIV 擁有更大的彈性，它可以切割出較為複雜且多樣的版型，因此現今我們大多使用 DIV+CSS 的方式進行網頁排版，而不是使用表格的方式進行網頁排版。

使用 DIV+CSS 的方式即是透過 DIV 元素將網頁劃分成幾個區塊，並搭配 CSS 樣式的設定，改變 DIV 元素的寬度、高度與對齊方式等等，以編排出網頁的版型。

與表格排版方式相比，選擇 DIV+CSS 排版方式的好處包含以下幾點：

1. 分離網站設計與網站內容

   使用 DIV+CSS 的排版方式可將網頁的設計部分與網頁的內容分離，使得網頁設計的樣式可以獨立存放於 CSS 文件中，而 HTML 文件中可只存放網站的內容，促使 HTML 文件的結構單純。

2. 方便維護網頁

   由於 CSS 文件可以集中管理網頁的樣式，因此網頁開發者可以修改幾個 CSS 文件，同步更新網站內所有網頁的樣式，以縮短開發與維護的時間。

3. 提高網頁瀏覽速度

   表格受限於自身結構的關係，必須使用一組 <table><tr><td> 標籤才可以建立一個表格，因此當我們要製作複雜的版型時，勢必會使用許多巢狀表格來達成。巢狀表格會導致 HTML 文件中的 <table><tr><td> 標籤過多，進而影響網頁瀏覽的速度。

   然而，DIV 僅需使用一組 <div> 標籤就可建立一個方框，因此與表格相比，DIV 能夠大幅減少網頁的體積，使得網頁的載入速度提高。

4. 優化 SEO

   使用 DIV+CSS 排版方式可以讓網頁程式碼變得有意義且清晰，因此會使得搜尋引擎的爬蟲更加容易辨識網頁內容，進而讓網站可在各大搜尋引擎中被找到。

3-3 CSS 選擇器

CSS 選擇器用於指定「被 CSS 設定的對象」，其可設定的對象包含網頁中的內容，例如：文字、圖片、DIV 元素等等。選擇器的種類相當多，以下本書將針對常用的選擇器做介紹。

3-3-1 通用選擇器

通用選擇器（Universal selector）指的是「網頁中所有的元素」，包含 div、table、h1、p 等等元素，其表示方式是使用「*」。

舉例來說，若我們要將所有元素的 margin（外距）設定為 0px，其語法即為 *{margin：0px;}。

3-3-2 類型選擇器

類型選擇器（Type selectors）是透過「HTML 元素」給予 CSS 樣式。

使用情境

將 p 元素的文字大小設為 24px。

step 01 於 body 元素中放入 p 元素。

```
<!DOCTYPE html>
<html lang="en">
<head>
    <meta charset="UTF-8">
    <title>ch03 範例 </title>
</head>
<body>
    <p> 文字大小 24px</p>
</body>
</html>
```

step 02 接著，我們於 style 元素中設定 p 元素的樣式。

```
<head>
    <meta charset="UTF-8">
    <title>ch03 範例 </title>
    <style>
      p{
        font-size：24px;
    }
    </style>
</head>
```

TIP

- style 元素用於定義 HTML 元素的樣式。
- 設定 p 元素的文字大小為 24px，其語法為 p{font-size:24px;}。

step 03 儲存後，在瀏覽器中開啟文件。

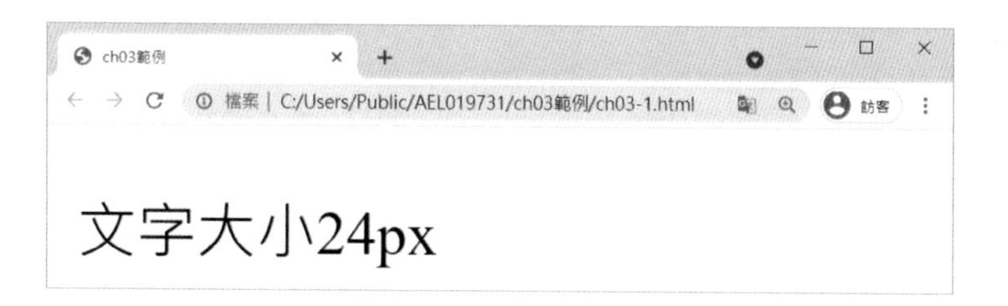

3-3-3 ID 選擇器

ID 選擇器（ID selectors）是給予 HTML 元素一個「獨一無二的 id 名稱」，因此這個 id 名稱在整個 HTML 文件中只能有一個、不能重複，其表示方式是使用「#」。

使用情境

將一個 id 名稱為 wrapper 的 div 元素內的字型大小設置為 24px。

step 01 於 body 元素中放入一個 id 名稱為 wrapper 的 div 元素。

```
<!DOCTYPE html>
<html lang="en">
<head>
    <meta charset="UTF-8">
    <title>ch03 範例 </title>
</head>
<body>
    <div id="wrapper"> 文字大小 24px</div>
</body>
</html>
```

step 02　接著，於 style 元素中設定一個 id 名稱為 wrapper 的 div 元素的樣式。

```
<head>
    <meta charset="UTF-8">
    <title>ch03 範例 </title>
    <style>
        #wrapper{
            font-size：24px;
        }
    </style>
</head>
```

TIP

#wrapper 表示選取 id 名稱為 wrapper 的元素。

step 03　儲存後，在瀏覽器中開啟文件。

3-3-4 類別選擇器

類別選擇器（Class selectors）是透過 HTML 元素的「類別」給予 CSS 套用，其表示方式為「.」，它與 ID 選擇器的差異是類別選擇器可以套用在多個元素上。

使用情境

將 p 元素及 h1 元素的文字對齊方式皆設定為置中。

step 01　於 body 元素中新增一個 p 元素和一個 h1 元素。

```
<!DOCTYPE html>
<html lang="en">
<head>
    <meta charset="UTF-8">
    <title>ch03 範例 </title>
```

```
</head>
<body>
    <p> 置中對齊 </p>
    <h1> 置中對齊 </h1>
</body>
</html>
```

step 02 接著將 p 元素和 h1 元素皆套用 center 類別。

```
<body>
    <p class="center"> 置中對齊 </p>
    <h1 class="center"> 置中對齊 </h1>
</body>
```

step 03 最後，於 style 元素中設定 center 類別的樣式。

```
<head>
    <meta charset="UTF-8">
    <title>ch03 範例 </title>
    <style>
      .center{
       text-align: center;
      }
    </style>
</head>
```

TIP

- 設定 center 類別的文字對齊方式為置中，其語法為 .center{text-align: center;}。
- .center 表示選取類別名稱為 center 的元素。

step 04 儲存後，在瀏覽器中開啟文件。

3-3-5 群組選擇器

群組選擇器（Groups of selectors）可以將「多個 HTML 元素同時設定相同的樣式」，使用時應於元素之間使用「半形逗號」分開。

使用情境

p 元素與 h1 元素的文字顏色皆設定為藍色

step 01 於 body 元素中放入一個 p 元素與一個 h1 元素。

```
<!DOCTYPE html>
<html lang="en">
<head>
    <meta charset="UTF-8">
    <title>ch03 範例 </title>
</head>
<body>
    <p> 字體為藍色 </p>
    <h1> 字體為藍色 </h1>
</body>
</html>
```

step 02 接著，我們於 style 元素中，同時設定 p 元素與 h1 元素的樣式。

```
<head>
    <meta charset="UTF-8">
    <title>ch03 範例 </title>
    <style>
        p,h1{
            color: blue;
        }
    </style>
</head>
```

TIP

設定 p 元素與 h1 元素的文字顏色為藍色，其語法為 p,h1{color：blue;}。

step 03 儲存後，在瀏覽器中開啟文件。

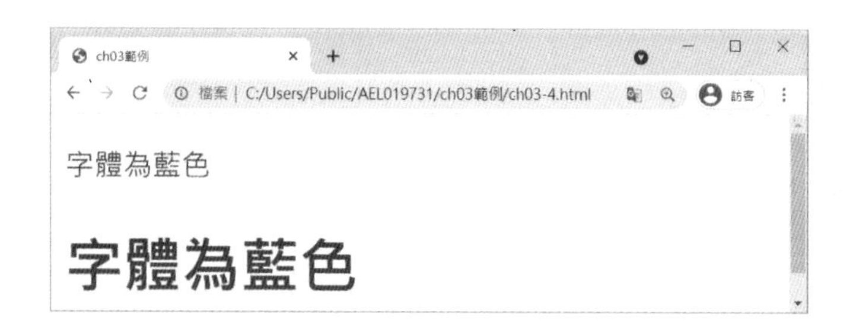

3-3-6 後代選擇器

後代選擇器（Descendant combinator）可以「指定某個元素的所有的子元素」做變化，使用時應於元素之間使用「空白」分開。

使用情境

將 footer 元素中的 p 元素字型大小皆設為 18px。

step 01 於 body 元素中放入一個 footer 元素，並在其內加入一個 p 元素。

```
<!DOCTYPE html>
<html lang="en">
<head>
    <meta charset="UTF-8">
    <title>ch03 範例 </title>
</head>
<body>
    <footer>
        <p> 版權所有 </p>
    </footer>
</body>
</html>
```

step 02 接著，我們於 style 元素中，設定 footer 元素中的 p 元素的樣式。

```
<head>
    <meta charset="UTF-8">
    <title>ch03 範例 </title>
    <style>
```

```
        footer p{
            font-size:18px;
        }
    </style>
</head>
```

TIP

- footer p 表示選取 footer 元素中所有的 p 元素
- 設定 footer 元素中的 p 元素的文字大小為 18px，其語法為 footer p{font-size：18px;}

step 03 儲存後，在瀏覽器中開啟文件。

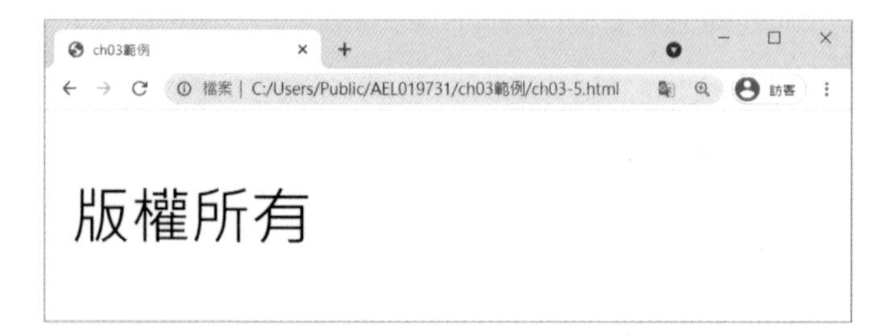

3-3-7 子選擇器

子選擇器（Child combinator）可以「指定某個元素的子元素」做變化，但不包括「子元素的子元素」做變化，其使用時應於元素之間使用「>」分開。

使用情境

將 h1 元素中的 span 元素的文字顏色設定為紅色。

step 01 於 body 元素中，加入以下的元素。

```
<!DOCTYPE html>
<html lang="en">
<head>
```

```
    <meta charset="UTF-8">
    <title>ch03 範例 </title>
</head>
<body>
    <h1>Hello,<span>World</span></h1>
    <h1>Hello,<em><strong>World</strong></em></h1>
</body>
</html>
```

TIP

為了說明子選擇器只對「元素中的子元素」，而不對「子元素的子元素」做變化，因此我們透過新增兩個 h1 元素來講解。在第一個 h1 元素中，包含 span 元素；在第二個 h1 元素中，則先包含 em 元素，在 em 元素中則又包含 span 元素。

step 02 於 style 元素中，設定 h1 元素中的 span 元素的樣式。

```
<head>
    <meta charset="UTF-8">
    <title>ch03 範例 </title>
    <style>
    h1>span{
        color: red;
    }
    </style>
</head>
```

TIP

設定 h1 元素中的 span 元素的文字顏色為紅色，其語法為 h1>span{color: red;}。

step 03 儲存後，在瀏覽器中開啟文件。

TIP

由於在第二個 h1 元素中，先是包含 em 元素，接著才在 em 元素中又包含 span 元素，因此對於第二個 h1 元素而言，span 元素是它的子元素的子元素，因此 span 元素的內容文字 world 並不會被變成紅色。

3-3-8 虛擬選擇器

虛擬選擇器（Pseudo-classes）會根據不同情況來變更不同的樣式，例如 a 元素，它擁有四個狀態分別為「a：link」、「a：visited」、「a：hover」、「a：active」。

值得注意的是，設定這四個屬性時有一定的排序，若變換順序將無法顯示效果，其順序為：a:hover 需放在 a:link 與 a:visited 後面，而 a:active 需放在 a:hover 之後。

```
<head>
    <meta charset="UTF-8">
    <title>Document</title>
    <style type="text/css/">

       /* 滑鼠未點擊連結前的樣式 */
       a:link {color: #000000;}

       /* 滑鼠點擊連結後的樣式 */
       a:visited {color: #FF0000;}
```

```
        /* 滑鼠移至連結的樣式 */
        a:hover {color: #00FF00;}

        /* 滑鼠按下時的樣式 */
        a:active {color: #0000FF;}
    </style>
</head>
```

3-4 CSS 語法的放置位置

在 3-2 節時我們有提到 DIV+CSS 的優點是讓網頁結構單純、方便網頁開發者維護網頁等等，但是具體上我們應該如何應用 CSS，以達到這樣的效果呢？答案就是透過 CSS 語法的放置位置。

CSS 語法的放置位置分成「網頁內部」與「網頁外部」。網頁內部又可以分為「HTML 標籤內」與「style 元素內」，而網頁外部又可分為「link 連結」與「import 連結」，以下我們分別來為大家説明。

3-4-1 網頁內部

HTML 標籤內

將 CSS 語法直接寫於 HTML 標籤內的 style 屬性裡，是最為簡單且直覺的方式，但是當你的網頁內所有的元素都必須設定樣式時，使用此種方式會相當地麻煩，因為你必須於每個元素上設定樣式，因此本書不建議使用者使用此方式。

```
<div>
    <h1 style="text-align:center;">WELCOME</h1>
    <p style="font-size:20px;">Hello!</p>
</div>
```

style 元素內

將 CSS 語法寫於 head 元素的 style 元素內，能將 HTML 元素內的樣式集中並獨立於 style 元素中，滿足網頁開發者快速查看 CSS 的需求。

```
<head>
    <meta charset="UTF-8">
    <title>Document</title>
    <style type="text/css/">
      h1 {text-align：center;}
      p {font-size:20px;}
    </style>
</head>
```

3-4-2 網頁外部

link 連結

透過 link 連結的方式，是將樣式獨立撰寫成一個 CSS 文件儲存，然後在 HTML 文件中透過 link 的方式連結 CSS 文件，再將樣式套用至 HTML 元素上。

使用此種方式，便可以達成方便維護網頁的功用，因為網頁開發者可以撰寫多個 HTML 文件，然後全部套用同一個 CSS 文件，這樣當你要改變網頁的樣式時，只需要修改一次 CSS 文件，就可以被多個 HTML 文件套用，不必再個別設定每個 HTML 文件的樣式。

link 連結的使用方式是於 head 元素中，加入 <link rel="stylesheet" href="css/style.css"type="text/css/">，其中「rel="stylesheet" type="text/css"」意義為「告訴瀏覽器要導入一個在外部的 CSS 檔案」，而「href」的意義為「導入名為 style 的 CSS 文件」。

```
<head>
    <meta charset="UTF-8">
    <title>Document</title>
    <link rel="stylesheet" href="css/style.css" type="text/css/">
</head>
```

import 連結

import 連結與 link 連結的概念相似，不過連結的方式不同。

```
<head>
    <meta charset="UTF-8">
    <title>Document</title>
    <style type="text/css/">@import url("css/style.css");</style>
</head>
```

3-5 繼承權與優先權

3-5-1 繼承權

繼承權是指元素依據「不同選擇器」設定的「不同樣式」時，由外至內層層套用的效果。

step 01 舉例來說，若我們於 body 元素中，加入以下的元素。

```
<!DOCTYPE html>
<html lang="en">
<head>
    <meta charset="UTF-8">
    <title>ch03 範例 </title>
</head>
<body>
    <p>Hello,<span>World</span></p>
</body>
</html>
```

step 02 接著於 style 元素中，加入以下的樣式。

```
<!DOCTYPE html>
<html lang="en">
<head>
    <meta charset="UTF-8">
    <title>ch03 範例 </title>
```

```
    <style>
    body {
        color:red;
    }
    p{
        font-size: 24px;
    }
    span{
        font-weight: bold;
    }
    </style>
</head>
```

TIP

- body {color:red;} 表示將 body 元素的文字顏色設定為紅色。
- p{font-size: 24px;} 表示將 p 元素的文字大小設定為 24px。
- span{font-weight: bold;} 表示將 span 元素的文字粗細設定為粗體。

step 03 儲存後，在瀏覽器中開啟文件。

TIP

最終結果顯示，Hello,World 的字體顏色為紅色、字體大小為 24px，然而只有在 span 元素內的文字為粗體。會造成如此結果是因為元素在套用時，會由外至內層層套用，依序為 body → p → span。

3-5-2 優先權

優先權是指元素依據「不同選擇器」設定的「相同樣式」時，由外至內層層套用的效果。

step 01 舉例來說，若我們於 body 元素中，加入以下的元素。

```
<!DOCTYPE html>
<html lang="en">
<head>
    <meta charset="UTF-8">
    <title>ch03 範例 </title>
</head>
<body>
    <p><span>Hello,World</span></p>
</body>
</html>
```

step 02 接著於 style 元素中，加入以下的樣式。

```
<head>
    <meta charset="UTF-8">
    <title>ch03 範例 </title>
    <style>
    body{
        color: green;
    }
    p{
        color: blue;
    }
    span{
        color: red;
    }
    </style>
</head>
```

TIP

在此，我們將 body 元素的文字顏色設定為綠色；將 p 元素的文字顏色設定為藍色；將 span 元素的文字顏色設定為紅色。

step 03 儲存後，在瀏覽器中開啟文件。

TIP

最終結果顯示，Hello,World 的字體顏色為紅色。會造成如此結果是因為元素在套用時，會由外至內層層套用，依序為 body → p → span。

3-6 常見的 CSS 樣式

CSS 的語法架構為：設定的對象 { 樣式 : 設定值 ;}。若我們想要將 p 元素的文字顏色設定為紅色，就可以使用 p{color:red;} 這樣的語法，以下我們先為大家列出幾個常用的 CSS 樣式，然後再詳細介紹每個樣式。

樣式	中文名稱	樣式舉例
color	文字顏色	color:#666666;
background-color	背景顏色	background-color: #666666;
font-size	文字大小	font-size:16px;
font-family	文字字體	font-family:Microsoft JhengHei;
float	浮動	float:left;
text-align	文字對齊	text-align:center;
padding	內距	padding:20px;
margin	外距	margin:20px;
position	位置	position:fixed;

3-6-1 color

color 樣式可設定元素的文字顏色，其語法為 {color: 設定值 ;};，而設定值有以下三種可以使用，分別為：十六進位值、顏色名稱以及 RGB 碼。

設定值	語法	說明
十六進位值	color:#XXXXXX；	X 為十六進位碼
顏色名稱	color: 顏色名稱；	顏色名稱應使用英文，如：red、blue
RGB	color:rgb(X,Y,Z)；	X、Y、Z 分別為介於 0~255 的數字

3-6-2 background–color

background–color 樣式可設定元素的背景顏色，其語法為 {background–color: 設定值 ;} 在設定值的部分則與 color 樣式相同，皆可以使用十六進位值、顏色名稱以及 RGB 碼三種方式，以下不再多贅述。

練習使用 background–color 樣式

step 01 設定 background–color 樣式。

```
<!DOCTYPE html>
<html lang="en">
<head>
    <meta charset="UTF-8">
    <title>ch03 範例 </title>
    <style>
        .text1{
            background-color: gold;
        }
        .text2{
            background-color: #ff69b4;
        }
        .text3{
            background-color: rgb(0,191,255);
        }
    </style>
```

```
</head>
<body>
    <p class="text1"> 顏色名稱顯示 gold</p>
    <p class="text2"> 十六進位顯示 #ff69b4</p>
    <p class="text3">RGB 顯示 rgb(0,191,255)</p>
</body>
</html>
```

step 02 儲存後，在瀏覽器中開啟文件。

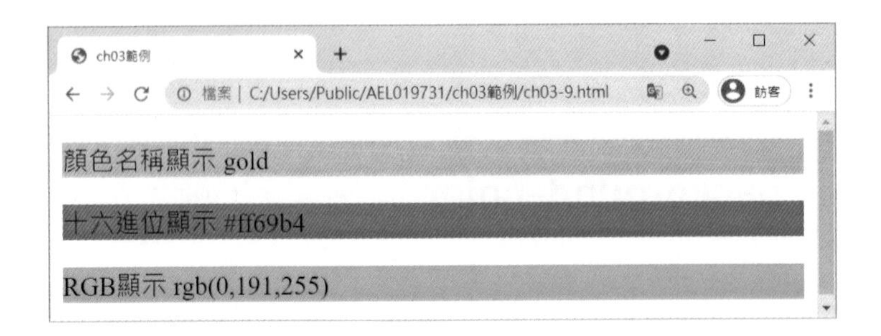

3-6-3 font–size

font–size 樣式可設定元素的文字大小，其語法為 {font–size: 設定值 ;}，我們經常使用的單位為 px 與 em。

然而，px 與 em 的差異是什麼呢？以下我們分別來為大家說明：

px（pixel）又稱為「像素」，它是相對於螢幕解析度的長度單位，因此當我們製作好的版面在高解析度的螢幕上瀏覽時，字體大小可能會變得非常小。在過去網頁設計師都經常使用 px 來設定文字大小，因為直接使用 px 的設定字體大小，可以滿足最小失真的一致性，但這樣卻也造成瀏覽者無法在瀏覽器中隨意調整文字大小，因此也有許多的網站選擇使用 em 來設定文字的大小。

em 是 W3C 規定的文字單位，它是相對於網頁內的字體大小。1em 等於 16px，但若我們有設定網頁文字的初始大小的話，例如：body { font-size:75%;}，那麼 1em 就不會等於 16px，而是等於 12px，因為 16px*75% 會等於 12px。

由於 em 的彈性較大且其值並不是固定的，因此使用 em 經常會遇到一個問題：em 會繼承父元素的文字大小。

若我們將父元素的文字大小設定為 2em，而其子元素的設定為 0.5em，那麼子元素的文字大小就會被設定成 1em，因為 2x0.5=1。

使用 px 還是 em 來設定文字的大小，並沒有正確的答案，網頁開發者應該根據自己的經驗選擇使用。

練習使用 font-size 樣式

step 01 設定 font-size 樣式。

```
<!DOCTYPE html>
<html lang="en">
<head>
    <meta charset="UTF-8">
    <title>ch03 範例 </title>
    <style>
        .text{
            font-size: 24px;
        }
    </style>
</head>
<body>
    <p> 一般字體 </p>
    <p class="text"> 字體大小 24px</p>
</body>
</html>
```

step 02 儲存後，在瀏覽器中開啟文件。

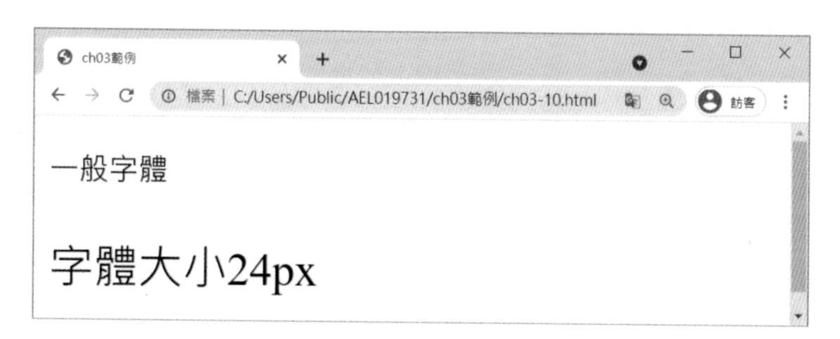

3-6-4 font–family

font–family 樣式可設定元素的文字字體，其語法為 {font–family: 設定值 ;}，其設定值可以多個，不同的設定值之間使用「半形逗號」隔開，當瀏覽器不支援第一種字體時，會自動換成第二種字體，其順序是由左至右辨別。

常見的字體有：細明體（MingLiU）、標楷體（DFKai-sb）、微軟正黑體（Microsoft JhengHei）、微軟雅黑體（Microsoft YaHei）、宋體（SimSun）、serif、sans-serif、cursive、fantasy、monospace 等等。

練習使用 font–family 樣式

step 01 設定 font–family 樣式。

```
<!DOCTYPE html>
<html lang="en">
<head>
    <meta charset="UTF-8">
    <title>ch03 範例 </title>
    <style>
        .text{
            font-family: Microsoft YaHei;
        }
    </style>
</head>
<body>
    <p> 一般字體 </p>
    <p class="text"> 字體微軟雅黑體 Microsoft YaHei</p>
</body>
</html>
```

step 02 儲存後，在瀏覽器中開啟文件。

3-6-5 float

float 樣式可設定元素的浮動位置，即為設定元素靠左或是靠右顯示，其語法為 {float: 設定值 ;}，設定值包含 right（靠右）、left（靠左）以及 none（不浮動）。

練習使用 float 樣式

step 01 設定 float 樣式。

```
<!DOCTYPE html>
<html lang="en">
<head>
    <meta charset="UTF-8">
    <title>ch03 範例 </title>
    <style>
        .floatR{
            float: right;
    }
    </style>
</head>
<body>
    <p class="floatR"> 靠右浮動 </p>
</body>
</html>
```

step 02 儲存後，在瀏覽器中開啟文件。

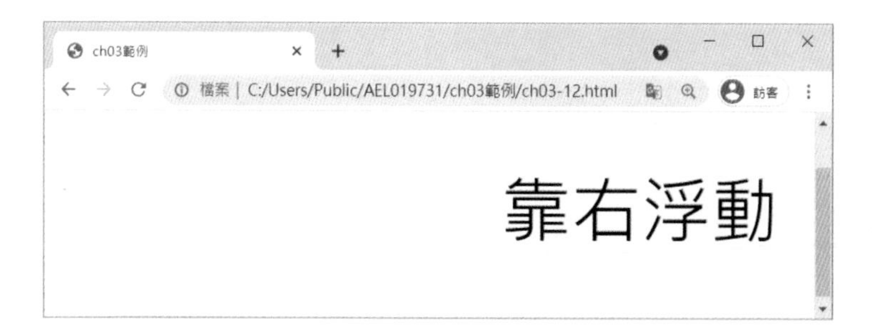

3-6-6 text–align

text–align 樣式可設定元素的文字對齊方式；其語法為 {text–align: 設定值 }，設定值包含 center（置中）、left（置左）以及 right（置右）。

練習使用 text-align 樣式

step 01 設定 text-align 樣式。

```
<!DOCTYPE html>
<html lang="en">
<head>
    <meta charset="UTF-8">
    <title>ch03 範例 </title>
    <style>
        .textcenter{
            text-align: center;
        }
        .textright{
            text-align: right;
        }
        .textleft{
            text-align: left;
        }
    </style>
</head>
<body>
    <p class="textcenter"> 置中浮動 </p>
    <p class="textright"> 靠右浮動 </p>
    <p class="textleft"> 靠左浮動 </p>
</body>
</html>
```

step 02 儲存後，在瀏覽器中開啟文件。

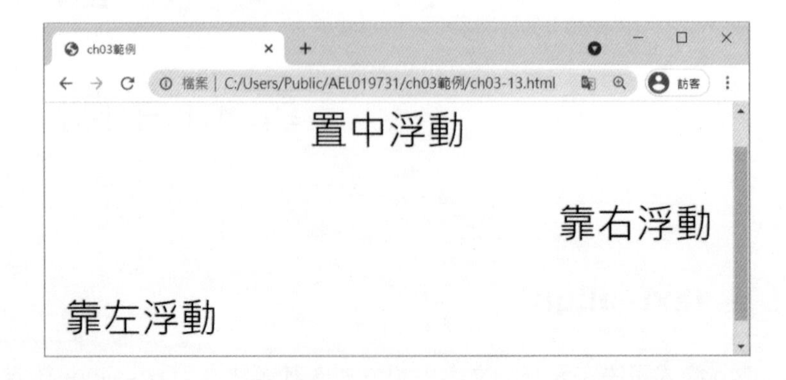

3-6-7 padding

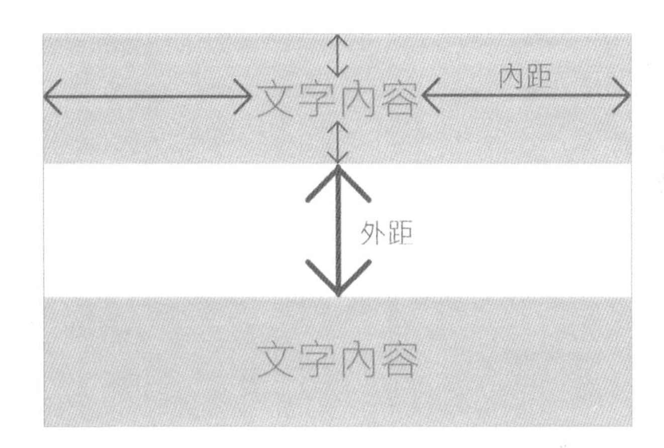

每個元素都可以設定自己的邊框（border），而邊框與內容文字之間的距離就稱為內距。

padding 樣式即是用於設定元素的內距大小，其設定值不可小於 0，只能正數。

padding 樣式的設定有以下幾種方式：

設定值	語法	說明
padding	padding: 設定值 ;	設定上下左右內距相同
	padding: 上下設定值　左右設定值 ;	設定上下內距相同左右內距相同
	padding: 上設定值　右設定值　下設定值　左設定值 ;	個別設定四個方位的內距
padding-top	padding-top: 設定值 ;	設定上內距
padding-left	padding-left: 設定值 ;	設定左內距
padding-right	padding-right: 設定值 ;	設定右內距
padding-bottom	padding-bottom: 設定值 ;	設定下內距

練習使用 padding 樣式 -1

step 01 設定 padding 樣式。

```
<!DOCTYPE html>
<html lang="en">
<head>
    <meta charset="UTF-8">
    <title>ch03 範例 </title>
    <style>
        div{
            width: 200px;
        }
        .paddingAll{
            background: gold;
            padding: 5px;
        }
        .paddingTop{
            background: #1e90ff;
            padding-top: 10px;
        }
        .paddingRight{
            background: gold;
            padding-right: 30px;
        }
        .paddingDown{
            background: #1e90ff;
            padding-bottom: 40px;
        }
        .paddingLeft{
            background: gold;
            padding-left: 10px;
        }
    </style>
</head>
<body>
    <div class="paddingAll"> 文字內容內距 10px</div>
    <br>
    <div class="paddingTop"> 文字內容上方內距 5px</div>
    <br>
    <div class="paddingRight"> 文字內容右邊內距 30px</div>
    <br>
    <div class="paddingDown"> 文字內容下方內距 40px</div>
    <br>
    <div class="paddingLeft"> 文字內容左邊內距 10px</div>
    <br>
</body>
</html>
```

step 02 儲存後，在瀏覽器中開啟文件。

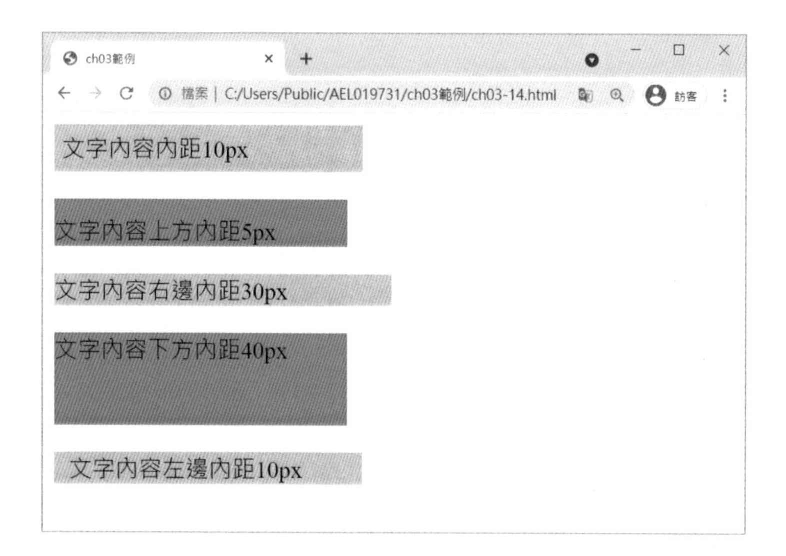

練習使用 padding 樣式 -2

step 01 設定 padding 樣式。

```
<!DOCTYPE html>
<html lang="en">
<head>
    <meta charset="UTF-8">
    <title>ch03 範例 </title>
    <style>
        div{
            width: 200px;
        }
        .paddingTRBL{
            background: #1e90ff;
            padding: 10px 30px;
        }
        .paddingLR{
            background: gold;
            padding: 0px 50px;
        }
        .paddingTD{
            background: #1e90ff;
            padding: 20px 0px;
        }
```

```
    </style>
</head>
<body>
    <div class="paddingTRBL"> 文字內容上下內距 10px 左右內距 30px</div>
    <br>
    <div class="paddingLR"> 文字內容左右內距 50px</div>
    <br>
    <div class="paddingTD"> 文字內容上下內距 20px</div>
</body>
</html>
```

step 02 儲存後，在瀏覽器中開啟文件。

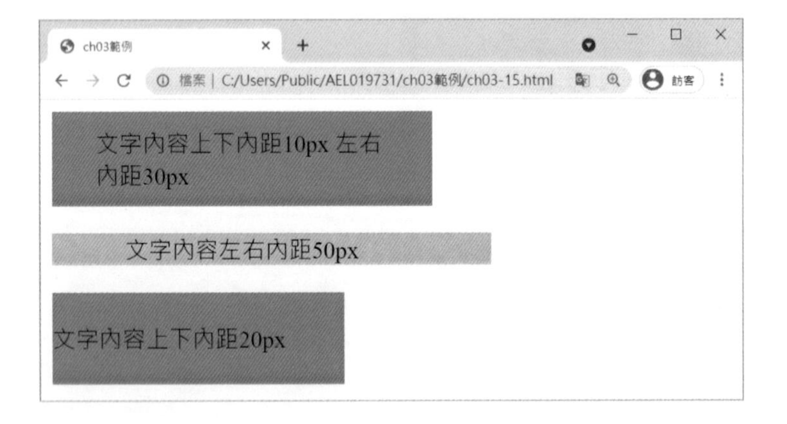

3-6-8 margin

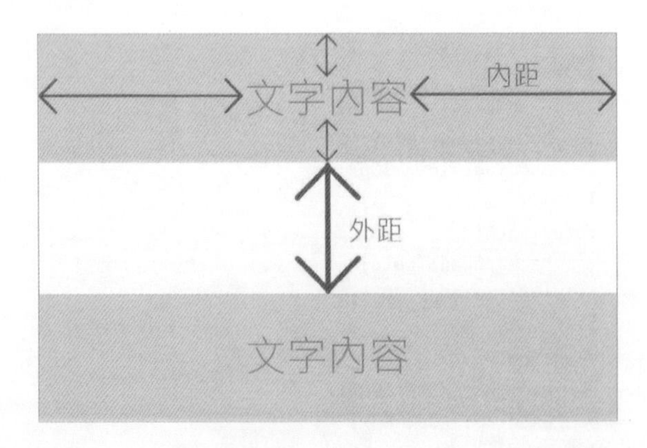

margin 與 padding 是相反的，padding 是內距，而 margin 是外距。

外距就是指邊框以外到相鄰元素之間的距離，其語法為 {margin: 設定值 ;}。

margin 的設定值可為正負數。

margin 樣式的設定有以下幾種方式：

設定值	語法	說明
margin	margin: 設定值 ;	設定上下左右外距相同
	margin: 上下設定值 左右設定值;	設定上下內距相同左右外距相同
	margin: 上設定值 右設定值 下設定值 左設定值 ;	個別設定四個方位的外距
margin-top	margin-top: 設定值 ;	設定上外距
margin-left	margin-left: 設定值 ;	設定左外距
margin-right	margin-right: 設定值 ;	設定右外距
margin-bottom	margin-bottom: 設定值 ;	設定下外距

練習使用 margin 樣式

step 01 設定 margin 樣式。

```
<!DOCTYPE html>
<html lang="en">
<head>
    <meta charset="UTF-8">
    <title>ch03 範例 </title>
    <style>
        div{
            width: 200px;
        }
        .marginAll{
            background: gold;
            margin: 20px;
        }
        .marginTop{
```

```
            background: #1e90ff;
            margin-top: 25px;
        }
        .marginRight{
            background: gold;
            margin-right: 60px;
        }
        .marginDown{
            background: #1e90ff;
            margin-bottom: 30px;
        }
        .marginLeft{
            background: gold;
            margin-left: 40px;
        }
    </style>
</head>
<body>
    <div class="marginAll"> 文字內容外距 20px</div>
    <div class="marginTop"> 文字內容上方外距 25px</div>
    <div class="marginRight"> 文字內容右邊外距 30px</div>
    <div class="marginDown"> 文字內容下方外距 30px</div>
    <div class="marginLeft"> 文字內容左邊外距 40px</div>
</body>
</html>
```

step 02 儲存後，在瀏覽器中開啟文件。

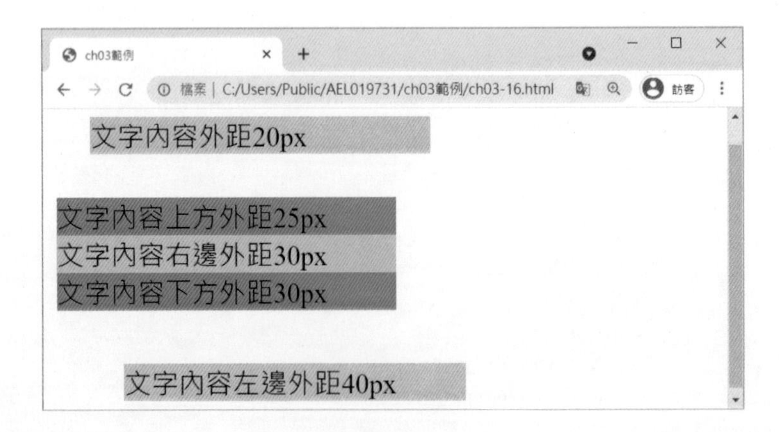

3-6-9 transform

transform 樣式可使元素做出旋轉、縮放、位移、傾斜等效果，以下各別介紹這四種效果：

1. rotate（旋轉效果）

   rotate 的語法為 {transform:rotate(deg);}，x 為旋轉角度，deg 為單位，例如 {transform：rotate(45deg);}，即表示元素旋轉 45 度。

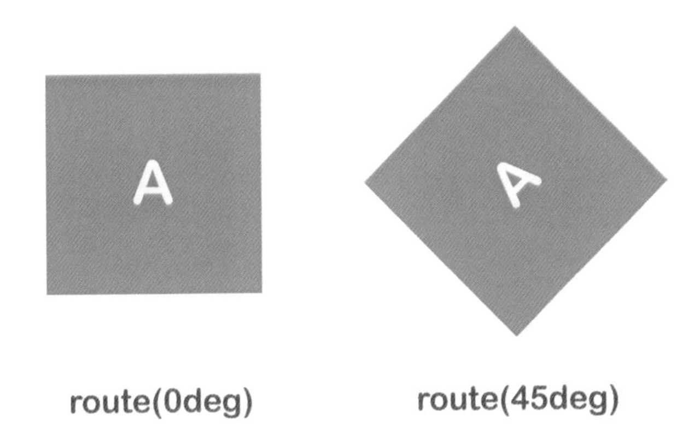

2. scale（縮放效果）

   scale 的語法為 {transform:scale(x);}，x 為縮放倍數，例如 {transform:scale(0.5);}，即表示元素縮放 0.5 倍。

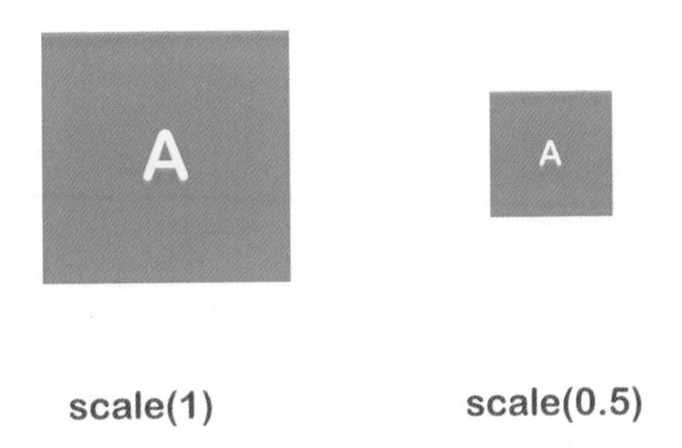

3. translate（位移效果）

scale 的語法為 {transform:translate(x,y);}，x 為 x 軸正向位移數，y 為 y 軸負向位移數，其單位為 px，例如 {transform：translate(150px, 50px);}，即表示為元素向 x 軸正向位移 150px，向 y 軸負向位移應改為 50px。

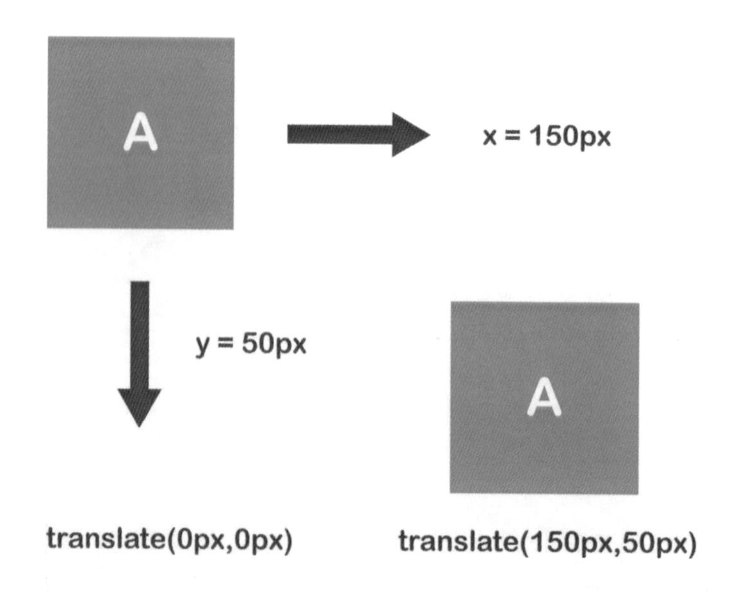

4. skew（傾斜效果）

skew 的語法為 {transform：skew(x,y);}，x 為 x 軸傾斜度，而 y 則為 y 軸傾斜度，其使用單位為 deg，例如 {transform：skew(20deg,20deg);}，即表示為元素向 x 軸傾斜度 20 度，向 y 軸傾斜度 20 度。

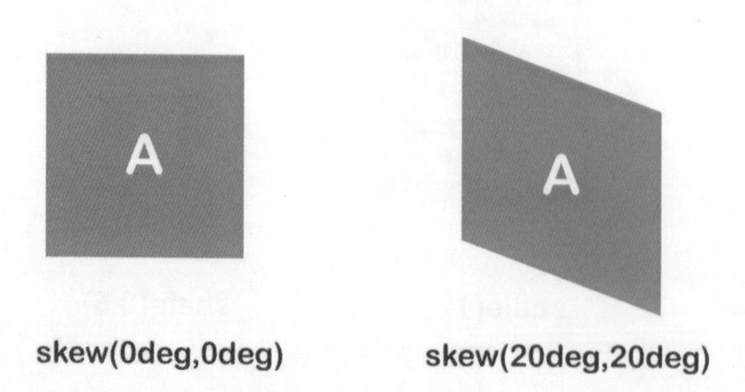

若我們只想要設定單邊 x 軸傾斜 20 度，可以撰寫 {transform：skewX(20deg);}。

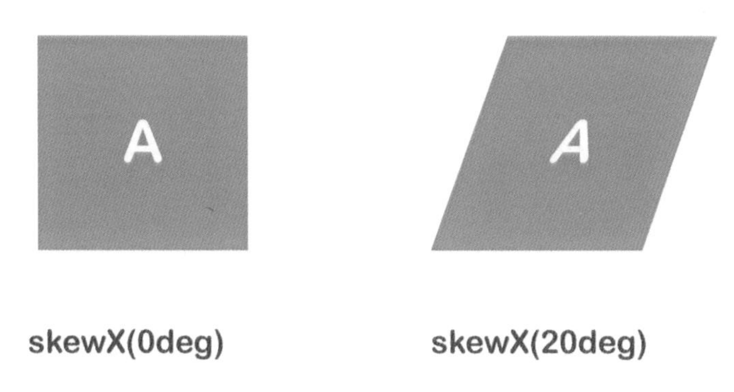

若我們只想要設定單邊 y 軸傾斜 20 度，可以撰寫 {transform:skewY(20 deg);}。

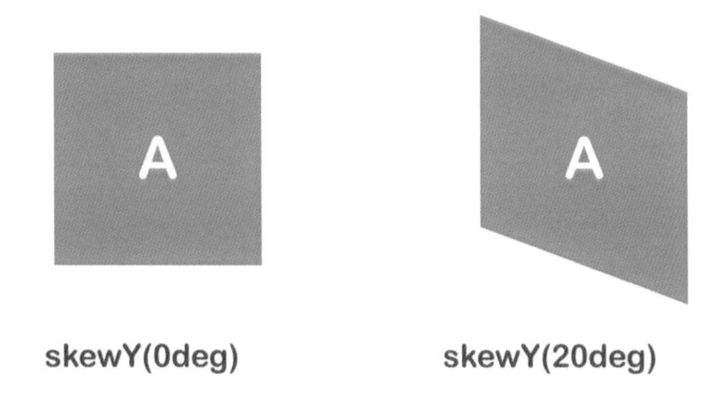

5. transition（動畫效果）

transition 的語法為 {transition: 屬性 持續時間 變換效果 延遲時間 ;}。

若我們只要單獨元素的持續時間，可以使用 {transition-duration:Xs;}，其中 X 為數字，s 為秒數；要單獨元素的變換效果，可以使用 {transitiontiming-function: 設定值 ;} 設定值 ;；要單獨元素的延遲時間，可以使用 {transition-delay:Xs;}。

3-6-10 position

position 屬性用於設定元素的定位類型，其語法為 {position: 設定值 ;}，可設定的值包含 static（預設值）、relative、fixed、absolute。

static

static 是預設值，若元素的 position 設定為 static，則 top、bottom、left、right 屬性的值皆無意義，而是依照瀏覽器預設的位置自動排版於頁面上。

◆ 練習使用 position:static

step 01 設定 position:static。

```
<!DOCTYPE html>
<html lang="en">
<head>
    <meta charset="UTF-8">
    <title>ch03 範例 </title>
    <style>
    *{
        margin: 0px;
        padding:0px;
    }
    div {
        width: 200px;
        height: 200px;
        text-align: center;
        line-height: 200px;
        border:3px solid #000;
        color:white;
    }

    .one {
        background: red;
    }

    .two {
        background: blue;
    }
    </style>
```

```
</head>
<body>
    <div class="one"> 區塊 1</div>
    <div class="two"> 區塊 1</div>
</body>
</html>
```

TIP

- 在 style 元素中，我們並沒有設定 position 屬性，因此 position 屬性會被默認為 static。
- 「*」為通用選擇器，意思為選擇每個元素。而我們為了解決不同瀏覽器中每個元素的 margin 和 padding 預設值不同的問題，因此我們透過通用選擇器，將所有元素的 margin（外距）與 padding（內距）皆設為 0px。

step 02 儲存後，在瀏覽器中開啟文件。

TIP

static 會依照瀏覽器預設的位置自動將元素排列於頁面上。

relative

relative 用於產生相對定位的元素，若元素的 position 設定為 relative，則元素會相對地調整「原本元素應該出現的位置」，其位置的設定會依據 top、bottom、left、right 屬性設定的值而定。

◆ 練習使用 position: relative

step 01 設定 position:relative。

```
<!DOCTYPE html>
<html lang="en">
<head>
    <meta charset="UTF-8">
    <title>ch03 範例 </title>
    <style>
    *{
        margin: 0px;
        padding:0px;
    }
    div {
        width: 200px;
        height: 200px;
        text-align: center;
        line-height: 200px;
        border:3px solid #000;
        color:white;
    }

    .static {
        background: red;
    }
    .relative {
        background: blue;
        position: relative;
        top: 50px;
        left: 100px;
    }
    </style>
</head>
<body>
    <div class="static">static</div>
```

```
    <div class="relative">relative</div>
</body>
</html>
```

step 02 儲存後，在瀏覽器中開啟文件。

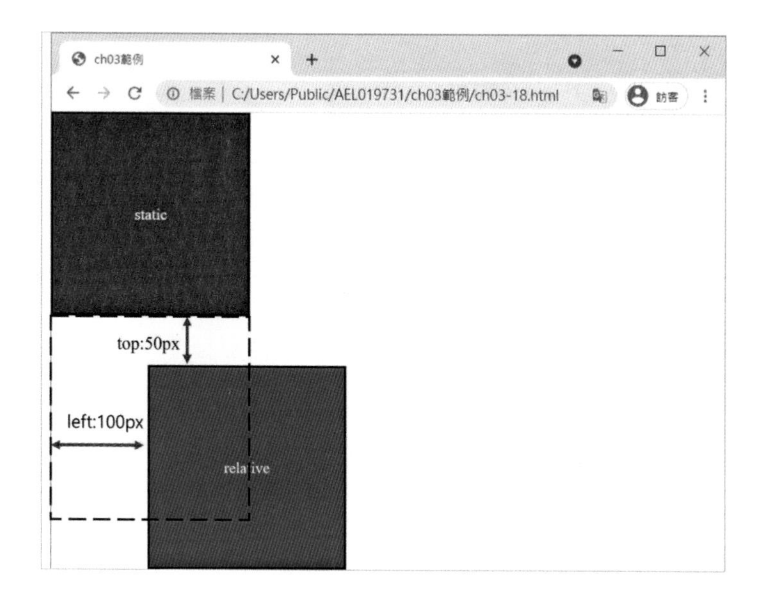

fixed

fixed 表示為「固定定位」，若元素的 position 設定為 fixed，則當網頁下拉時，元素的位置不會被改變，會一直固定於瀏覽器內的某個位置。

練習使用 position: fixed

step 01 設定 position:fixed。

```
<!DOCTYPE html>
<html lang="en">
<head>
    <meta charset="UTF-8">
    <title>ch03 範例 </title>
    <style>
    * {
        margin: 0px;
        padding: 0px;
```

```
    }
    #wrapper {
        background: blue;
        height: 800px;
    }
    .fixed {
        background: red;
        width: 200px;
        height: 200px;
        text-align: center;
        line-height: 200px;
        border: 3px solid #000;
        color: white;
        position: fixed;
    }
    </style>
</head>
<body>
    <div id="wrapper">
        <div class="fixed">fixed</div>
    </div>
</body>
</html>
```

step 02 儲存後，在瀏覽器中開啟文件。

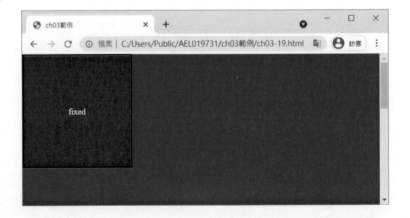

absolute

absolute 用於產生絕對定位的元素，若元素的 position 設定為 absolute，則元素會依據「可定位的父元素」進行定位。可定位的父元素指的是 position 屬性被設定為 relative、absolute 或是 fixed 的父元素。倘若父元素為不可定位元素，那麼元素的定位點就是 body 元素中最左上角的位置，其位置的設定會依據 top、bottom、left、right 屬性設定的值而定。

練習使用 position:absolute-1

step 01 設定父元素的 position 屬性為 relative、設定元素的 position 屬性為 absolute。

```
<!DOCTYPE html>
<html lang="en">
<head>
    <meta charset="UTF-8">
    <title>ch03 範例 </title>
    <style>
    * {
        margin: 0px;
        padding: 0px;
    }
    div {
        text-align: center;
        border: 3px solid #000;
        color: white;
    }
    #relative {
        background: blue;
        height: 400px;
        width: 500px;
        line-height: 350px;
        position: relative;
        top: 50px;
        left: 50px;
    }
    #absolute {
        width: 200px;
        height: 200px;
```

```
        background: red;
        position: absolute;
        top: 197px;
        left: 297px;
        line-height: 200px;
    }
    </style>
</head>
<body>
    <div id="relative">
        我是可定位的父元素
        <div id="absolute" class="absolute"> 我的父元素可定位 </div>
    </div>
</body>
</html>
```

step 02 儲存後，在瀏覽器中開啟文件。

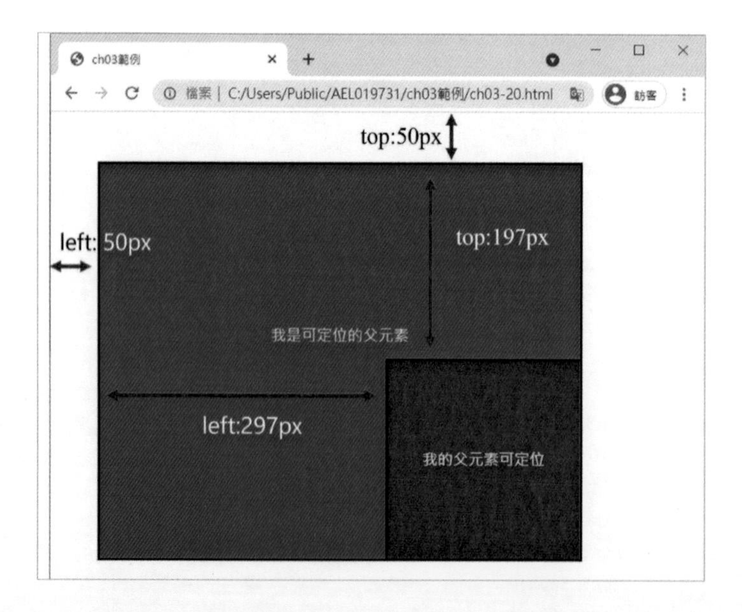

TIP

當父元素為可定位元素時，元素會依據父元素進行定位。

練習使用 position:absolute-2

step 01 設定父元素的 position 屬性為 static、設定元素的 position 屬性為 absolute。

```
<!DOCTYPE html>
<html lang="en">
<head>
    <meta charset="UTF-8">
    <title>ch03 範例 </title>
    <style>
    * {
        margin: 0px;
        padding: 0px;
    }
    div {
        text-align: center;
        border: 3px solid #000;
        color: white;
    }
    #static {
        background: blue;
        height: 400px;
        width: 500px;
        line-height: 400px;
        position: static;
    }
    #absolute {
        width: 180px;
        height: 180px;
        background: red;
        position: absolute;
        top: 220px;
        left: 320px;
        line-height: 180px;
    }
    </style>
</head>
<body>
    <div id="static">
        我是不可定位的父元素
        <div id="absolute" class="absolute"> 我會依據 body 元素來定位 </div>
```

```
    </div>
</body>
</html>
```

step 02 儲存後，在瀏覽器中開啟文件。

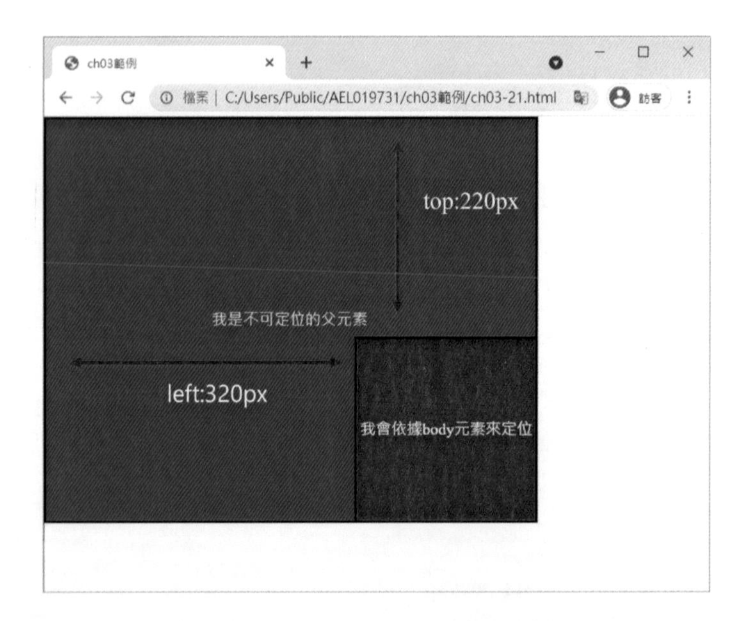

TIP

當父元素為不可定位元素時，元素會依據 body 元素進行定位。

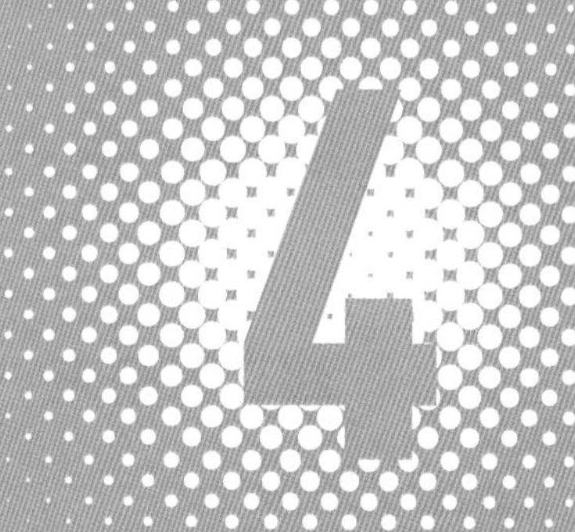

網頁建置流程與網頁設計

建立一個網站或是網頁，並不但單純只需要撰寫 HTML 文件與 CSS 文件就好，我們可能還需要撰寫 jQuery 文件，又或是使用一些圖片讓網站看起來更加的豐富、漂亮。然而，當這些文件變得相當多時，我們究竟該怎麼樣去整理與使用呢？因此本章節將帶領大家熟悉網站的建置流程。

學習重點

- 網頁的前置作業
- 使用 normalize、jQuery
- 網頁設計概念

4-1 前置作業

4-1-1 建立資料夾

當我們在開發網站時，必定會產生許多的文件，例如：HTML 文件、CSS 文件等等，若我們沒有加以整理這些文件，這些文件必定會造成網頁開發者許多麻煩，因此我們必須有系統地管理這些文件。

對於網站開發者而言，建置一個網站就是新增一個資料夾。這種用來放置網站檔案的資料夾，我們就稱為「專案資料夾」，其名稱可以自訂，但是千萬不要使用「中文」取名，因為目前網頁伺服器中有六至七成都是使用 Linux 作業系統，而 Linux 作業系統的網頁伺服器都只能辨識英文檔名。

在專案資料夾中，我們習慣將 HTML 文件直接放入，而將 CSS 文件、jQuery 文件與圖片等等分類存放，例如 CSS 資料夾中，全都放置網站內會用到的 CSS 文件，這樣做網頁開發者就可以快速地找尋到文件、避免檔案誤刪等問題，進而提升網頁開發效率。

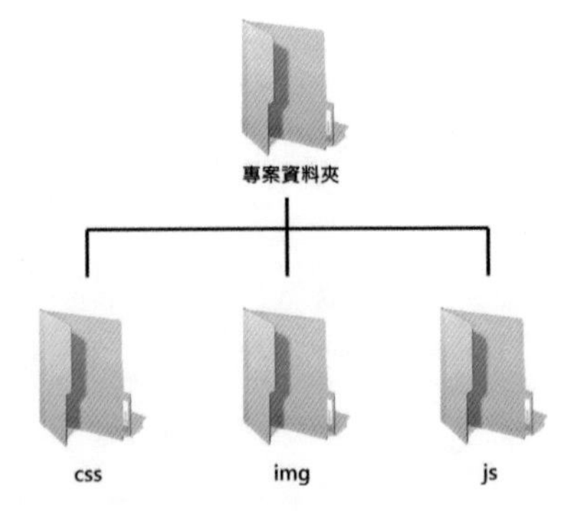

4-1-2 新增 HTML 文件

新增資料夾後，第一步就是新增 HTML 文件。一般來說，網頁伺服器預設的首頁名稱都是 index，因此在建立首頁的 HTML 文件時，建議將檔名取名為 index.html，這樣做的話當我們要瀏覽某個網站時，只要輸入網址，網頁伺服器就會自動連結至 index.html 頁面。反之，若你沒有將首頁名稱取名為 index，那麼當你輸入網址時，網頁伺服器不會自動連結至 index.html 頁面，會顯示找不到網頁的錯誤訊息。

由於新增 HTML 文件的教學在本書的第三章已經教學過，因此在此節中不多做贅述，若你忘了怎麼新增檔案，可以至第二章學習。此外，新增的 HTML 文件，請直接放於專案資料夾中，不需要另建 html 資料夾來存放 HTML 文件。

4-1-3 新增 CSS 文件

新增 HTML 文件後，下一步就是新增 CSS 文件。我們經常將「能應用於所有網頁的 CSS」獨立成一個 CSS 文件，這種 CSS 文件我們稱為「主 CSS」，文件名稱習慣取名為 style.css，而「各個頁面自有的 CSS」，我們也會獨立成一個 CSS 文件，文件名稱習慣依照其 HTML 文件檔名命名，例如，我們特別為 index.html 製作的 CSS 文件，其檔名就為 index.css。如此一來，網頁開發者在維護時，馬上就能知道此 CSS 文件是針對哪個頁面製作的。以下我們將操作如何新增 CSS 文件。

step 01 新增一個新的檔案。

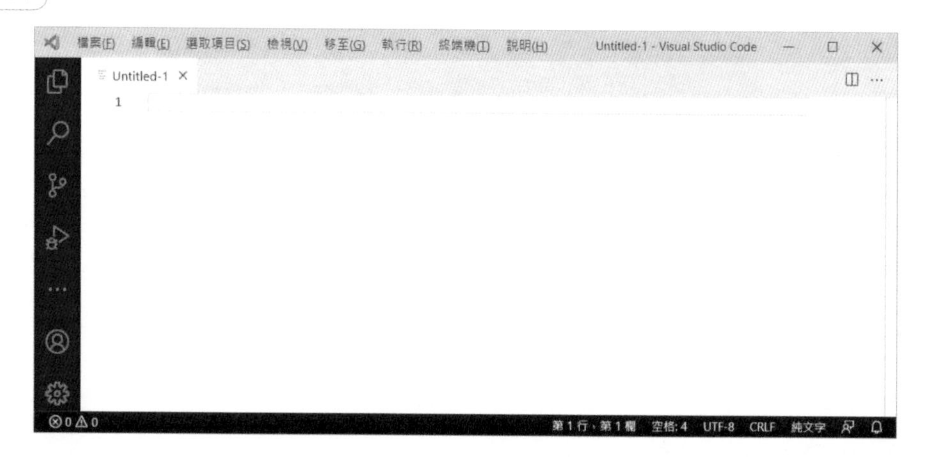

step 02 請點擊畫面右下角的「純文字」並選擇 CSS。

step 03 儲存 CSS 文件在 CSS 資料夾中。

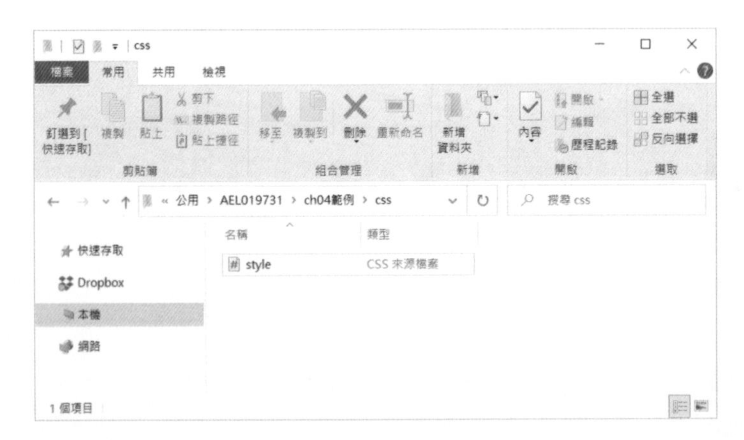

4-2 套用 normalize

在製作完網頁後，我們會使用不同的瀏覽器，如：IE、Google 等瀏覽器檢視成果，這時候你就會發現，為什麼不同瀏覽器上的呈現效果都不相同？其實這是因為不同瀏覽器對每個 HTML 元素的 CSS 預設值不同所造成的，而究竟我們該如何解決這個問題呢？在這一節將介紹 normalize 套件，它能有效地解決上述的問題。

4-2-1 認識 normalize

以往許多網頁開發者在解決瀏覽器上樣式不一致的問題時，都是使用 reset.css 來解決。reset.css 是透過將「所有的元素屬性歸零」的方式，解決瀏覽器上樣式不一致的問題，但它卻延伸新的問題就是「每個元素的屬性需要重新設定」，而我們自己重新設定的 CSS 並沒有瀏覽器預設的那樣好看，因此 normalize.css 解決的方式不是重置屬性，而是「標準化」屬性，以解決樣式不一致的問題。

4-2-2 使用 normalize

step 01 在 normalize 網站（http://necolas.github.io/normalize.css/）點擊「Download」按鈕。

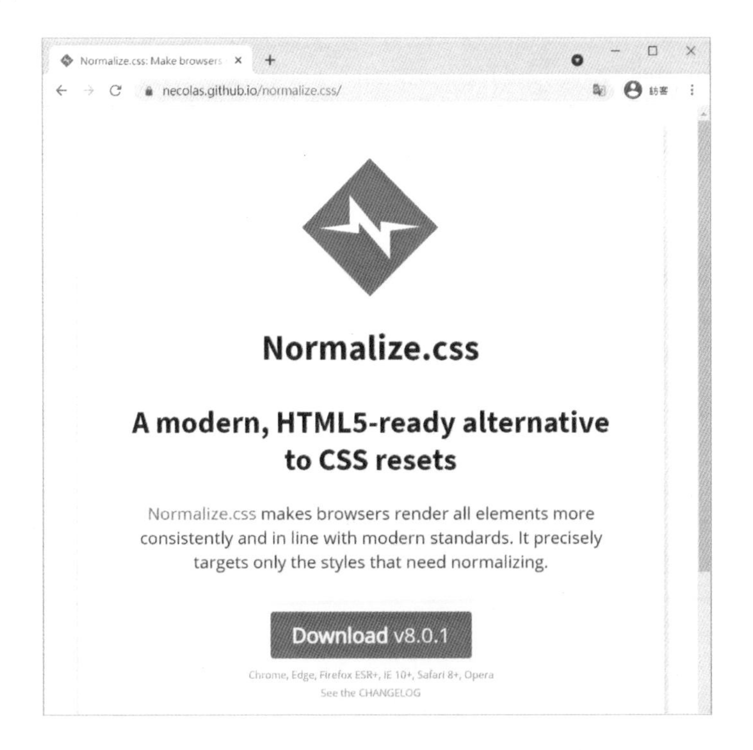

step 02 請點擊滑鼠右鍵並選擇另存新檔。

step 03 另存至專案資料中的 CSS 資料夾，檔名使用預設的檔名即可。

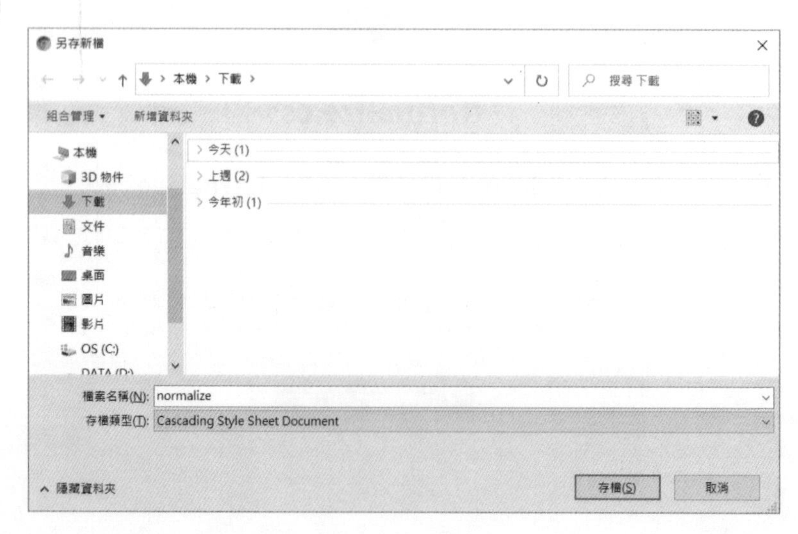

step 04 另存成功後，CSS 資料夾內呈現如下。

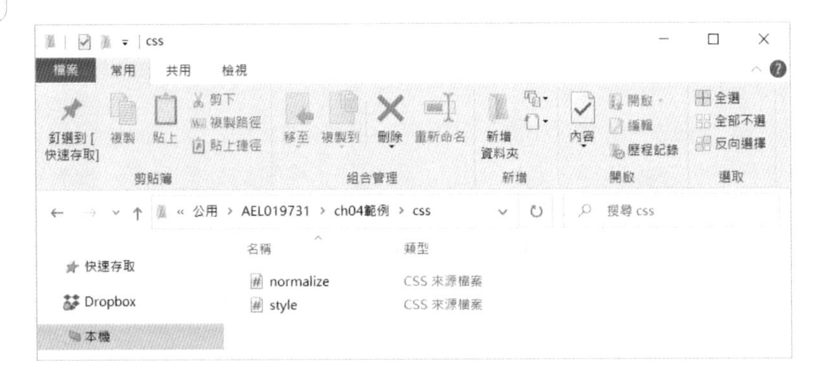

step 05 在 HTML 文件中引入 normalize.css。

```
<!DOCTYPE html>
<html>
<head>
    <meta charset="UTF-8">
    <title></title>
    <link rel="stylesheet" href="css/normalize.css" type="text/css" />
</head>
<body>
</body>
</html>
```

4-3 套用 jQuery

4-3-1 認識 jQuery

JavaScript 可以幫助網頁開發者製作網頁的動畫效果，但是每次我們有需求要使用 JavaScript 時，都必須重新撰寫造成許多不便，因此 jQuery 就出現了。

jQuery 是 JavaScript 的函式庫，它將經常使用的功能與效果撰寫好，並且整理成能夠重複使用的形式，以解決使用 JavaScript 遇到的問題，因此是目前最受歡迎的 JavaScript 函式庫。

4-3-2 jQuery 優點

縮短開發時間

jQuery 是 JavaScript 的函式庫，因此與 JavaScript 相比，jQuery 的程式碼較少，僅須透過幾行程式碼便能夠製作出 JavaScript 相同的動畫效果，進而縮短開發的時間。

跨瀏覽器

由於每個瀏覽器對於 JavaScript 的解讀不一致，因此 jQuery 整合許多常用的瀏覽器，如：IE、Chrome、FireFox、Opera、Safari 等等，達到跨瀏覽器的目的，讓網頁開發者不再煩惱瀏覽器不支援的問題。

簡單操作 DOM

若我們想針對某個 HTML 元素做動畫效果，必須先透過 id 或是 class 屬性等等方式，選取到元素，而這一段的操作就稱為 DOM。由於 jQuery 沿用 CSS 語法，因此網頁開發者只要熟悉 HTML 與 CSS，即可快速地使用 jQuery，並簡單地操作 DOM。

4-3-3 使用 jQuery

step 01 在官網首頁（http://jquery.com/）點擊「Download」。

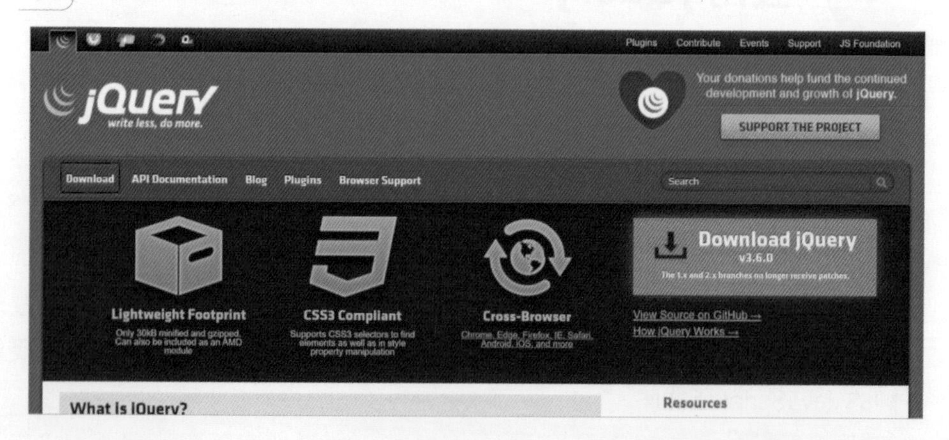

step 02 點擊紅框的連結便會彈出另存新檔的視窗，此時我們須將檔案存放於專案資料夾的 js 資料夾中，其檔名使用預設 jQuery 官網預設的檔名即可。

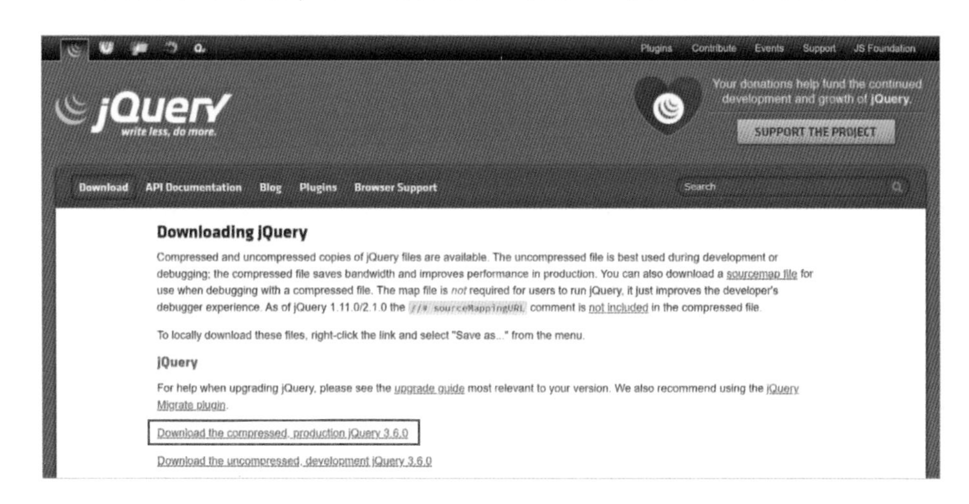

下載 jQuery 官方版本

紅框的連結的英文為 Download the compressed, production jQuery 3.6.0，其意思為「下載壓縮、生產式版本的 jQuery」，若想下載「未壓縮版本」的 jQuery，你可以選擇第二個連結「Download the uncompressed, development jQuery 3.6.0」。此外，隨著 jQuery 版本會不斷地推出，因此請讀者不必太過介意 jQuery 的版本與本書的版本不同，選擇最新的 jQuery 版本即可。

step 03 在 index.html 中引入 jQuery。

```
<!DOCTYPE html>
<html lang="en">
<head>
    <meta charset="UTF-8">
    <title></title>
    <link rel="stylesheet" href="css/normalize.min.css" type="text/css" />
    <script type="text/javascript" src="js/jquery-3.6.0.min.js"></script>
</head>
<body>
</body>
</html>
```

4-4 網頁設計

設計網頁並不是一件簡單的事情，因為設計也是一門學問，好的設計會帶給瀏覽者好的體驗，連帶提升企業的形象，因此在設計網頁時，我們必須與企業討論網站的定位與方向，如此才可以確定網頁的設計方向。

4-4-1 網頁色彩的使用

紅色

常見的紅色東西包含蘋果、血液、信封。由於紅色是非常醒目的顏色，因此具有強烈的吸睛效果，例如：限時特價活動時，就經常以紅色作為焦點顏色，吸引消費者注意。然而，當我們在製作網頁時，我們必須注意，千萬別在網站中使用大量的紅色，因為這樣可能會讓瀏覽者視覺疲乏，無法長時間專注於網站上，進而衍生出反效果，所以在使用時，我們應局部地使用，讓瀏覽者知道是重要資訊即可。

↑ 參考來源：http://www.haibara.co.jp/

↑ 參考來源：http://www.kintarou.co.jp/files/original_special/

↑ 參考來源：https://www.phonogram.co.jp/

黃色

黃色是僅次於紅色的醒目顏色，黃色的東西包含香蕉、計程車。黃色經常與歡樂、溫暖、正能量等感覺具有相關性，因此在網頁的應用上，黃色可以帶給人愉悅、活潑的感覺。

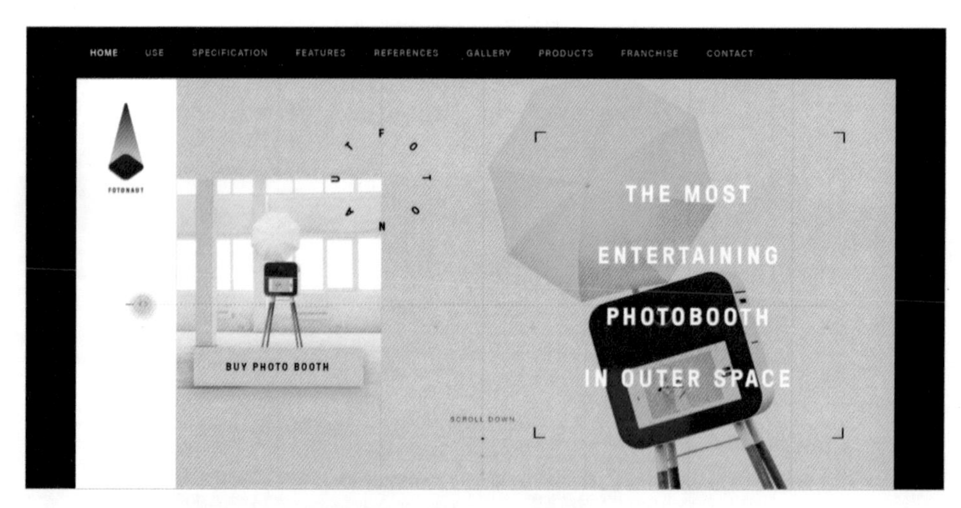

↑ 參考來源：http://thefotonaut.com/en/

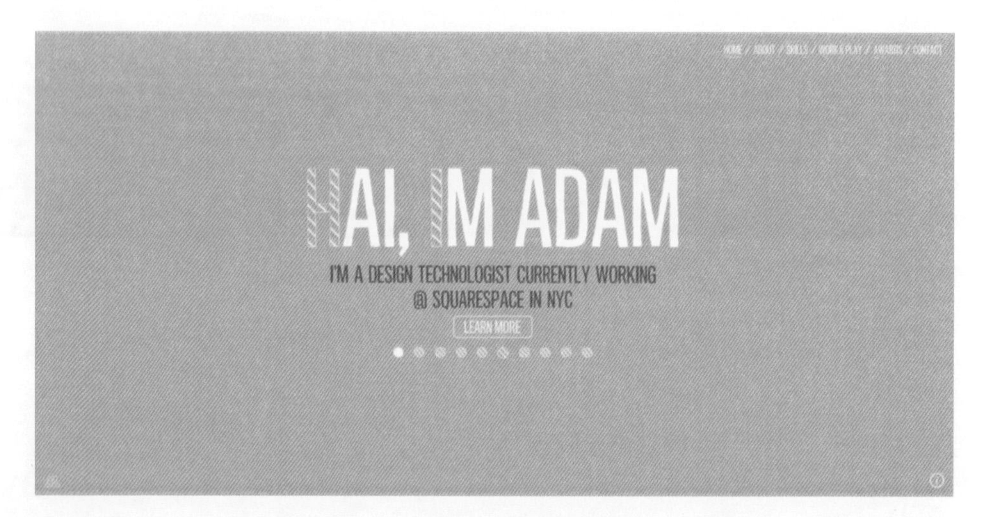

↑ 參考來源：https://www.adamhartwig.co.uk/

↑ 參考來源：http://www.query-corp.co.jp/

黑色

黑色的明度最低，因此在網頁設計上，我們必須將其文字內容的顏色選定為亮色系，以吸引瀏覽者的注意。此外，黑色應用在網頁上可帶給人優雅、經典的感覺，因此相當適合被應用在精品、時尚等相關的產業上。

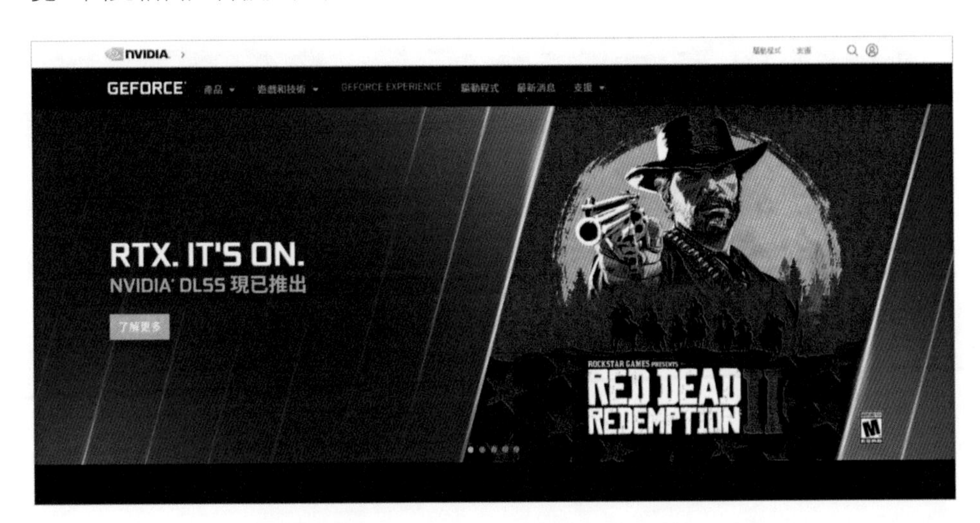

↑ 參考來源：http://www.geforce.com.tw/

↑ 參考來源：http://www.toei-eigamura.com/edosakaba/

↑ 參考來源：http://d2m.co.kr/

白色

白色是大部分網頁採用的背景顏色。就像是在圖畫紙上作畫一樣，白色彷彿讓人有一個想像的空間，任何的顏色都可以與白色完美搭配。此外，由於白色可以營造出自由感與空間感的效果，因此相當受設計相關產業的青睞。

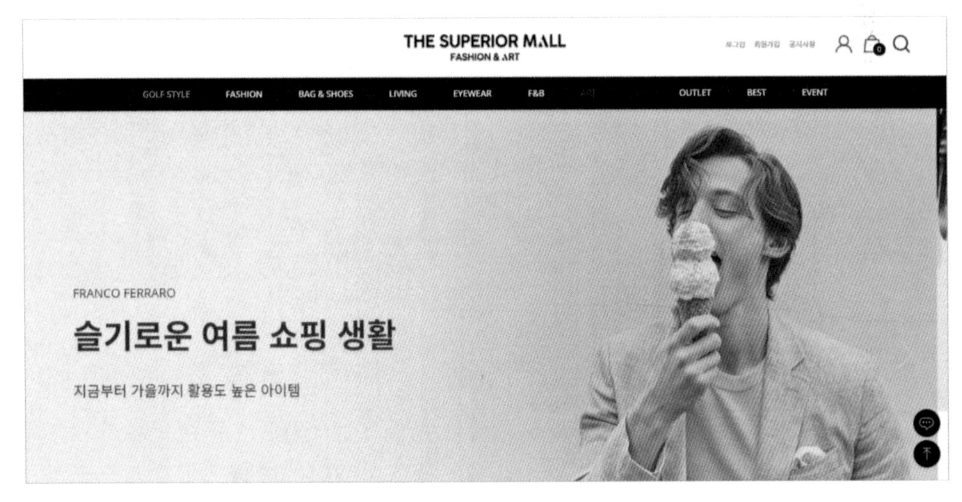

↑ 參考來源：http://martine-sitbon.co.kr/main/main.asp

↑ 參考來源：http://holoshirts.com/

↑ 參考來源：http://wagasi-sakasita.jp/

藍色

藍色的天空、藍色的大海，對於藍色，你會聯想到什麼呢？藍色是屬於冷色系的顏色，因此在網頁呈現上會帶給人冷靜、穩重、智慧的感覺，相當適合應用在科技與專業技術相關的產業上。此外，藍色應用在網頁上時，我們應該盡可能地區別超連結與重要文字的樣式，因為網頁的預設超連結樣式是「深藍色加底線」，若將重要文字的樣式設定成與超連結相像，會容易造成瀏覽者混淆。

↑ 參考來源：http://pae-dc.com/

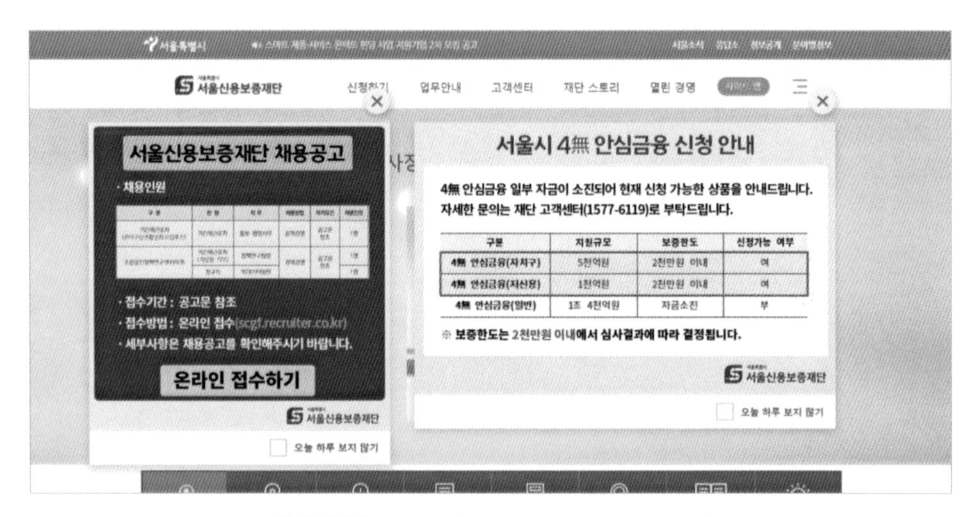

↑ 參考來源：https://www.seoulshinbo.co.kr/

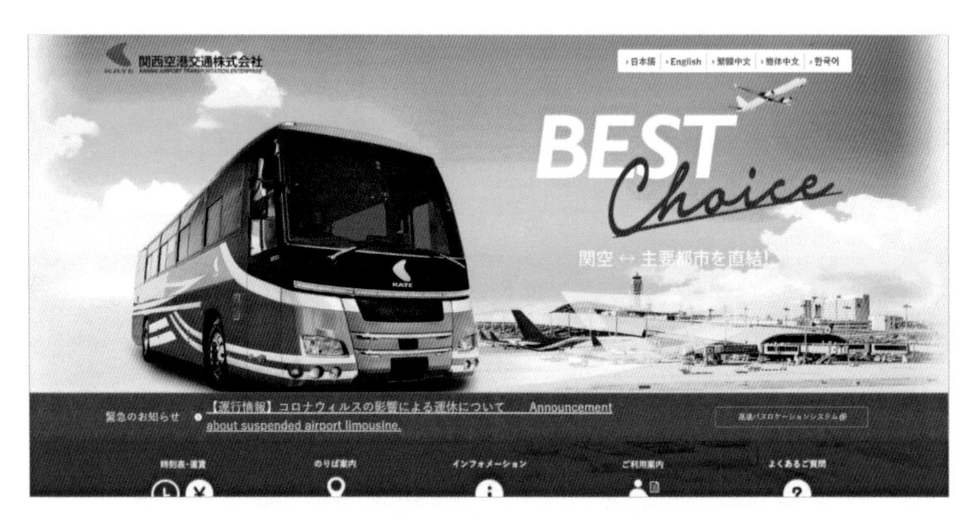

↑ 參考來源：http://www.kate.co.jp/

綠色

常見綠色的東西有草原與大樹，因此綠色是屬於大自然的顏色，象徵著自然、環保與健康。在網頁設計上，相當適合應用在健康、環保與戶外活動相關的產業上。

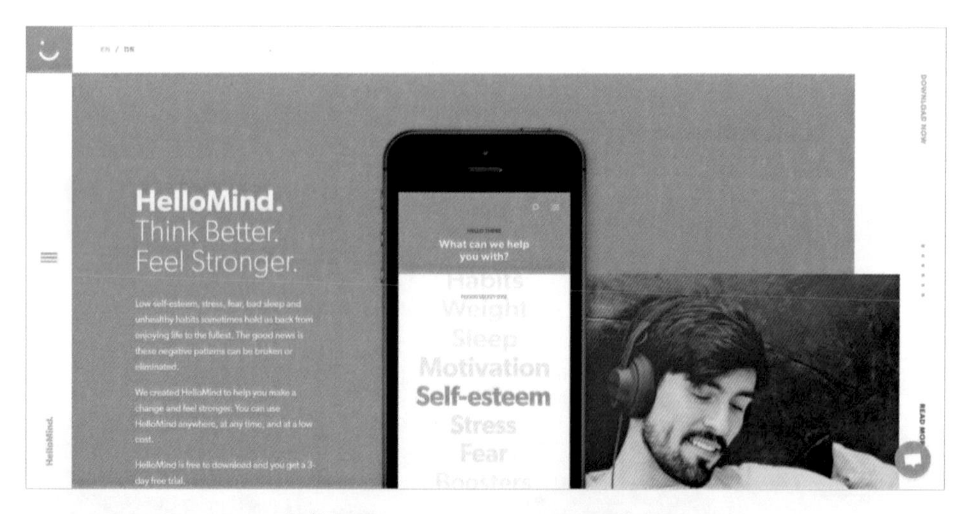

↑ 參考來源：https://www.hellomind.com/

↑ 參考來源：http://www.tamanabokujo.jp/

↑ 參考來源：http://www.zespri.co.kr/

紫色

「紫色」是罕見的顏色，古代的人們將紫色的物品視為高貴之物，因此皇族特別喜愛當作地位的象徵性物品。紫色經常帶給人浪漫、神秘與優雅的感覺，因此適合用在女性相關的產業中。此外，由於紫色亮度低，若我們在網站中大面積使用紫色會讓人容易有壓抑感，因此在色彩搭配時，最好將紫色搭配其他亮色來提升亮度。

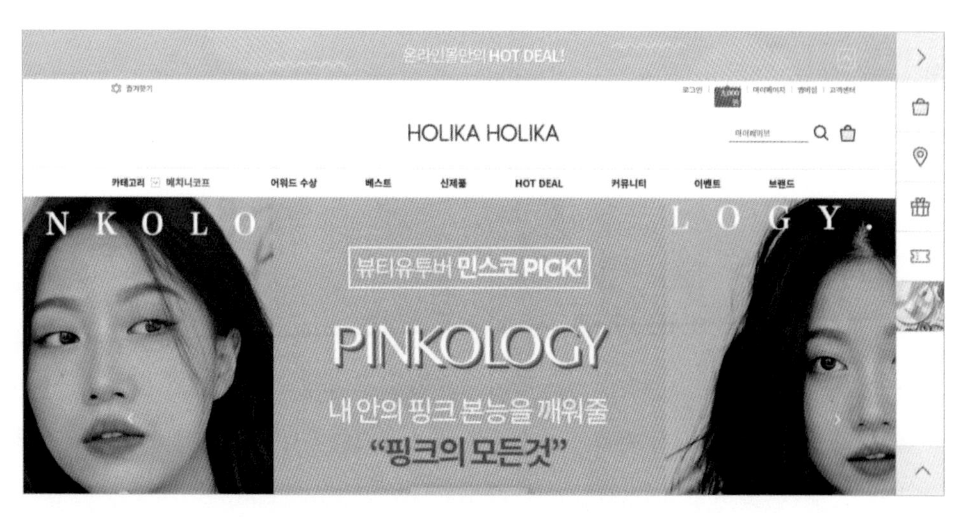

↑ 參考來源：http://www.holikaholika.co.kr/FrontStore/iStartPage.phtml

↑ 參考來源：http://www.ybmtouch.com/

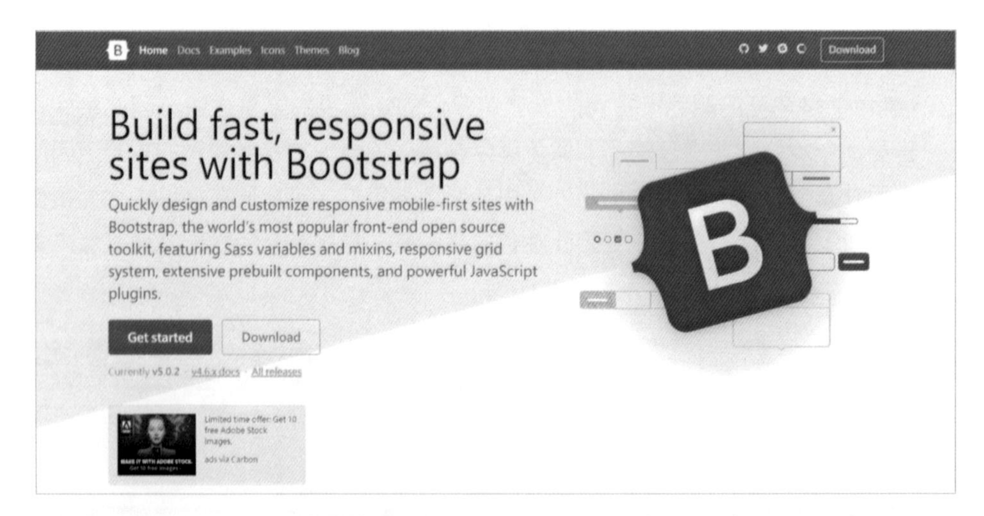

↑ 參考來源：https://getbootstrap.com/

4-4-2 網頁配色技巧

認識完上面幾個顏色給人的感覺之後，你是不是對網頁配色有更多的想法了呢？但是你知道嗎網頁配色還有一些小技巧嗎？請你觀察以下的圖片，推論出網頁配色的技巧。

↑ 參考來源：http://www.chienjaunestudio.com/

你發現了嗎？此網頁的配色僅有三種顏色：黃、黑、白。所以，網頁配色的小技巧就是網頁配色不宜超過三種，因為過多的顏色會讓瀏覽者感到混亂，使得網頁風格沒有一致性，因此當你在製作網頁時，請至多選出三個主色系，千萬別因為想讓網頁看起來華麗，而喪失質感。

4-4-3 網頁配色工具

配色是一門學問，我們可以透過線上的網頁配色工具給我們一些配色靈感，以下分別介紹兩個許多網頁設計師經常使用的配色工具：Adobe color 與 Coolors。

Adobe color

Adobe color 提供相當多的免費色彩主題，你不僅能使用別人的色彩主題，還可以自己建立主題供別人使用，以下是其操作的方式：

step 01 進入 Adobe color 官網（https://color.adobe.com/zh/explore/?filter=newest）後會顯示所有的配色主題。

step 02 選擇喜歡的配色主題。你可以將滑鼠滑到配色參考上，並直接點擊。

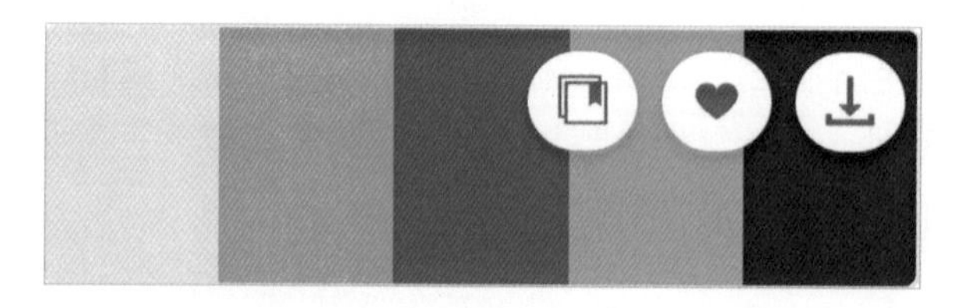

step 03 直接點擊顏色即可複製其色彩代碼。

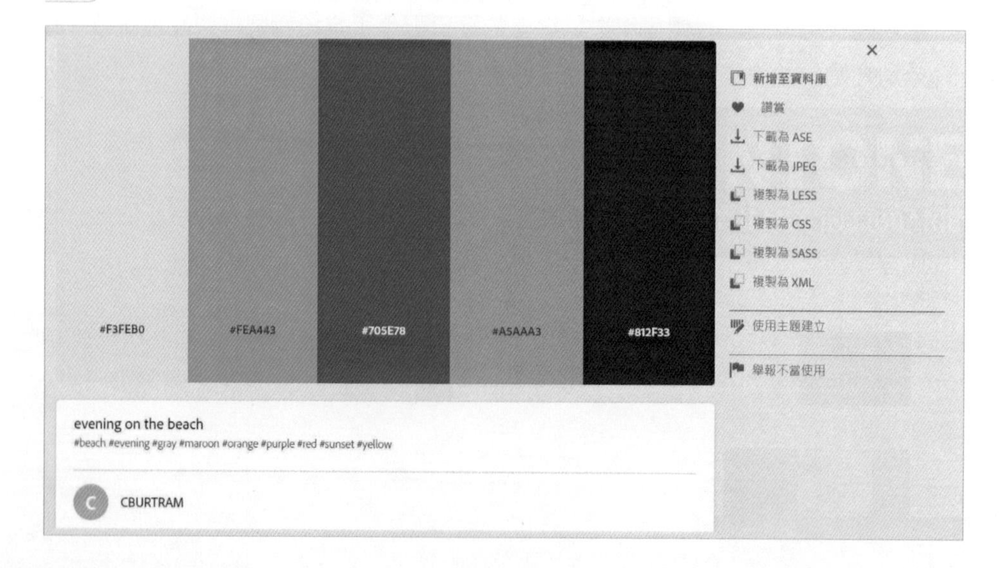

Coolors

Coolors 是一個簡單又快速的配色工具，因為你只要開啟 Coolors 就會隨機為你挑選五種顏色，並顯示顏色代碼，讓網頁開發者快速使用，以下是其操作的方式：

step 01 進入 Coolors（http://coolors.co/）後，點選「Start the generator」按鈕。

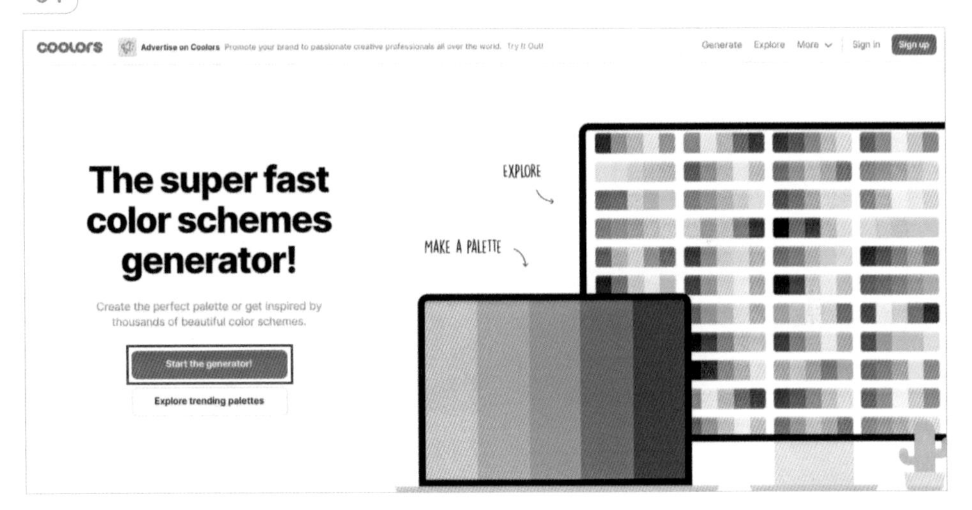

step 02 接著網頁會隨機顯示一組配色。

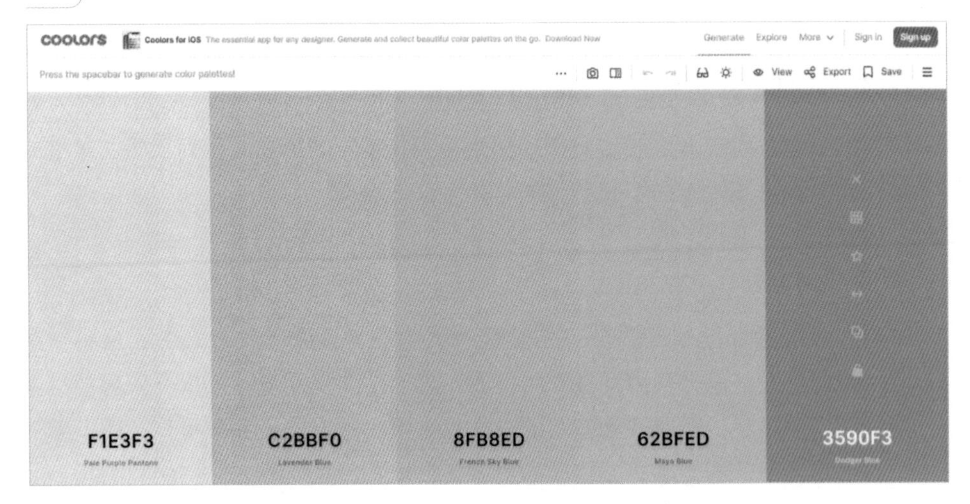

TIP

若對顯示的顏色組合不滿意，可以按「空白鍵」重新產生一組新的配色。如你有特別喜歡某個配色，你可以針對其顏色按「鎖定」按鈕，隨機變化沒有鎖定的顏色。

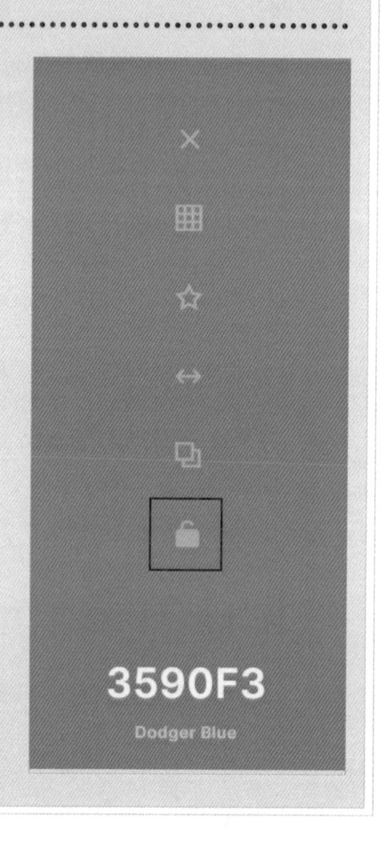

4-4-4 網頁版型

網頁的版型可取決於你想要製作的網站類別，常見的網頁版型有三種：單欄式、雙欄式以及多欄式，以下我們將依序為大家介紹：

單欄式版型

單欄式版型最為簡單的版型，它僅有一個欄位，其能夠放入的內容資訊相當有限。因此，通常選擇使用單欄式版型的企業，主要是用於強調或是宣傳商品與企業的形象。此外，單欄式版型較能在行動裝置有限畫面上完美呈現，與多欄式版型相比省去不少的響應式調整成本。

↑ 參考來源：http://rose-med.com/rosegarden

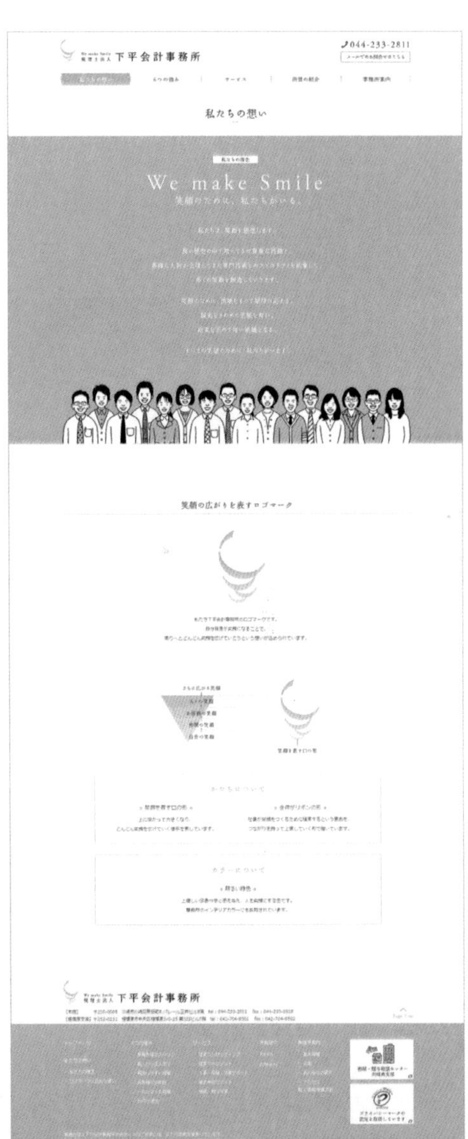

↑ 參考來源：http://wms.or.jp/philosophy/

雙欄式版型

雙欄式版型顧名思義為將版面劃分成兩個區塊，因此雙欄式版型與單欄式版型相比，有更多的可配置空間。雙欄式版型可放入較多的資訊，所以瀏覽者在瀏覽時較不會覺得版面單調，且能夠容易找到相關的資訊。此版型通常運用在資訊內容較多的網站中。

↑ 參考來源：http://www.casio-watches.com/technology/ja/

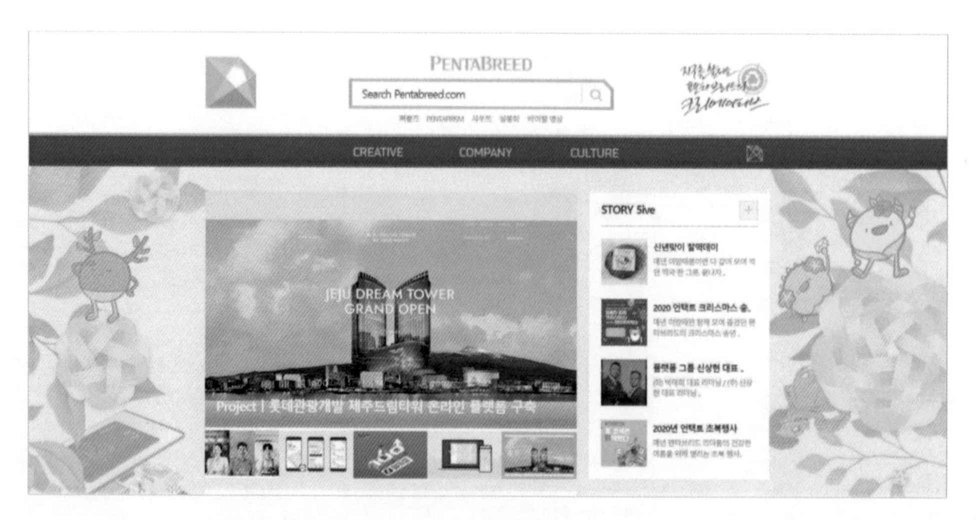

↑ 參考來源：http://www.pentabreed.com/main/

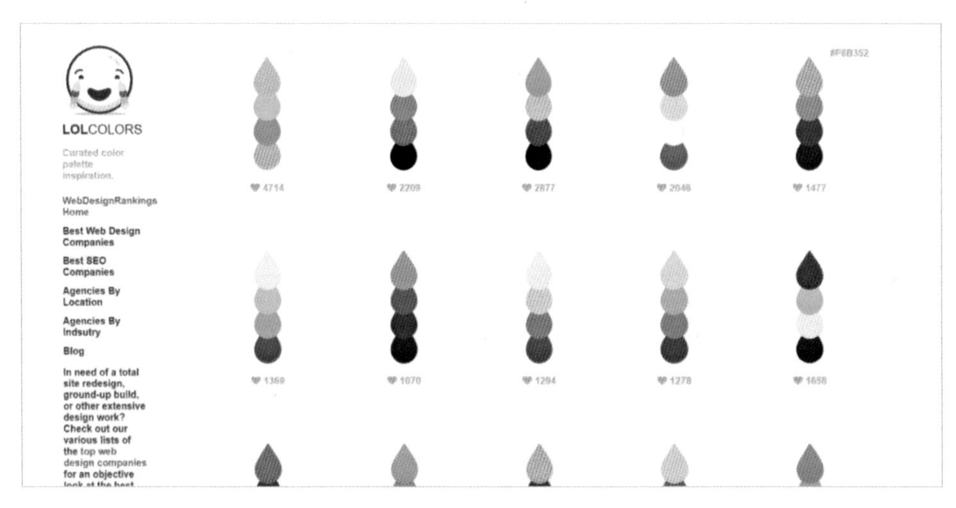

↑ 參考來源：https://www.webdesignrankings.com/resources/lolcolors/

多欄式版型

多欄式版型是指網頁的欄位配置大於或等於三的版型，它經常用於資訊量大的購物網站或是入口網站。此外，由於多欄式版型可放置較多資訊，且在版面製作上更為複雜，因此較不適合製作成響應式網站。

↑ 參考來源：https://tw.yahoo.com/

↑ 參考來源 http://www.sedaily.com/

4-5 響應式網頁設計

隨著行動裝置的流行，改變了過去網頁設計的技術，而且也影響了網站的設計風格。在過去我們製作的網站都是「固定式」的版面，意即網站內版面設計並不會隨著螢幕的大小而有所變化，但是這樣的版面設計會造成行動裝置的瀏覽者不方便瀏覽，因此響應式網頁的概念便被提出。

4-5-1 響應式設計概念

響應式網頁設計（Responsive Web Design，RWD）又稱為自適應網頁設計、回應式網頁設計等等，其概念是由著名的網頁設計師 Ethan Marcotte 於 2010 年提出，目的是希望讓網站可以針對不同裝置，如：桌上型電腦、筆記型電腦、行動裝置等不同尺寸的螢幕在瀏覽網

頁時，網頁能夠依據其裝置不同的解析度，呈現不同的佈局，讓訊息可以在有限版面中清楚地呈現給使用者，並提供好的視覺體驗。

響應式網頁設計的技術是透過撰寫 CSS 樣式來判斷裝置的大小、長寬以及方向等，並自動呈現相對應的排版設計，換句話說，我們只要設計一次 HTML 文件，透過 CSS 的設定，即可滿足不同裝置的需求，還能節省後續維護所需的時間。

然而響應式網頁設計，不只是 CSS 的設定而已，在網頁架構設計上也需要調整。首先，網頁的設計框架必須簡潔，尤其不宜使用多欄的設計，應採取簡單又時尚的做法，以提高行動裝置的讀取速度。再者，響應式網站不宜使用過多且繁複的特殊設計，例如：花俏的背景圖片或是不對等的圖案設計，它們在不同的網頁解析度下容易出現銜接不上的情形。

4-5-2 響應式設計趨勢

響應式網頁設計的興起，使得許多的網頁設計師開始思考要如何設計出「簡單又時尚的作法」。網頁設計師認為網頁在桌上型電腦上時應為橫式排列，而當在行動裝置上時應為直式排列，才會方便閱讀，也因此幾乎所有的響應式網站在行動裝置上呈現時，皆會變成直式排列。

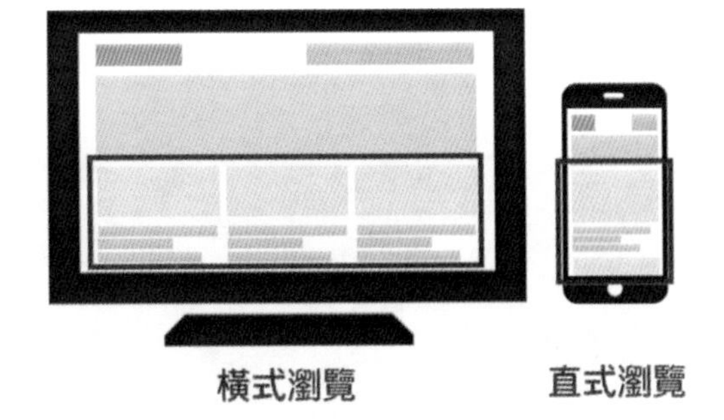

響應式網頁特色

1. 開發時間少

   響應式網頁意味著只需製作一個頁面，接著依據解析度的大小呈現不同的排版佈局。因此，響應式網頁相較於傳統固定式版面，能在開發上大幅節省許多時間。

2. 維護時間少

響應式網頁是由同一個頁面改變排版佈局，因此一旦修改資訊內容，管理者不必多花許多時間在更新網頁資訊的事情上。

3. 簡單、具質感、強調品牌形象

響應式網頁的排版佈局必須簡潔，才能提高行動裝置的讀取速度，因此資訊量較大的入口網站不適合製作成響應式網頁。適合製作響應式的網站，多半以強調品牌形象的網站居多，主要透過簡潔的排版佈局、具質感的圖片來強調品牌的價值與形象。

響應式網頁設計

1. 全幅背景

全幅背景是指網頁的背景使用滿版的大圖片，以加強瀏覽者對於網頁的印象，進而突顯企業的形象。

使用全幅背景的設計時，應稍微調暗背景圖片的顏色，如此才可以凸顯網頁中的文字。

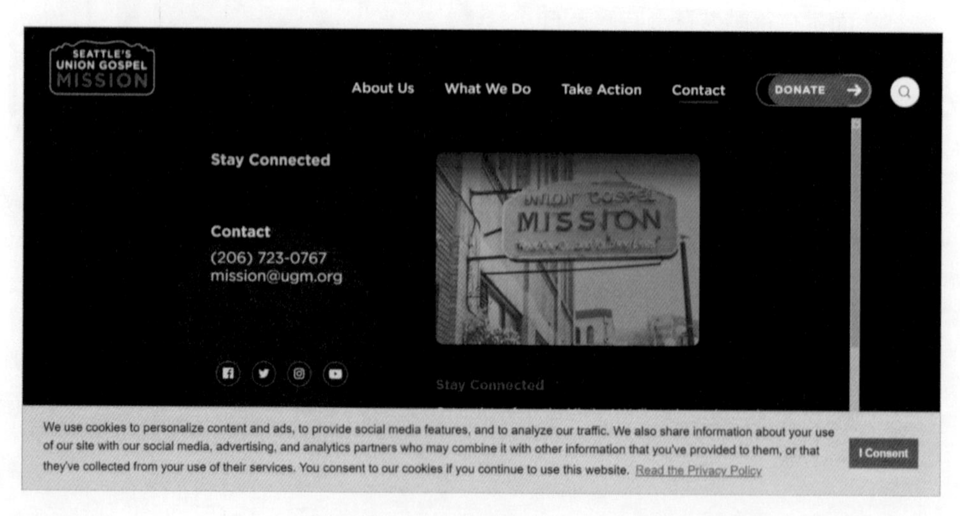

↑ 參考來源：http://serveseattle.org/

↑ 參考來源：http://www.murungfarm.co.kr/murung/index.html

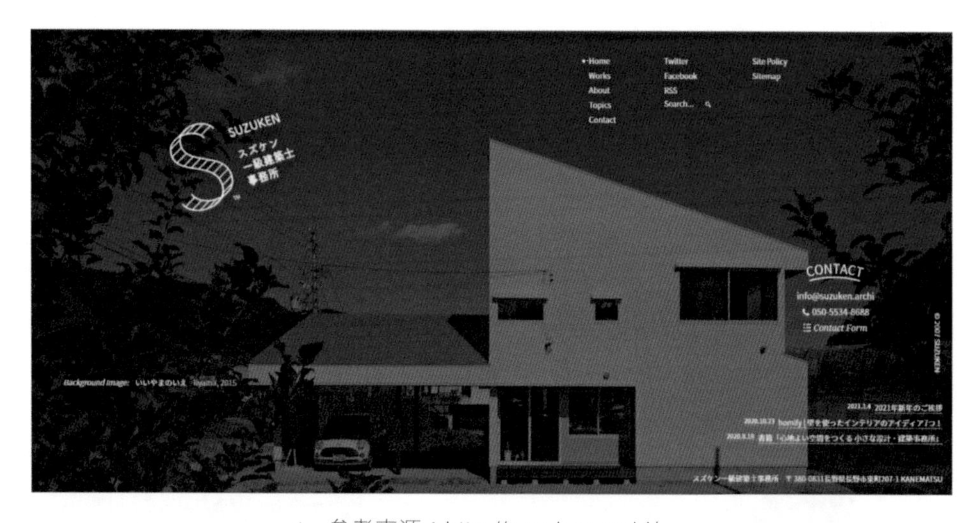

↑ 參考來源：http://suzuken.archi/

2. 單頁式網頁

單頁式網頁顧名思義就是指網頁只有一頁，這樣的設計對於行動裝置瀏覽者來說，能夠創造較好體驗。單欄式網頁中經常會透過瀏覽者向下拉動卷軸時，展現特效吸引使用者的目光，又或是在網頁的最上方放置區塊導覽列，當瀏覽者點擊上方的區塊導覽列時，網頁便可以透過錨點定位的方式，引導瀏覽者至指定的區塊進行瀏覽。

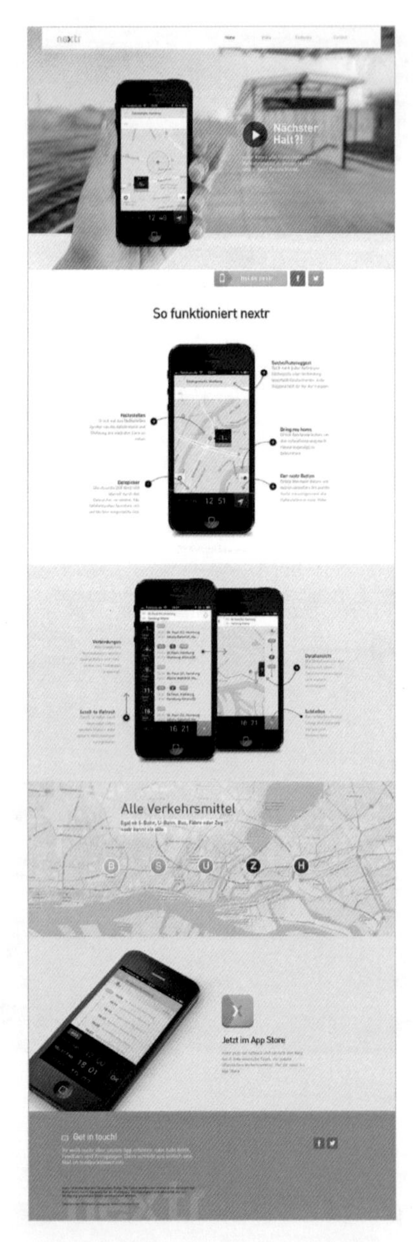

↑ 參考來源：http://www.nextr.info/

↑ 參考來源：http://www.diocean.co.kr/

3. 固定式選單

響應式網頁在行動裝置上所呈現的網頁佈局是使用「直向排列的方式」，因此當網站內容過多時，網頁會隨著內容的多寡向下不斷延伸。而這時，倘若行動裝置瀏覽者想瀏覽其他頁時，勢必需要向上滑動到導覽列才行，因而造成瀏覽者的困擾。因此許多的網頁設計師便將導覽列固定於網頁最上方，無論瀏覽者滑到網頁多下方，導覽列隨時都在網頁的最上方，方便瀏覽者切換頁面。以下兩個範例，分別說明固定式選單如何應用在網頁中。

↑ 參考網站：http://kobechoco.jp/

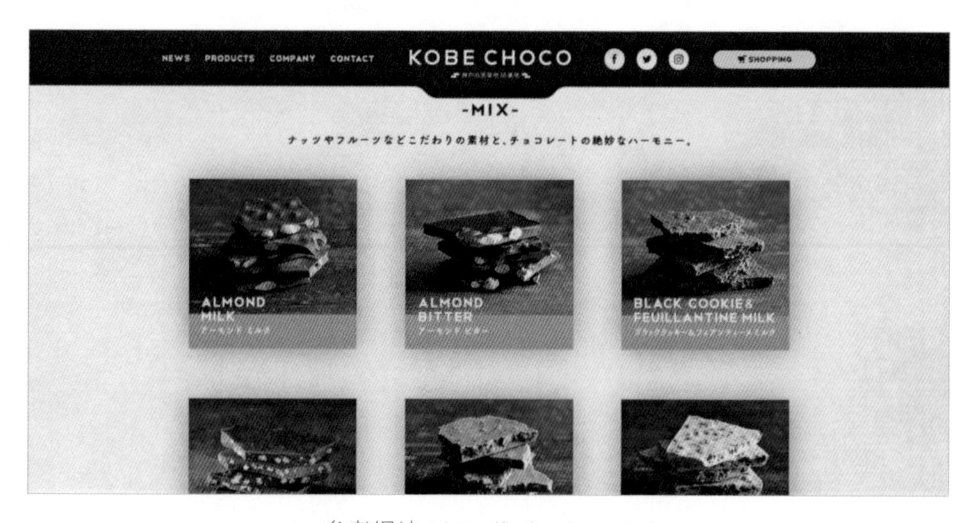

↑ 參考網站：http://kobechoco.jp/

↑ 參考網站：http://www.sawano.co.jp/index.html

↑ 參考網站：http://www.sawano.co.jp/index.html

4-6 Media Queries

響應式網頁設計的做法是透過 CSS 的設定，那 CSS 要如何撰寫才能使網頁有響應式的效果呢？答案就是使用 Media Queries（媒體查詢）。

4-6-1 使用 Media Queries

Media Queries 的使用方式有兩種：在 HTML 的 head 元素中引用以及在 CSS 文件中使用。

在 HTML 的 head 元素中引用

在 HTML 的 head 元素中引用的方式，是使用 media 屬性判斷使用者裝置寬度，選擇載入哪個 CSS 文件。

例如，我們希望螢幕寬度小於或等於 480px 時，套用 style.css 樣式表，那麼就可以在 head 元素中這樣引用：

```
<!DOCTYPE html>
<html lang="en">
<head>
    <meta charset="UTF-8">
    <title>Document</title>
    <link rel="stylesheet" href="style.css" media="screen and (max-width:480px)">
</head>
<body>
</body>
</html>
```

在 CSS 文件中使用

在 CSS 文件中使用的方式，是使用 @media 來判斷使用者螢幕寬度，選擇載入哪一段 CSS。例如，我們希望螢幕寬度小於或等於 480px 時，套用 style.css 樣式表，那麼就可以在 CSS 文件中這樣使用：

```
@media screen and （max-width: 480px）{
    // 如果裝置寬度小於或等於 480px，會載入這裡的 CSS。
}
```

4-6-2 media 屬性

根據上述所提 media 屬性的內容，如：media="screen and (max-width:480px)"，我們可以發現「screen」與「max-width」這兩個內容。

screen 表示媒體型態（Media Type）設定為「視窗螢幕型態」，而 max-width 表示媒體規格（Media Feature）指定為「視窗最大寬度」。

媒體型態跟媒體規格的設定並沒有固定，你可以依照自己的需求去更換。

媒體型態（Media Type）

值	說明
all	設定全部樣式
print	設定印表機印出樣式
braille	設定點字機樣式
screen	設定視窗螢幕大小樣式
handheld	設定行動裝置顯示樣式
tv	設定電視輸出樣式
projection	設定投影機輸出樣式

step 01 於 style 元素中，設定不同的媒體型態樣式。

```
<!DOCTYPE html>
<html>
<head>
    <meta charset=" UTF-8">
    <title>ch04 範例 </title>
    <style>
        /* 印表機印出樣式 */
        @media print {
            h1 {
            color:  red;
            }
        }
        /* 視窗螢幕顯示樣式 */
```

```
            @media screen {
                h1 {
                    color:  #B5446E;
                }
            }
        </style>
    </head>
    <body>
        <h1>CHAPTER 04 網站建置流程 </h1>
    </body>
    </html>
```

step 02 儲存後，在瀏覽器中開啟文件。

step 03 而若我們使用印表機模式檢視，會如下顯示。

媒體規格（Media Feature）

屬性	說明
device-height	指定裝置高度
device-width	指定裝置寬度
width	指定視窗寬度
height	指定視窗高度
max- device-height	指定最大裝置高度
max- device-width	指定最大裝置寬度
max-height	指定視窗最大高度
max-width	指定視窗最大寬度
min- device-height	指定裝置最小高度
min- device-width	指定裝置最小寬度
min-height	指定視窗最小高度
min-width	指定視窗最小寬度
orientation	指定裝置方向，portrait 為直向，landscape 為橫向

step 01 於 style 元素中，設定不同的媒體規格樣式。

```
<!DOCTYPE html>
<html>
<head>
    <meta charset="UTF-8">
    <title>ch04 範例 </title>
    <style>
        /* 視窗螢幕，視窗最大寬度為 1280px*/
        @media screen and (max-width: 1280px)  {
            h1 {
                background-color: #B5446E;
                color: #0AFFED;
                font-size: 36px;
            }
        }
```

```
        /* 視窗螢幕，視窗最大寬度為 768px*/
        @media screen and (max-width: 768px)  {
            h1 {
                background-color: #9F7E69;
                color: #F7FFE0;
                font-size: 36px;
            }
        }
        /* 視窗螢幕，視窗最大寬度為 480px*/
        @media screen and (max-width: 480px)  {
            h1 {
                background-color: #9AB87A;
                color: #F8F991;
                font-size: 36px;
            }
        }
    </style>
</head>
<body>
    <h1>CHAPTER 04 網站建置流程 </h1>
</body>
</html>
```

step 02 儲存後，在瀏覽器中開啟文件。

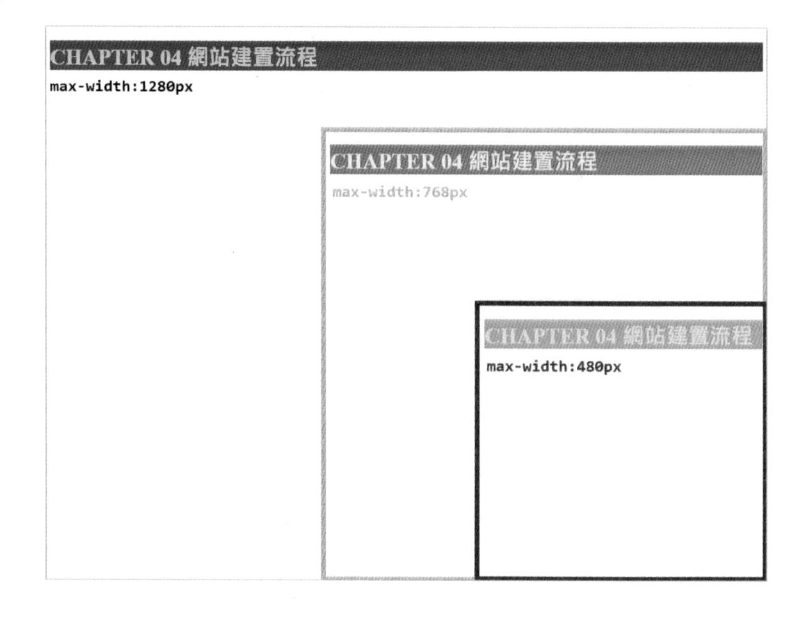

4-7 設定 Viewport

設定完 Media Queries 後，最後我們要設定「viewport」，才可以讓網頁在行動裝置的螢幕適當地呈現，若沒有設定 Viewport 會使得網頁內容過小而難以閱讀，因此我們必須於 head 元素中新增 meta 元素，其語法如下：

```
<!DOCTYPE html>
<html lang="en">
<head>
    <meta charset="UTF-8">
    <title>ch04 範例    </title>
    <meta name="viewport" content="width=device-width; initial-scale=1.0">
</head>
<body>
</body>
</html>
```

TIP

「width=device-width」表示為將寬度設定為設備的寬度，而「initial-scale=1.0」則為設定手機螢幕畫面的初始縮放比例為 100%。

利用 HTML＋CSS 製作基本版型

認識完基本 HTML 及 CSS 後，接下來我們來學習如何製作基本版型吧！基本的網頁版型包含單欄式版型、雙欄式版型，以及登入版型，這三個版面都是最簡單的！現在就讓我們透過製作基礎版型熟練整體網頁的架構，並從中學習 HTML 元素與 CSS 吧！

- 單欄式版型
- 單欄式響應式版面
- 雙欄式版型
- 登入版型

5-1 單欄式版面

單欄式版型意味著只有一個欄位。此版型的架構相當簡單，其網頁的內容只需要由上往下堆疊即可。在此範例中，僅有 nav 元素的部分較為複雜，需透過較多的 css 屬性設定。現在，就讓我們開始學習如何製作單欄式版面吧！

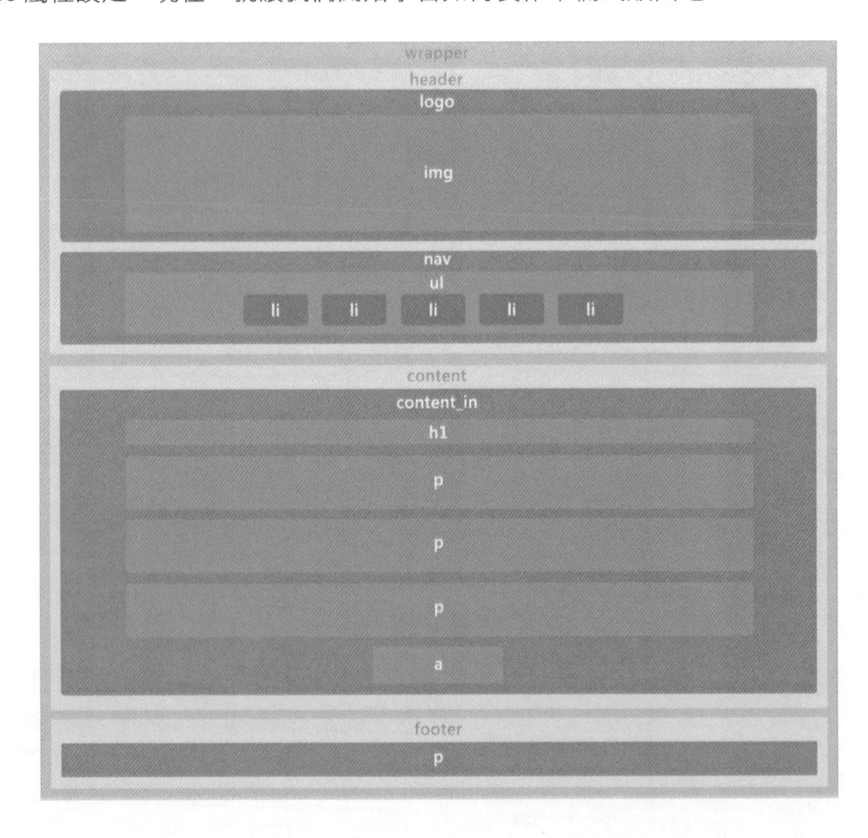

5-1-1 前置作業

step 01 新增專案資料夾 5-01，並於專案資料夾下新增 css 與 images 資料夾。

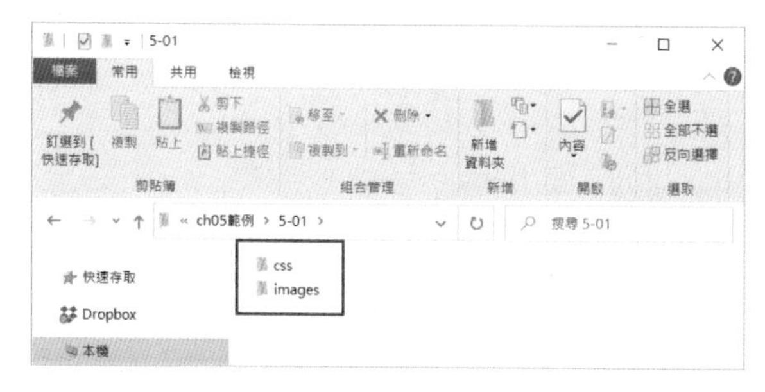

step 02 新增 index.html，放於專案資料夾下。

step 03 新增 style.css，放於專案資料夾的 css 資料夾中。

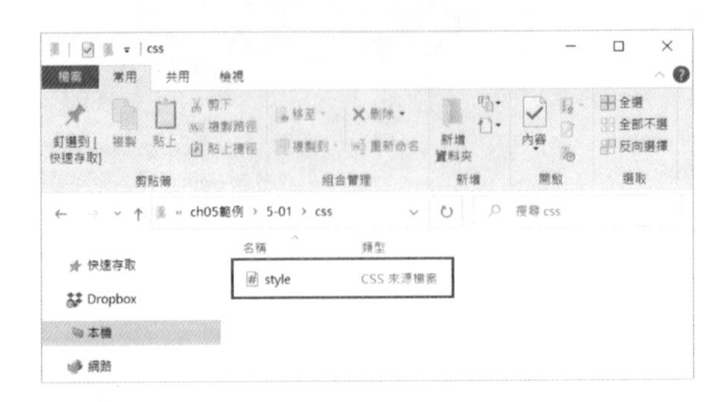

step 04 複製範例中 CH5/5-01/images 資料夾下的所有圖片，放於專案資料夾的 images 資料夾下。

step 05 開啟 index.html，套用 style.css。

[index.html]

```
<!DOCTYPE html>
<html lang="en">
<head>
    <meta http-equiv="Content-Type" content="text/html; charset=utf-8">
    <title> 範例 5-01</title>
    <link href="css/style.css" rel="stylesheet" type="text/css"/>
</head>
<body>
</body>
</html>
```

5-1-2 製作 wrapper 區塊

step 01 開啟 index.html，於 body 元素中新增一個 id 為 wrapper 的 div 元素。

[index.html]

```
<body>
    <div id="wrapper">
    </div>
</body>
```

TIP

wrapper 用於設定網頁的整體寬度。

step 02 開啟 style.css，撰寫以下的樣式。

[style.css]

```
*{
    margin: 0px;
    padding: 0px;
}
body{
    background-color: beige;
    font-family: Microsoft JhengHei;
}
#wrapper{
    margin: 0px auto;
    width: 1024px;
}
```

TIP

- 「*」為通用選擇器，意思為選擇每個元素。而我們為了解決不同瀏覽器中每個元素的 margin 和 padding 預設值不同的問題，因此透過通用選擇器，將所有元素的 margin（外距）與 padding（內距）皆設為 0px。
- font-family: Microsoft JhengHei 用以設定文字字型為微軟正黑體。
- margin: 0px auto 用以設定元素於父元素中水平置中。在此，由於 wrapper 為最外層包覆網頁的 div 元素，而我們為了使 wrapper 於視窗中水平置中，因此設定 wrapper 的上下外距設定為 0px，左右外距為 auto。

step 03 於 wrapper 元素中新增 header 元素、id 為 content 的 div 元素以及 footer 元素。

[index.html]

```
<div id="wrapper">
    <header></header>
    <divid="content"></div>
    <footer></footer>
</div>
```

TIP

- header 元素內主要放置橫幅圖片與網頁導覽列。
- content 內主要放置網頁的內容文字。
- footer 元素內主要網頁版權聲明。

5-1-3 製作 header 區塊

step 01 於 header 元素中，新增一個 id 為 logo 的 div 元素。

[index.html]

```
<header>
    <div id="logo">
    </div>
</header>
```

step 02 於 id 為 logo 的 div 元素中，新增一個 img 元素。

[index.html]

```
<header>
    <div id="logo">
      <img src="images/banner.jpg"/>
    </div>
</header>
```

TIP

此處設定圖片是來自於 images 資料夾下的 banner.jpg。

step 03 設定 id 為 logo 的 div 元素的樣式。

[style.css]

```
#logo{
    height: 250px;
}
```

TIP

在此，我們將 logo 的高度設定為 250px，原因在於 banner.jpg 此張圖片的高度為 250px，如此設定較不會造成網頁跑版。

step 04 於 header 元素中，新增 nav 元素。

[index.html]

```
<header>
    <div id="logo">
      <img src="images/banner.jpg" />
    </div>
    <nav>
    </nav>
</header>
```

TIP

在此我們使用 nav 元素製作網頁導覽列。

step 05 設定 nav 元素的樣式。

[style.css]

```
nav{
    background-color: #B63D32;
    text-align: center;
}
```

TIP

- #B63D32 是酒紅色的顏色代碼。在此，我們設定 background-color: #B63D32，使得 nav 元素的背景顏色為酒紅色。
- text-align 屬性用於設定內容文字的對齊方式，在此我們設定 nav 元素的內容文字置中對齊。

step 06 於 nav 元素內，新增 ul 與 li 元素，並在每個 li 元素之中加入一個 a 元素。

[index.html]

```
<nav>
    <ul>
      <li><a href="#"> 首頁 </a></li>
      <li><a href="#"> 最新消息 </a></li>
      <li><a href="#"> 合作店家 </a></li>
      <li><a href="#"> 關於我們 </a></li>
      <li><a href="#"> 聯絡我們 </a></li>
    </ul>
</nav>
```

step 07 設定 ul 與 li 元素的樣式。

[style.css]

```
ul{
    display: inline-block;
    margin: 0px;
}
li{
    list-style-type: none;
    float: left;
    text-align: center;
}
```

```
li a{
    display: block;
    padding: 15px 20px;
    color: #FFFFFF;
    text-decoration: none;
}
li a:hover{
    color: #FFC90E;
}
```

TIP

- display 屬性用於設定元素的區框類型，最常被設定的值有 block 與 inline。設定為 block 的元素稱為「區塊元素」，而設定為 inline 的元素稱為「行內元素」。inline-block 與 inline 相似，但是卻可以設定元素的 width 與 height 屬性。
- 由於 ul 預設的 display 屬性為 block，在此我們應該將 display 屬性設定為 inline-block，如此才可以讓 ul 元素於 nav 元素中水平置中。
- list-style-type 屬性用於設定項目清單的樣式。在此，我們設定項目清單的樣式為無樣式（none）。
- hover 用以設定滑鼠滑過連結時的效果，在這裡我們設定當滑鼠 li 元素中的 a 元素時，文字顏色變成 #FFC90E（黃色）。

step 08 按下儲存並於瀏覽器中開啟「index.html」，檢視 header 的製作。

5-1-4 製作 content 區塊

step 01 於 content 中，新增一個 id 為 content_in 的 div 元素。

[index.html]

```
<header>
  <div id="logo">
    <img src="images/banner.jpg" />
  </div>
  <nav>
    <li><a href="#"> 首頁 </a></li>
    <li><a href="#"> 最新消息 </a></li>
    <li><a href="#"> 合作店家 </a></li>
    <li><a href="#"> 關於我們 </a></li>
    <li><a href="#"> 聯絡我們 </a></li>
  </nav >
</header>
<div id="content">
    <div id="content_in">
    </div>
</div>
```

TIP

content_in 用於包覆 content 中的內容文字。我們透過 content_in 調整文字內容與 content 之間的間隙。

step 02 設定 content_in 的樣式。

[style.css]

```
#content_in{
    padding: 30px 50px;
    text-align: center;
    background-color: #F4F4ED;
}
```

TIP

padding: 30px 50px 用以設定上下內距為 30px，左右內距為 50px。透過如此設定，可讓 content_in 與 content_in 中的元素或是內容文字之間具有間隙。此外，padding 的設定值並非絕對，所以使用者可依照自己的喜好，設定 content_in 的 padding 值。

step 03 於 content_in 中，新增 h1 元素並輸入「歡迎光臨」。

[index.html]

```
<div id="content">
    <div id="content_in">
      <h1> 歡迎光臨 </h1>
    </div>
</div>
```

step 04 設定 h1 元素的樣式。

[style.css]

```
#content h1{
    color: #B63D32;
    margin-bottom: 10px;
}
```

TIP

- color: #B63D32 用於設定 h1 元素的文字顏色為酒紅色。
- margin-bottom 屬性用於設定元素的下外距。在此，我們將 h1 元素的下外距設定為 10px，用以使得 h1 元素下方的元素與 h1 元素之間有 10px 的間隙。

step 05 於 h1 元素下方，新增四個 p 元素。

[index.html]

```
<div id="content">
    <div id="content_in">
        <h1> 歡迎光臨 </h1>
        <p></p>
        <p></p>
        <p></p>
        <p></p>
    </div>
</div>
```

step 06 設定 p 元素的樣式。

[style.css]

```
#content_in p{
    font-size: 15px;
    margin-bottom: 20px;
}
```

TIP

- font-size 屬性用於設定文字的大小。
- margin-bottom 屬性用於設定 p 元素的下外距。

step 07 於各個 p 元素內輸入內容文字。

[index.html]

```
<div id="content">
    <div id="content_in">
        <h1> 歡迎光臨 </h1>
        <p> 早餐、午餐…( 以下省略 )</p>
        <p> 是否常常…( 以下省略 )</p>
        <p> 行動點餐…( 以下省略 )</p>
        <p> 下雨天懶得出門…( 以下省略 )</p>
    </div>
</div>
```

step 08 於 p 元素下方，新增 a 元素。

[index.html]

```
<div id="content">
    <div id="content_in">
        <h1> 歡迎光臨 </h1>
        <p> 早餐、午餐…( 以下省略 )</p>
        <p> 是否常常…( 以下省略 )</p>
        <p> 行動點餐…( 以下省略 )</p>
        <p> 下雨天懶得出門…( 以下省略 )</p>
        <a href="#"> 了解更多 </a>
    </div>
</div>
```

step 09 設定 a 元素的樣式。

[style.css]

```
#content_in a{
    display: block;
    width: 130px;
    height: 40px;
    line-height: 40px;
    margin: 0 auto;
    text-decoration: none;
    background-color: #B63D32;
    color: #FFFFFF;
}
```

TIP

- 由於 a 元素預設之 display 為 inline，因此 a 元素的高度與寬度都無法設定。為了設定 a 元素的高度與寬度，我們將 display 設定為 block（區塊），用以設定 a 元素的寬度為 130px，高度為 40px。
- 此外，我們希望 a 元素的內容文字於 a 元素中垂直置中，因此我們將行高（line-height）設定成與 a 元素的高度（height）相同，即皆設定為 40px，以達成內容文字於 a 元素中垂直置中的效果。
- text-decoration 屬性用於設定文字的特效。在此，我們設定 text-decoration 為不顯示任何文字特效（none）。

step 10 按下儲存並於瀏覽器中開啟「index.html」，檢視 content 區塊的製作。

5-1-5 製作 footer 的區塊

step 01 於 footer 元素中新增一個 p 元素。

[index.html]

```
<footer>
    <p>Copyright © 2017 Itoeat All rights reserved.</p>
</footer>
```

step 02 設定 footer 元素的樣式。

[style.css]

```
footer{
    background-color: #71552A;
    text-align: center;
}
footer p{
    font-size: 10px;
    color: #FFFFFF;
```

```
    padding: 10px 0px;
}
```

> **TIP**
>
> padding: 10px 0px 用以設定上下內距為 10px，左右內距為 0px，透過如此設定，可讓 p 元素與其內容文字之間的上下間距皆為 10px。

step 03 按下儲存並於瀏覽器中開啟「index.html」，檢視 footer 元素的製作。

5-2 單欄式響應式版面

在製作完單欄式版面後，我們也可以試著將單欄式版面修改成響應式的版面，因此在本章節中，我們將教大家如何將 5-1 所製作的固定單欄式版面修改成響應式的版面。若你想先學習完固定式版面再學習響應式版面的話，可以跳過此章節，直接到 5-3 節進行學習。

5-2-1 撰寫 Media Queries

step 01

首先，切換至 style.css，設定當螢幕視窗的最大寬度為 1024px 時，wrapper 元素的寬度為 80%。

[style.css]

```
@media screen and ( max-width:  1024px) {
    #wrapper{
        width: 80%;
    }
}
```

step 02

接著，設定當螢幕視窗的最大寬度為 640px 時，設定 li 元素的 a 元素上下左右內距為 10px。

[style.css]

```
@media screen and ( max-width:  640px) {
    li a{
        padding: 10px;
    }
}
```

5-2-2 設定 Viewport

step 01

切換至 index.html，於 head 元素中設定 Viewport。

[index.html]

```
<head>
    <meta http-equiv="Content-Type" content="text/html; charset=utf-8">
    <title> 範例 5-02</title>
    <link href="css/style.css" rel="stylesheet" type="text/css"/>
    <meta name="viewport" content="width=device-width; initial-scale=1.0">
</head>
```

5-2-3 新增 img 元素的樣式

step 01 切換至 style.css，將 logo 內的 img 元素的寬度設定為 100%。

[style.css]

```
#logo img{
    width: 100%;
}
```

TIP

在此，我們將 img 元素的寬度設定為 100%，使得圖片於不同行動裝置中，皆能自動調整其寬度為視窗的大小。

5-2-4 修改原先撰寫的樣式

step 01 切換至 style.css 檢視 logo 的樣式。

```
#logo {
    height: 250px;
}
```

step 02 接著刪除 logo 的樣式。刪除後應與下圖相符。

```
#logo {

}
#logo img{
    width: 100%;
}
```

TIP

由於在前面我們將 img 元素的寬度設定成 100%，因此 img 元素會依據不同行動裝置的視窗寬度等比例縮小 img 元素的高度。在這種情況之下，圖片的高度就不等於 logo 的高度了！為了解決此問題，我們必須將 logo 原先設定的 height 屬性刪除。

step 03 按下儲存並於瀏覽器中開啟「index.html」。此時，你可以拖曳網頁視窗大小，檢視網頁是否會隨著視窗大小而有所變動。

如果網頁沒有隨著視窗大小變動，則會如圖顯示。

5-3 雙欄式版面

雙欄式版面顧名思義是以兩欄的方式呈現網頁內容，在此範例中，我們將版面劃分成左右兩欄。左欄取名為 sidebar，用於放置連結至其他頁面的連結，而右欄取名為 content，用於放置網頁的內容。

製作雙欄式版面，有一個很大的要點就是我們必須於 sidebar 與 content 下方的 footer 中，設定 clear:both 屬性，用以清除浮動，如此才不會造成 footer 跑版。

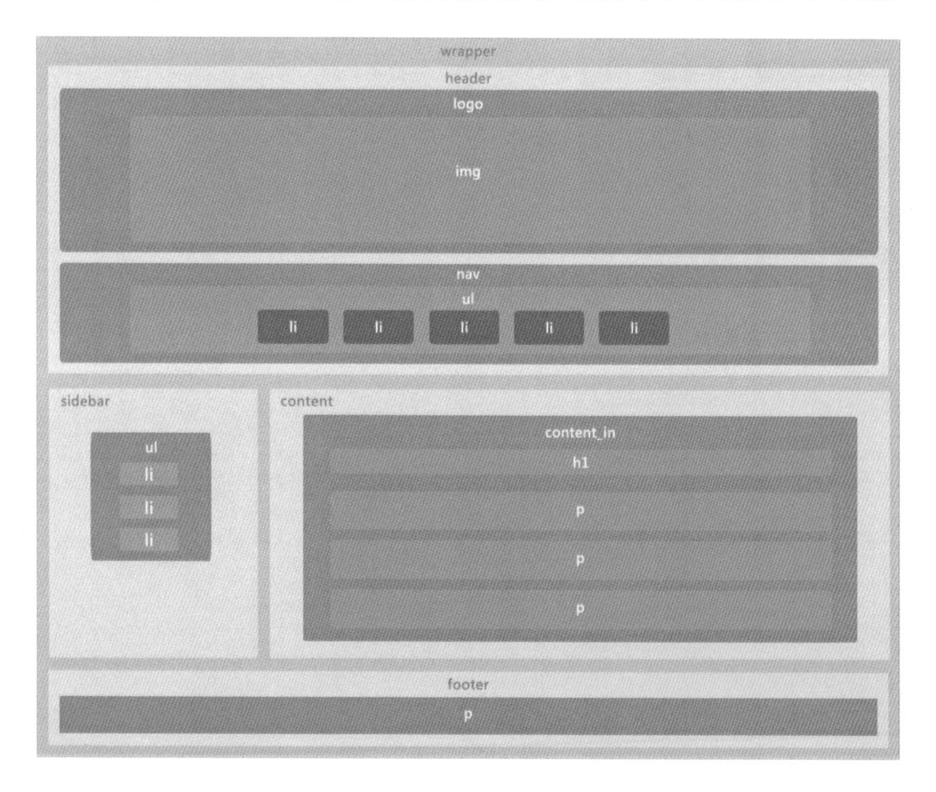

5-3-1 前置作業

step 01　新增專案資料夾 5-03，並於專案資料夾下新增 css 與 images 資料夾。

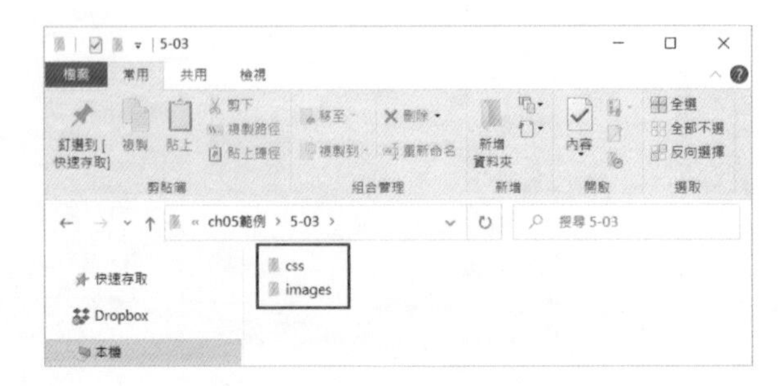

step 02　新增 index.html，放於專案資料夾下。

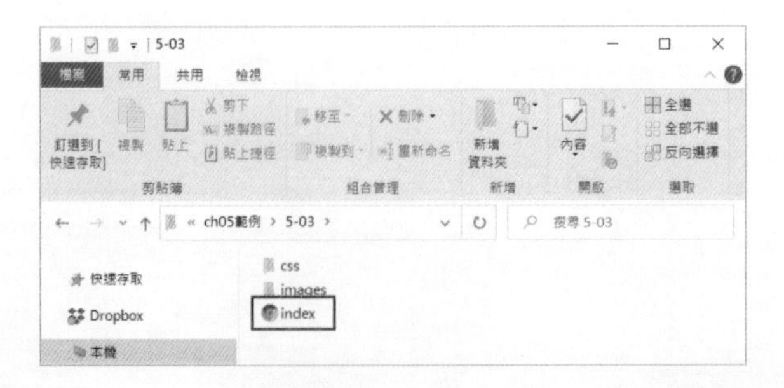

step 03 新增 style.css，放於專案資料夾的 css 資料夾中。

step 04 複製範例中 CH5/5-03/images 資料夾下的所有圖片，放於專案資料夾的 images 資料夾下。

step 05 開啟 index.html，套用 style.css。

[index.html]

```
<head>
    <meta http-equiv="Content-Type" content="text/html; charset=utf-8">
    <title> 範例 5-03</title>
    <link href="css/style.css" rel="stylesheet" type="text/css"/>
</head>
```

5-3-2 製作 wrapper 區塊

step 01 開啟 index.html，於 body 元素中新增一個 id 為 wrapper 的 div 元素。

[index.html]

```
<body>
    <div id="wrapper">
```

```
    </div>
</body>
```

step 02 開啟 style.css，撰寫以下的樣式。

[style.css]

```
*{
    margin: 0px;
    padding: 0px;
}
body{
    background-color: beige;
    font-family: Microsoft JhengHei;
}
#wrapper {
    margin: 0px auto;
    width: 1024px;
}
```

step 03 於 wrapper 元素中新增依序新增 header、isidebar、content、footer 元素。

[index.html]

```
<div id="wrapper">
    <header></header>
    <div id="sidebar"></div>
    <div id="content"></div>
    <footer></footer>
</div>
```

5-3-3 製作 header 區塊

step 01 於 header 元素中新增以下的元素。

[index.html]

```
<header>
    <div id="logo">
      <img src="images/banner.jpg"/>
    </div>
    <nav>
      <ul>
```

```
        <li><a href="#"> 首頁 </a></li>
        <li><a href="#"> 最新消息 </a></li>
        <li><a href="#"> 合作店家 </a></li>
        <li><a href="#"> 關於我們 </a></li>
        <li><a href="#"> 聯絡我們 </a></li>
      </ul>
    </nav>
</header>
```

step 02 設定 header 相關元素的樣式。

[style.css]

```
#logo{
    height: 250px;
}
nav{
    background-color: #B63D32;
    text-align: center;
}
ul{
    display: inline-block;
    margin:  0px;
}
li{
    list-style-type: none;
    float: left;
    text-align: center;
}
li a{
    display: block;
    padding: 15px 20px;
    color: #FFFFFF;
    text-decoration: none;
}
li a: hover{
    color: #FFC90E;
}
```

5-3-4 製作 sidebar 區塊

step 01 於 sidebar 元素內新增 ul 及 li 元素。

[index.html]

```
<div id="sidebar">
    <ul>
        <li><a href="#"> 點餐流程 </a></li>
            <li><a href="#"> 常見問題 </a></li>
            <li><a href="#"> 優惠資訊 </a></li>
    </ul>
</div>
```

step 02 設定 sidebar 相關元素的樣式。

[style.css]

```
#sidebar{
    width: 250px;
    height: 350px;
    float: left;
    background-color: #FFE634;
}
#sidebar ul{
    margin-left: 65px;
    margin-top: 30px;
}
#sidebar li{
    float: none;
}
#sidebar li a{
    color: #000000;
    padding: 10px 20px;
    border-style: solid;
    border-color: #B63D32;
    margin: 10px;
}
#sidebar li a:hover{
    color: #FFFFFF;
    border-color: #ffffff;
}
```

TIP

- float: left 用以設定元素靠左浮動。在此，我們將 sidebar 作為左邊側邊欄，因此設定 sidebar 為 float: left，讓 sidebar 靠左浮動，同時也設定 sidebar 的寬度（width）為 250px，高度（height）為 350px。
- 將 sidebar 內的 ul 元素設定 margin-left: 65px，其意義為 ul 元素的左外距（margin-left）設定為 65px，好讓 ul 元素不至於貼齊 sidebar 的最左邊，使得 sidebar 與 ul 元素之間具有 65px 的間隙，同樣地，設定 ul 元素為 margin-top: 30px，其意義即為 ul 元素的上外距為 30px，好讓 ul 元素不至於貼齊 sidebar 的最上邊，使得 sidebar 與 ul 元素之間的具有 30px 的間隙。
- 由於在前面的 css 中，我們已撰寫與 li 元素相關的樣式，為了使 sidebar 中的 li 元素與前面的 li 元素有所區隔，所以我們透過「#sidebar li」表示「sidebar 中的 li 元素」。「sidebar 中的 li 元素」會率先套用前面我們所撰寫的 li 元素的樣式，接著才套用「sidebar 中的 li 元素」的樣式。在前面我們所撰寫的 li 元素已設定為 float: left，即將 li 元素靠左浮動，使得 li 元素橫向排列，然而在「sidebar 中的 li 元素」中，我們希望將它恢復成直向排列，因此針對「sidebar 中的 li 元素」設定 float: none。
- 由於「li 元素中 a 元素」相關的樣式，我們在前面也已經設定。為使「sidebar 中的 li 元素中的 a 元素」與前面的「li 元素中的 a 元素」有所區隔，因此我們透過「#sidebar li a」表示「sidebar 中的 li 元素中的 a 元素」。「sidebar 中的 li 元素的 a 元素」同樣會率先套用前面我們所撰寫的「li 元素中的 a 元素」的 css，接著才套用「sidebar 中的 li 元素的 a 元素」的 css。在前面我們所撰寫的「li 元素中的 a 元素」的樣式為 padding:15px 20px 與 color:#ffffff，而在此我們將重新設定「sidebar 中的 li 元素的 a 元素」的 padding 與 color 屬性，因此分別設定上下內距為 10px，左右內距為 20px，文字顏色為黑色。
- border-style: solid 用以設定邊框樣式為實線。
- border-color: #B63D32 用以設定邊框顏色為酒紅色。

step 03 按下儲存並於瀏覽器中開啟「index.html」，檢視 sidebar 區塊的製作。

5-3-5 製作 content 區塊

step 01 於 content 內，新增一個 id 名為 content_in 的 div。

[index.html]

```
<div id="content">
    <div id="content_in">
    </div>
</div>
```

step 02 設定 content 及 content_in 的樣式。

[style.css]

```
#content {
    height: 350px;
    float: left;
    width: 774px;
    background-color: #F4F4ED;
```

```
}
#content_in{
    padding: 30px 50px;
}
```

TIP

- 為了將 content 與 sidebar 並排且等高，因此設定 content 的高度與 sidebar 同為 350px，並且同樣設定 float: left，讓 content 也靠左浮動。而在寬度部分，由於 sidebar 與 content 並排，因此 content 的寬度須為 wrapper 的寬度（1024px）扣除 sidebar 的寬度（250px），所剩餘之數值 774px。
- 在 content_in 部分，也與 5-01 範例的用法相同，其意義為將 content_in 的上下內距設定為 30px，左右內距設定為 50px，透過如此的設定可讓 content_in 與 content_in 中的元素或文字內容之間具有間隙。

step 03 於 content_in 中，新增一個 h1 元素與三個 p 元素。

[index.html]

```
<div id="content">
    <div id="content_in">
      <h1> 歡迎光臨 </h1>
      <p> 是否常常…( 以下省略 )</p>
      <p> 行動點餐…( 以下省略 )</p>
      <p> 下雨天懶得出門…( 以下省略 )</p>
    </div>
</div>
```

step 04 設定 content_in 內的 h1 元素與 p 元素的樣式。

[style.css]

```
#content h1{
    color: #B63D32;
    margin-bottom: 10px;
}
#content p{
```

```
    font-size: 15px;
    margin-bottom: 20px;
}
```

step 05 按下儲存並於瀏覽器中開啟「index.html」，檢視 content 區塊的製作。

5-3-6 製作 footer 區塊

step 01 於 footer 元素中新增一個 p 元素。

[index.html]

```
<footer>
    <p>Copyright © 2017 Itoeat All rights reserved.</p>
</footer>
```

step 02 定 footer 元素的樣式。

[style.css]

```
footer{
    clear: both;
```

```
    background-color: #71552A;
    text-align:  center;
}
footer p{
    font-size: 10px;
    color: #FFFFFF;
    padding: 10px 0px;
}
```

TIP

clear: both 用以清除浮動。由於在前面，我們已分別為 sidebar 與 content 設定浮動效果（float），但為了避免 sidebar 與 content 高度不一致所造成的 footer 的跑版效果，我們必須將 footer 設定 clear: both 以清除浮動。

step 03 按下儲存並於瀏覽器中開啟「index.html」，檢視 footer 區塊的製作。

5-4 登入版面

最後一章節，我們將要教大家製作「登入版面」。登入版面主要有兩個學習重點。第一個是如何透過 position 屬性，使得版面可放置於網頁正中間，第二個是如何使用 form、input、checkbox 與 button 元素。

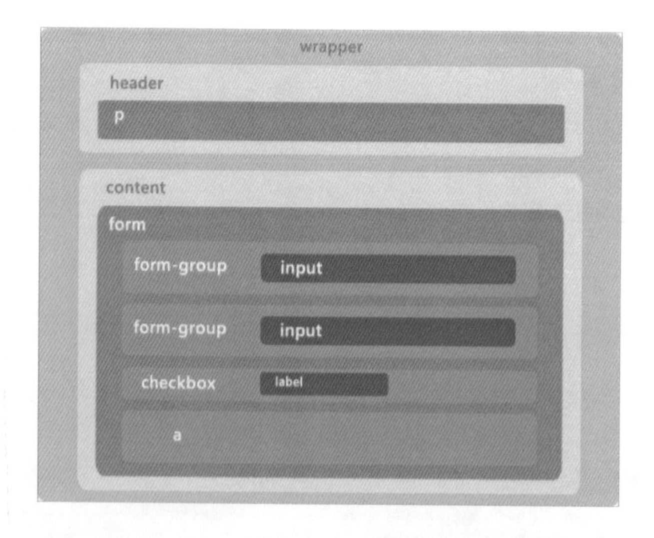

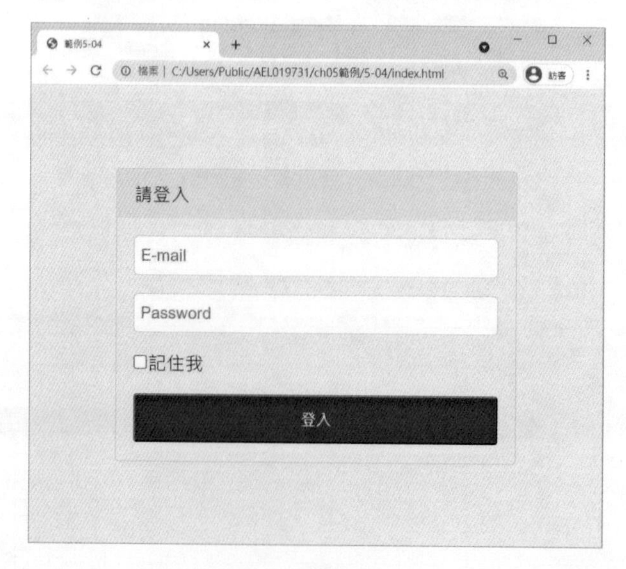

5-4-1 前置作業

step 01 新增專案資料夾 5-04，並於專案資料夾下新增 css 與 images 資料夾。

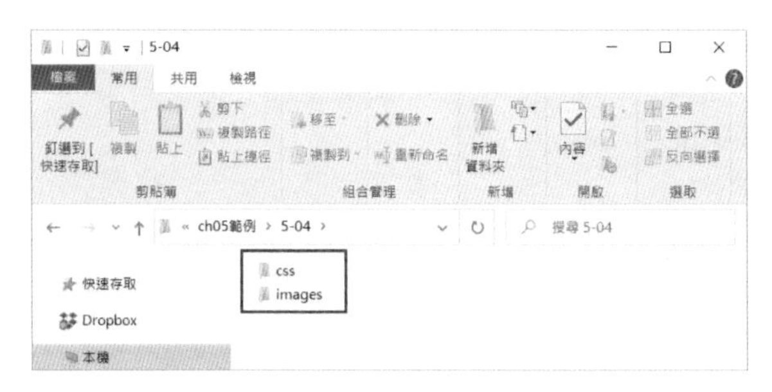

step 02 新增 index.html，放於專案資料夾下。

step 03 新增 style.css，放於專案資料夾的 css 資料夾中。

step 04 開啟 index.html，套用 style.css。

[index.html]

```
<head>
    <meta http-equiv="Content-Type" content="text/html; charset=utf-8">
    <title>範例 5-04</title>
    <link href="css/style.css" rel="stylesheet" type="text/css" />
</head>
```

5-4-2 製作 wrapper 區塊

step 01 開啟 index.html，於 body 元素中新增一個 id 為 wrapper 的 div 元素。

[index.html]

```
<body>
    <div id="wrapper">
    </div>
</body>
```

step 02 開啟 style.css，撰寫以下的樣式。

[style.css]

```
*{
    margin: 0px;
    padding: 0px;
    box-sizing: border-box;
    -webkit-box-sizing: border-box;
    -moz-box-sizing: border-box;
}
body{
    background-color: beige;
    font-family: Microsoft JhengHei;
}
#wrapper {
    width: 350px;
    height: 250px;
    border-radius: 3px;
    border: 1px solid #ccc
}
```

TIP

- box-sizing: border-box 用以設定元素的內距（padding）和邊框（border）不會增加元素本身的寬度。在此，我們透過通用選擇器，我們將所有元素設定為 box-sizing: border-box，使得所有元素的內距（padding）和邊框（border）不會增加元素本身的寬度。此外，由於 box-sizing 為較新的屬性，因此在使用時，我們通常會為此屬性加上「-webkit-」與「-moz-」的前綴詞。

- box-sizing: border-box 用以設定元素的內距（padding）和邊框（border）不會增加元素本身的寬度。在此，我們透過通用選擇器，我們將所有元素設定為 box-sizing: border-box，使得所有元素的內距（padding）和邊框（border）不會增加元素本身的寬度。此外，由於 box-sizing 為較新的屬性，因此在使用時，我們通常會為此屬性加上「-webkit-」與「-moz-」的前綴詞。
- border-radius: 3px 用以設定圓角為 3px。
- border: 1px solid #ccc 用以設定邊框寬度為 1px，邊框樣式為 solid（實線），邊框顏色為 #ccc（灰色）。當然，你也可以透過 border-width:1px、border-style:solid 與 border-color:#ccc 這三個 css，個別設定邊框樣式。

step 03 於 wrapper 中，新增以下的元素。

[index.html]

```
<body>
    <div id="wrapper">
        <header></header>
        <div="content"></div>
    </div>
</body>
```

5-4-3 製作 header 區塊

step 01 於 header 元素中新增 p 元素，並輸入「請登入」。

[index.html]

```
<div id="wrapper">
    <header>
      <p> 請登入 </p>
    </header>
    <div="content"></div>
</div>
```

step 02 切換至 style.css 檔案，加入 header 元素的樣式。

[style.css]

```
header {
    background-color: #ECECEC;
    padding: 10px 15px;
}
```

step 03 按下儲存並於瀏覽器中開啟「index.html」，檢視 header 區塊的製作。

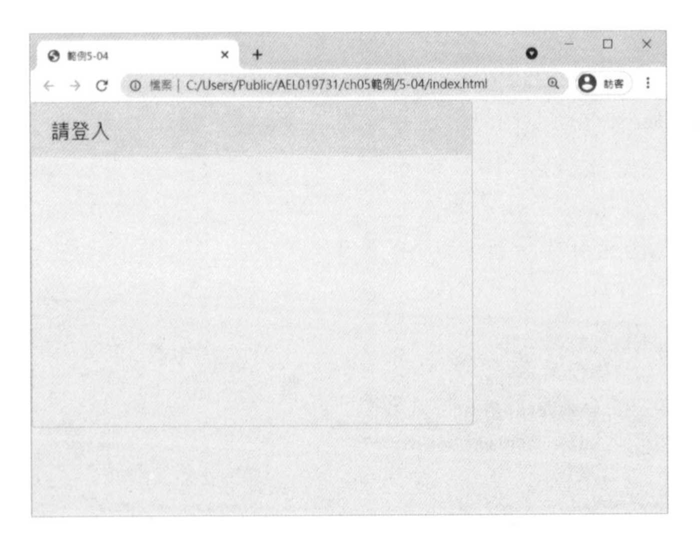

5-4-4 製作 content 區塊

step 01 於 content 中，新增一個 form 元素。

[index.html]

```
<div id="wrapper">
    <header>
        <p> 請登入 </p>
    </header>
    <div="content">
        <form>
        </form>
    </div>
</div>
```

step 02 設定 content 的樣式。

[style.css]

```
#content {
    padding: 15px;
}
```

step 03 於 form 元素中新增一個 class 為 form-group 的 div 元素。

[index.html]

```
<div id="content">
    <form>
        <div class="form-group">
        </div>
    </form>
</div>
```

step 04 設定 form-group 的樣式。

[style.css]

```
.form-group {
    margin-bottom: 15px;
}
```

step 05 於 form-group 中新增 input 元素，並套用 form-control 類別，以作為信箱欄位。

[index.html]

```
<div id="content">
    <form>
        <div class="form-group">
        <input class="form-control" placeholder="E-mail" name="email"
type="email">
        </div>
    </form>
</div>
```

TIP

input 元素可以設定的屬性有 placeholder、type 等等。placeholder 屬性用以設定欄位的提示文字，而當使用者一旦於欄位中輸入資料時，欄位的提示文字便會消失。而 type 可以設定元素的類型，例如：password（密碼）、email（信箱）、button（按鈕）等等。

step 06 於下方再新增一個 class 為 form-group 的 div 元素。

[index.html]

```
<div id="content">
    <form>
        <div class="form-group">
          <input class="form-control" placeholder="E-mail" name="email"
type="email">
        </div>
        <div class="form-group">
        </div>
    </form>
</div>
```

step 07 於 form-group 中新增 input 元素，並套用 form-control 類別，以作為密碼欄位。

[index.html]

```
<div id="content">
    <form>
        <div class="form-group">
          <input class="form-control" placeholder="E-mail" name="email"
type="email">
        </div>
        <div class="form-group">
          <input class="form-control" placeholder="Password" name="password"
type="password">
        </div>
    </form>
</div>
```

step 08

設定 form-control 的樣式。

[style.css]

```
input.form-control{
    display: block;
    width: 100%;
    height: 34px;
    font-size: 14px;
    color: #555555;
    background-color: #FFFFFF;
    border: 1px solid #CCCCCC;
    border-radius: 4px;
    padding: 5px;
}
```

TIP

將 input.form-control 設定為 padding: 5px，用以使得 class 為 form-control 的 input 元素與其內容文字的上下左右間隙為 5px。

step 09

於 form 元素中，新增一個 class 為 checkbox 的 div 元素。

[index.html]

```
<div id="content">
      <form>
        <div class="form-group">
            <input class="form-control" placeholder="E-mail" name="email"
type="email">
        </div>
        <div class="form-group">
            <input class="form-control" placeholder="Password" name="password"
type="password">
        </div>
        <div class="checkbox">
        </div>
    </form>
</div>
```

step 10 於 class 為 checkbox 的 div 元素中，加入一個 label 元素。

[index.html]

```
<div class="checkbox">
    <label>
    </label>
</div>
```

step 11 於 label 元素中，加入一個 input 元素。

[index.html]

```
<div class="checkbox">
    <label>
        <input name="remember" type="checkbox"> 記住我
    </label>
</div>
```

TIP

- 將 input 元素的 type 設定為 checkbox，就可以製作一個複選框。
- 將 input 元素放於 label 元素之中，是為了讓我們點擊 label 元素的文字時，元素會自動勾選 input 元素。

step 12 按下儲存並於瀏覽器中開啟「index.html」檔案，檢視 content 區塊的製作。

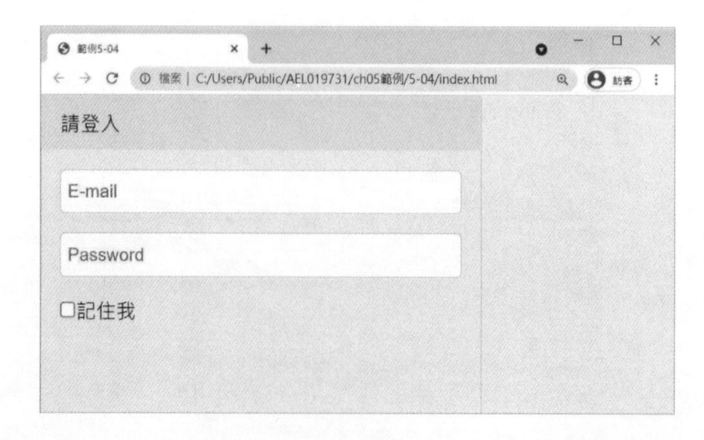

step 13 於「記住我」下方新增一個 class 為 btn 的 button 元素。

[index.html]

```
<div class="checkbox">
    <label>
        <input name="remember" type="checkbox"> 記住我
    </label>
</div>
<button type="submit" class="btn"> 登入 </button>
```

step 14 設定 btn 類別的樣式。

[style.css]

```
.btn{
     display: block
     width: 100%;
     color: #FFFFFF;
     background-color: #B63D32;
     padding: 10px;
     text-decoration: none;
     border-radius: 3px;
     margin-top: 15px;
     text-align: center;
}
```

TIP

- 為了使 button 與上面的 input 等寬，因此我們將 btn 設定成 display: block，讓 btn 的寬度可設定為 100%。
- text-decoration: none 用以設定取消文字特效。在此，我們會加入此設定是因為預設的超連結會將文字特效設定成「有底線」。
- margin-top:15px 用以設定上外距為 15px。
- text-align: center 用以設定內容文字設定為水平置中。

step 15 按下儲存並於瀏覽器中開啟「index.html」，檢視 content 區塊的製作。

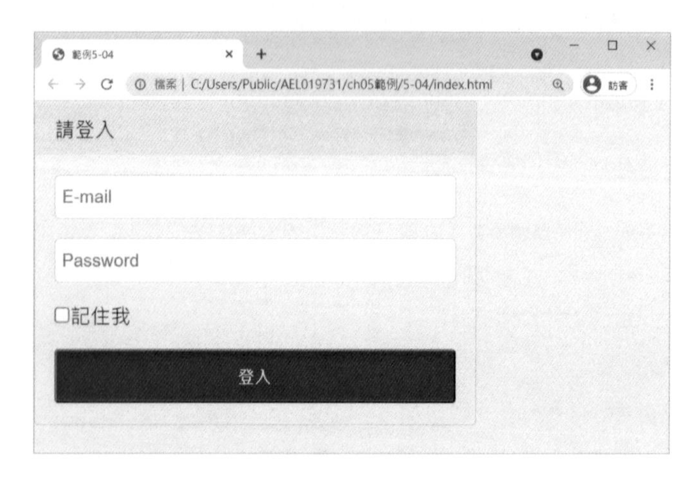

5-4-5 將 div 元素放置於網頁正中間

step 01 檢視 wrapper 的樣式。

[style.css]

```
#wrapper{
    width: 350px;
    height: 250px;
    border-radius: 3px;
    border: 1px solid #ccc;
}
```

step 02 新增 position 的相關屬性於 wrapper 的樣式中。

[style.css]

```
#wrapper{
    width: 350px;
    height: 250px;
    border: #CCCCCCsolid 1px;
    border-radius: 3px;
    position: absolute;
    top: 50%;
    left: 50%;
}
```

TIP

將 wrapper 設定 position: absolute（絕對定位），會使得 wrapper 相對於它的父元素進行定位。設定 wrapper 成絕對定位後，接著即可設置 wrapper 的 top 與 left。在此我們將 top 設定為 50%，表示我們將從 body 元素的最左上方開始定位，向下推移 50% 的距離，而 left 設定為 50%，表示我們將從 body 元素的最左上方開始定位，向左推移 50% 的距離。

step 03 按下儲存並於瀏覽器中開啟「index.html」，檢視網頁目前的製作。

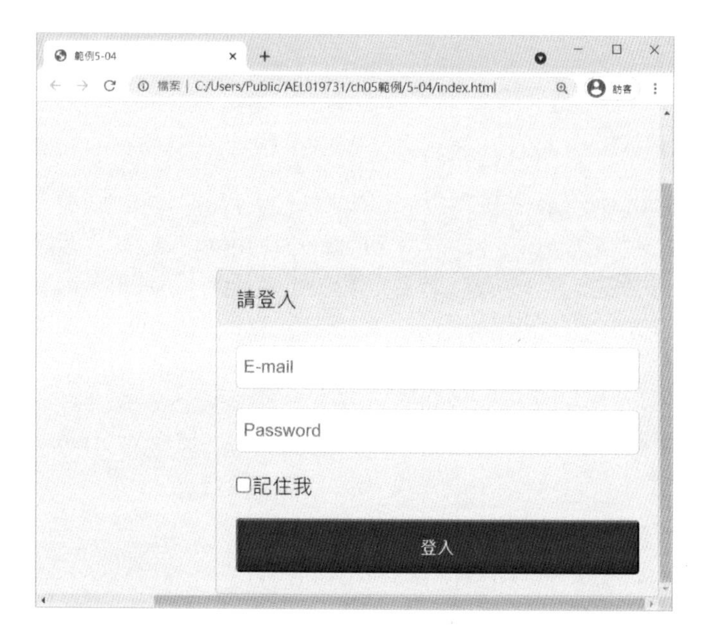

TIP

而從畫面中可以發現，儘管我們將 top 與 left 設定為 50%，但 wrapper 仍沒有位於網頁的中間。為解決此問題，我們應扣除 wrapper 的高度與寬度的一半，而扣除寬度與高度的方法，我們可以透過 margin-top 與 margin-left 來操作。

step 04 新增 margin-top 與 margin-left 屬性於 wrapper 的樣式中。

[style.css]

```
#wrapper{
    width: 350px;
    height: 250px;
    border: #CCCCCC solid 1px;
    border-radius: 3px;
    position: absolute;
    top: 50%;
    left: 50%;
    margin-top: -125px;
    margin-left: -175px;
}
```

TIP

由於 wrapper 的高度為 250px，因此我們需透過 margin-top 扣除 wrapper 高度的一半（125px），即設定 wrapper 為 margin-top: -125px。同樣地，wrapper 的寬度為 350px，我們也需透過 margin-left 扣除 wrapper 寬度的一半（175px），因此設定 wrapper 為 margin-left: -175px。

step 05 按下儲存並於瀏覽器中開啟「index.html」，檢視 wrapper 是否有在網頁正中間。

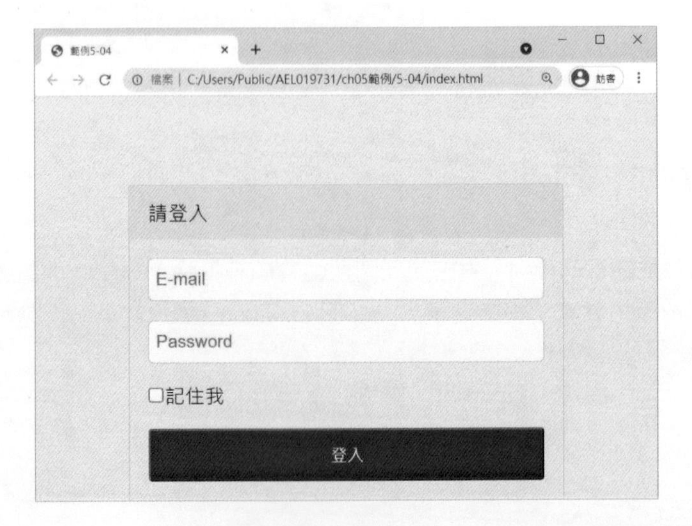

6

初學 Bootstrap 5

目前網頁的趨勢為「響應式設計（Responsive Web Design）」，意指網頁會隨著解析度的大小改變其排版佈局，使得不同設備的使用者在瀏覽網頁時皆可擁有絕佳的視覺體驗。在前一章節中我們已經學會如何製作基本的固定式版型，而在此章節中，我們首先來認識免費的響應式框架 Bootstrap。

- 如何使用 Bootstrap
- 熟悉 Bootstrap 網格系統與類別
- 了解 Bootstrap 4 與 5 的差異

6-1 認識 Bootstrap

6-1-1 基本介紹

Bootstrap 是一個基於 HTML、CSS 與 JavaScript 的前端框架，其特點包含響應式設計、跨瀏覽器，以及提供多樣的元件與樣式等等。由於 Bootstrap 提供大量的元件與樣式，可以大幅地減少網頁開發者撰寫程式碼所耗費的時間，因此對於網頁開發者而言是個相當方便的工具，在目前非常受歡迎，而目前 Bootstrap 已更新到 v5.1.1，本書也將以此版本做介紹。

6-1-2 使用 Bootstrap

step 01 要使用 Bootstrap，我們首先進入 Bootstrap 官網（http://getbootstrap.com/），點選「Download」，跳轉至 Bootstrap 5 介紹頁面。

step 02 點選「Download」按鈕進行下載。

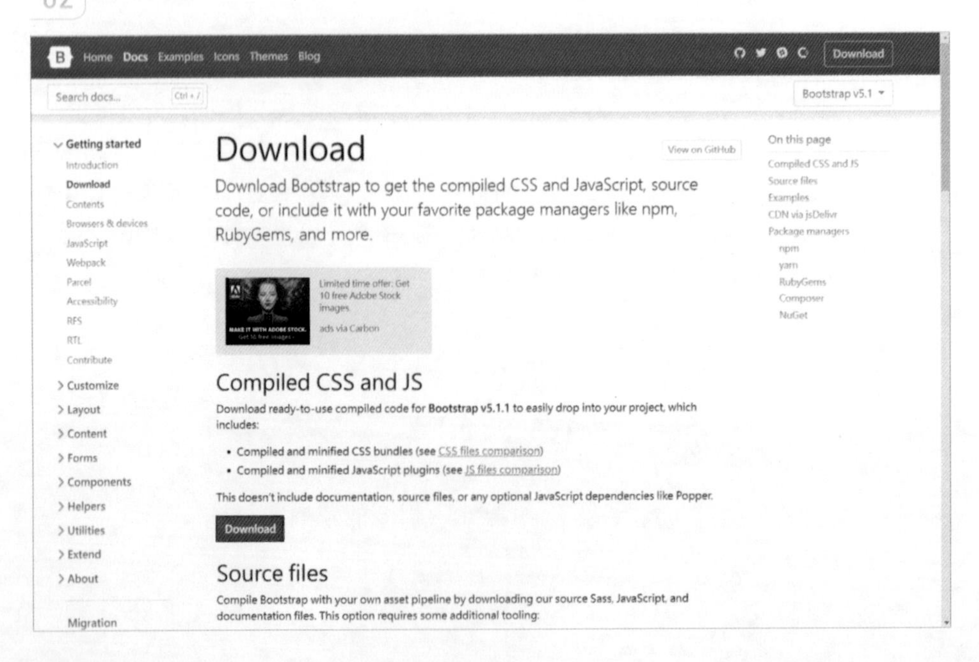

step 03 下載後的檔案為壓縮檔。

step 04 解壓縮後，使用者會得到 Bootstrap 的原始資料夾。原始資料夾內會有兩個子資料夾，分別為「css」與「js」。

step 05 新增一個名為 ch06 的專案資料夾，我們再於 ch06 專案資料夾中新增一個 css 資料夾、一個 img 資料夾、一個 js 資料夾與一個名為 ch06-1 的 HTML 文件。此處的 HTML 文件檔可利用 Visual Studio Code 來建立。

step 06 將解壓縮後的 bootstrap 資料夾中的 js 資料夾打開，複製 bootstrap.js 至 ch06 專案資料夾中的 js 資料夾。

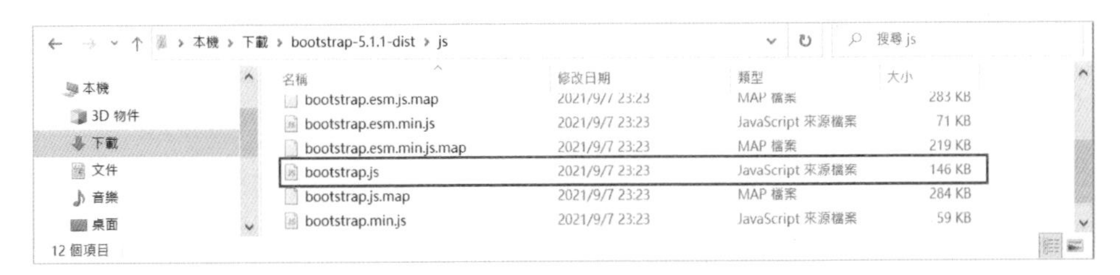

TIP

- bootstrap.min.js 檔是程式碼經過壓縮的檔案，適合網站上線時使用，但程式碼的可讀性較低。如果需要偵錯時，可加入 bootstrap.min.js.map 檔，.map 檔可將程式碼還原成原始撰寫的格式與行數，提高可讀性、方便進行偵錯。而在本書中我們直接使用程式碼未壓縮的 bootstrap.js 檔案，較適合開發網站。
- bootstrap.bundle 檔包含了 popper 套件，可以用來做提示框元件。在本書教學範例中將不會使用到該元件，所以僅需掛入 bootstrap.js 檔案即可。

step 07 將解壓縮後的 bootstrap 資料夾中的 css 資料夾打開，複製 bootstrap.css 至 ch06 專案資料夾中的 css 資料夾。

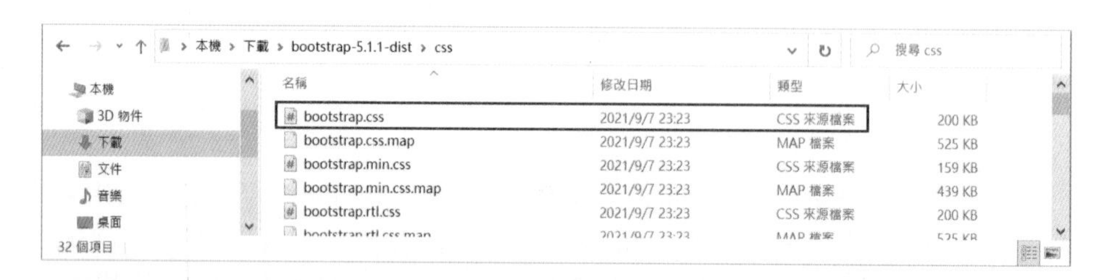

TIP

本書使用的是 bootstrap.css 檔案，包含了所有元件及排版功能…等，其他檔案有些只支持部分功能，例如像 bootstrap.grid.css 檔在排版上，只有網格系統。在官網有列出表格整理每個檔案所包含的各項功能。

網址：https://getbootstrap.com/docs/5.1/getting-started/contents/#css-files

step 08

把 ch06-1.html 檔用 Visual Studio Code 打開，到 Bootstrap 網站中的 Getting started，將網頁下拉至 Starter template，點擊「Copy」複製其下方的 HTML 至 ch06-1.html 裡，使用 Bootstrap 5 提供的基本架構。

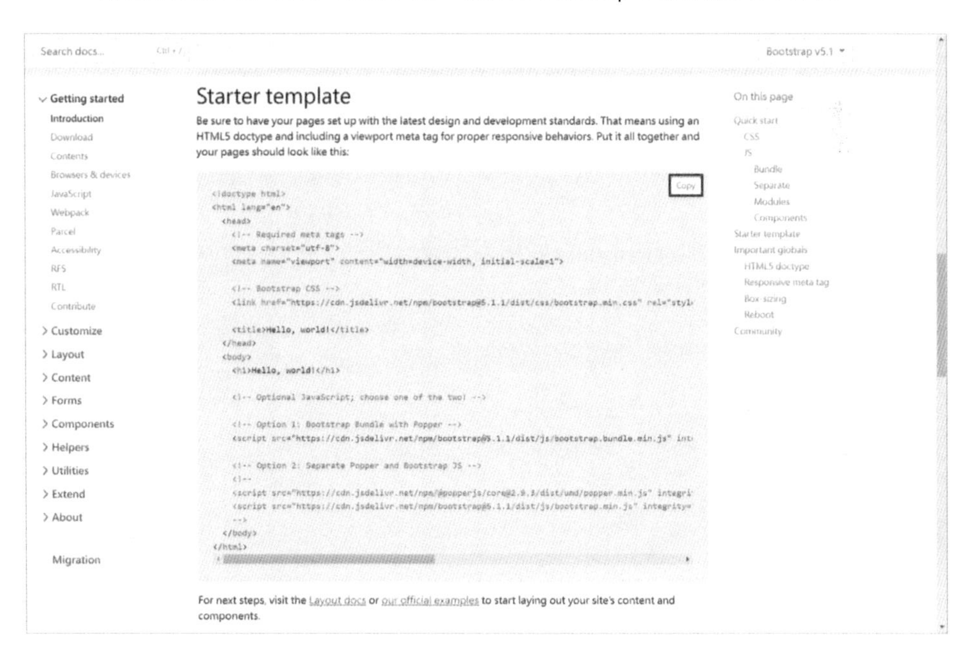

step 09

將 head 區塊中的 css 檔案路徑修改為「css/bootstrap.css」。

```
<head>
    <!-- Required meta tags -->
    <meta charset="utf-8">
    <meta name="viewport" content="width=device-width, initial-scale=1">

    <!-- Bootstrap CSS -->
    <link rel="stylesheet" href="css/bootstrap.css">

    <title>Hello, world!</title>
</head>
```

TIP

- viewport 是讓瀏覽器調整各種裝置的螢幕解析度，讓網頁可以在使用者的裝置上呈現最適當的畫面大小。
- width=device-width 讓瀏覽器自動調整成最佳畫面寬度。
- initial-scale=1 設定螢幕畫面的初始縮放比例為 100%。

step 10 接著再將 body 中掛入的 js 檔案路經修改為「js/bootstrap.js」。

```
<body>
    <h1>Hello, world!</h1>

    <!-- Optional JavaScript -->
    <script src="js/bootstrap.js"></script>
</body>
```

6-1-3 使用 Bootstrap 樣式

透過 6-1-2 的設定，我們就可以使用 Bootstrap 來實作以下的內容！接著先來學習如何使用 Bootstrap 樣式。

step 01 開啟 Bootstrap 官網（http://getbootstrap.com/），點選「Get started」開始使用。

step 02 我們來練習如何使用 Bootstrap 的 Tables 樣式。於 Bootstrap 的 Docs 頁面中點選「Content」中 Tables 的部分，選擇想要的 Tables 樣式。

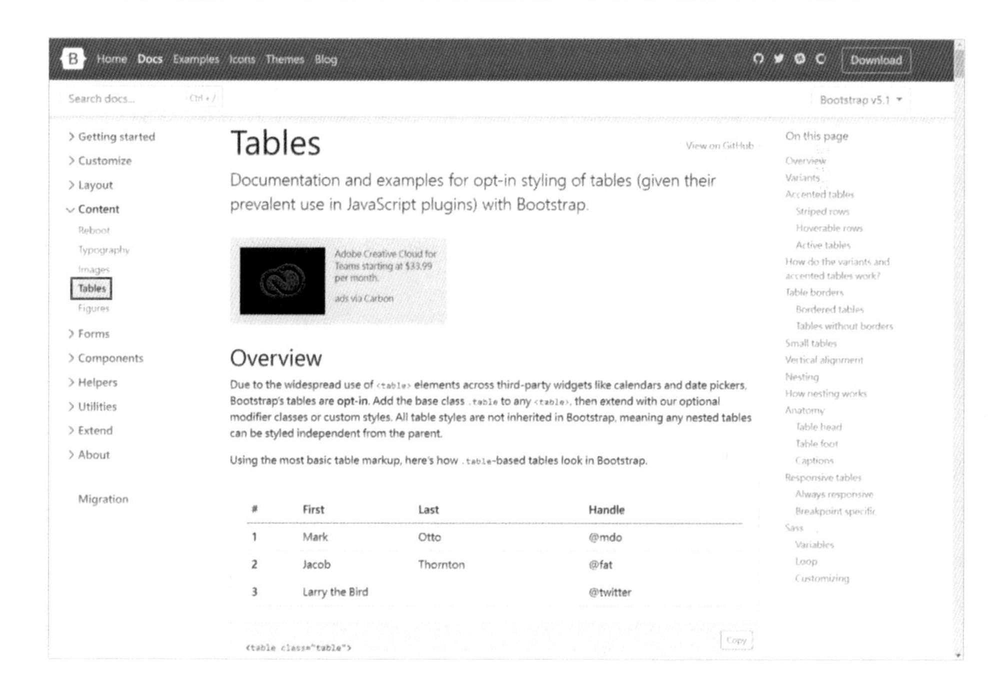

step 03 在此，我們選擇使用 Tables 的 Overview 樣式。

Overview

Due to the widespread use of `<table>` elements across third-party widgets like calendars and date pickers, Bootstrap's tables are **opt-in**. Add the base class `.table` to any `<table>`, then extend with our optional modifier classes or custom styles. All table styles are not inherited in Bootstrap, meaning any nested tables can be styled independent from the parent.

Using the most basic table markup, here's how `.table`-based tables look in Bootstrap.

#	First	Last	Handle
1	Mark	Otto	@mdo
2	Jacob	Thornton	@fat
3	Larry the Bird		@twitter

step 04 複製 Overview 下方的 HTML 貼至 ch06-1.html 裡的 body 元素中。

```
<head>
    <!-- Required meta tags -->
    <meta charset="utf-8">
    <meta name="viewport" content="width=device-width, initial-scale=1">

    <!-- Bootstrap CSS -->
    <link rel="stylesheet" href="css/bootstrap.css">

    <title>Tables</title>
</head>
<body>
    <table class="table">
        <thead>
            <tr>
                <th scope="col">#</th>
                <th scope="col">First</th>
                <th scope="col">Last</th>
                <th scope="col">Handle</th>
            </tr>
        </thead>
        <tbody>
            <tr>
                <th scope="row">1</th>
                <td>Mark</td>
                <td>Otto</td>
                <td>@mdo</td>
            </tr>
            <tr>
                <th scope="row">2</th>
                <td>Jacob</td>
                <td>Thornton</td>
                <td>@fat</td>
            </tr>
            <tr>
                <th scope="row">3</th>
                <td>Larry</td>
                <td>the Bird</td>
                <td>@twitter</td>
            </tr>
        </tbody>
    </table>
    <!-- Optional JavaScript -->
    <script src="js/bootstrap.js"></script>
</body>
```

step 05 儲存後並在瀏覽器中開啟 ch06-1.html 檔案，確認樣式是否有被套用。若表格的樣式有改變，代表 Bootstrap 套用成功！

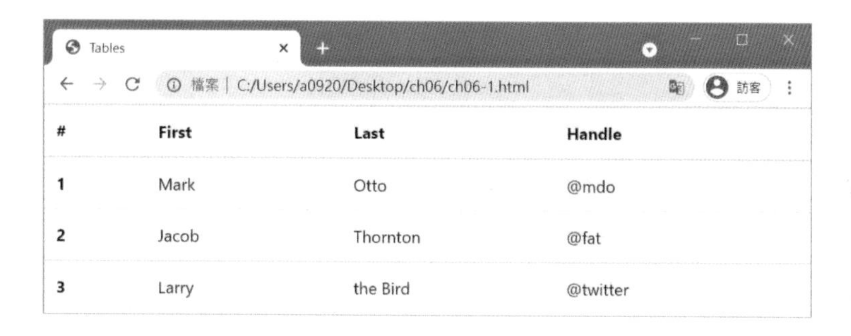

#	First	Last	Handle
1	Mark	Otto	@mdo
2	Jacob	Thornton	@fat
3	Larry	the Bird	@twitter

6-1-4 常用的 Bootstrap 元件

Bootstrap 官網（http://getbootstrap.com/）中在「Docs」裡提供很多元件，接下來我們特別介紹 5 種 Bootstrap 常用的元件。

Alerts（警報）

Bootstrap 中 Alerts（警報）可用於製作再次確認或是提醒的警告窗。

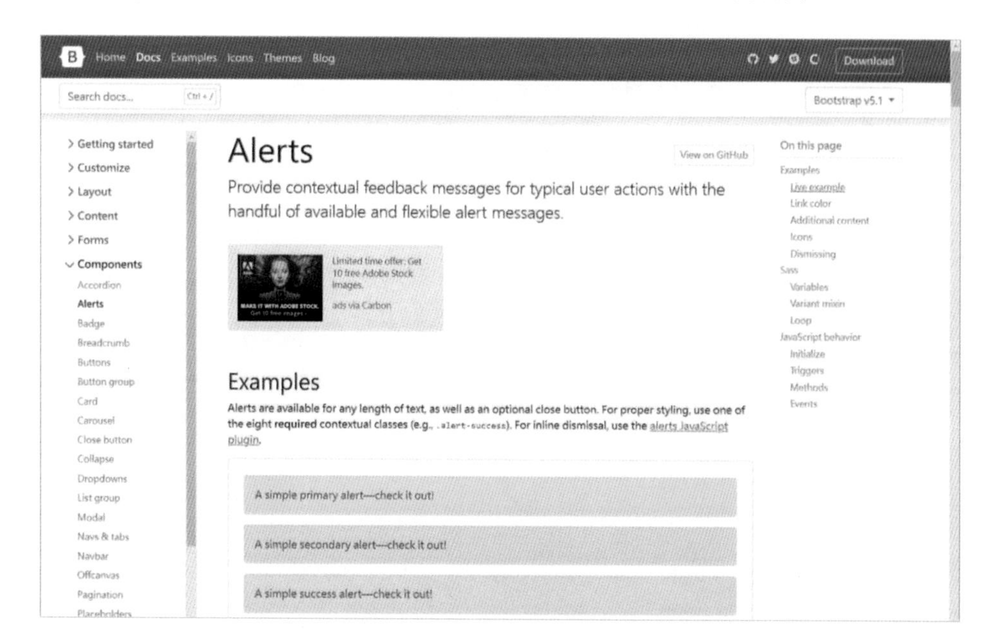

我們來練習如何使用「Alert」元件。

step 01 透過旁邊的選單點選 Alerts，找到 Examples 底下的 HTML，並複製第一組 Alert 元件的 HTML 貼至 body 元素中。

```
<head>
    <!-- Required meta tags -->
    <meta charset="utf-8">
    <meta name="viewport" content="width=device-width, initial-scale=1">

    <!-- Bootstrap CSS -->
    <link rel="stylesheet" href="css/bootstrap.css">

    <title>Alert 警報 </title>
</head>
<body>
    <div class="alert alert-primary" role="alert">
        A simple primary alert—check it out!
    </div>
    <!-- Optional JavaScript -->
    <script src="js/bootstrap.js"></script>
</body>
```

step 02 儲存後並在瀏覽器中開啟檔案，確認元素是否有正確顯示。倘若正確顯示，代表 Bootstrap 套用成功！

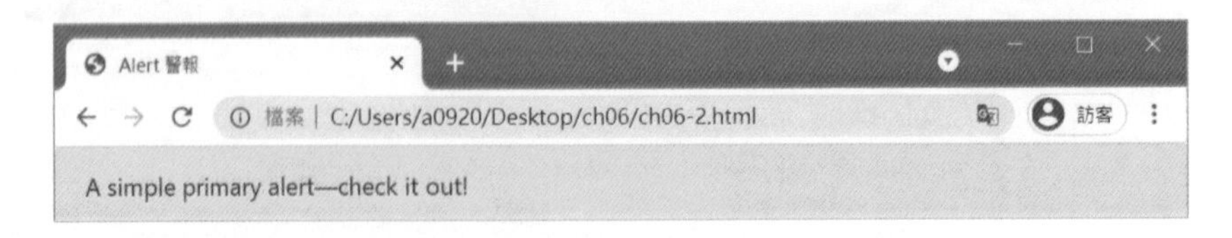

Cards（卡片）

Cards（卡片）可以做出圖文卡片，常用來製作網頁的產品介紹或是作者簡介。

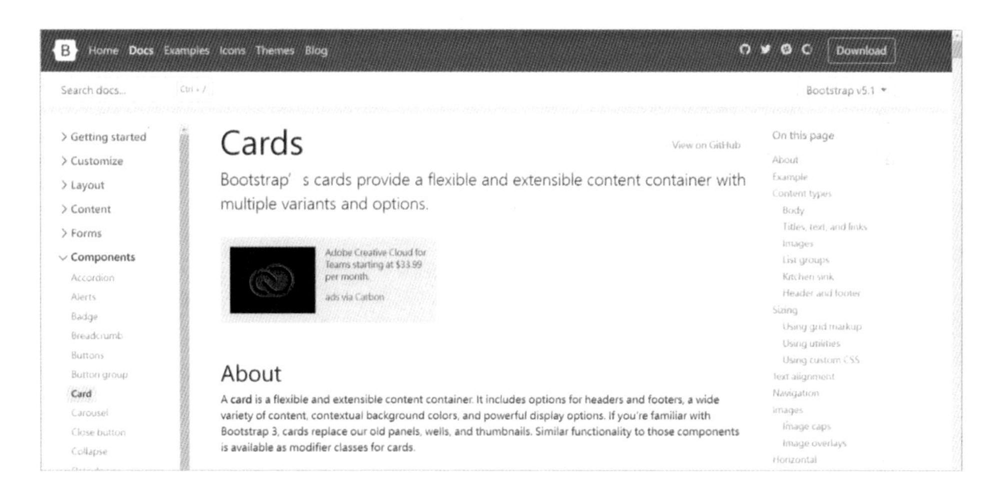

我們來練習如何使用「Card」元件。

step 01 透過旁邊的選單點選 Card，複製 Example 底下的 HTML 貼至 body 元素中，並修改 img 元素中的路徑。

```
<body>
    <div class="card" style="width: 18rem;">
        <img class="card-img-top" src="https://fakeimg.pl/250x100/" alt=
"Card image cap">
        <div class="card-body">
            <h5 class="card-title">Card title</h5>
            <p class="card-text">Some quick example text to build on the card
title and make up the bulk of the card's content.</p>
            <a href="#" class="btn btn-primary">Go somewhere</a>
        </div>
    </div>
    <!-- Optional JavaScript -->
</body>
```

TIP

在 img 元素中的路徑設為「https://fakeimg.pl/250x100/」是使用「https://fakeimg.pl/」網站中假圖產生器的圖片。

step 02 儲存後並在瀏覽器中開啟檔案，確認元素是否有正確顯示。倘若正確顯示，代表 Bootstrap 套用成功！

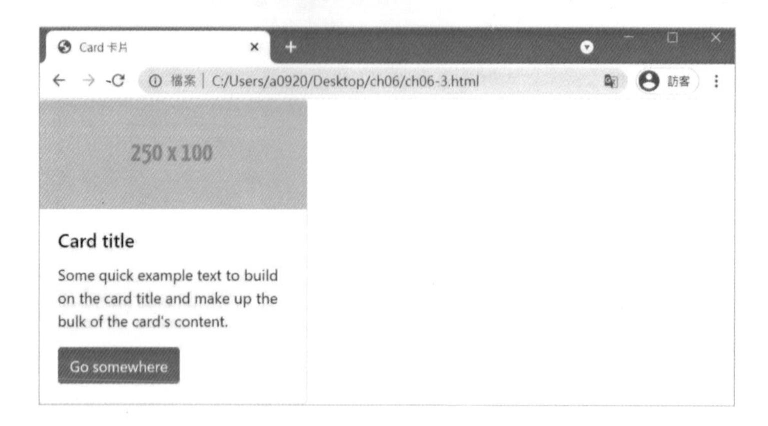

TIP

Card 本身若是沒有特別設定寬度的話，它會依父元素的大小進行縮放。

Forms（表單）

我們可以使用 Forms（表單）元件快速套用各種表單樣式。

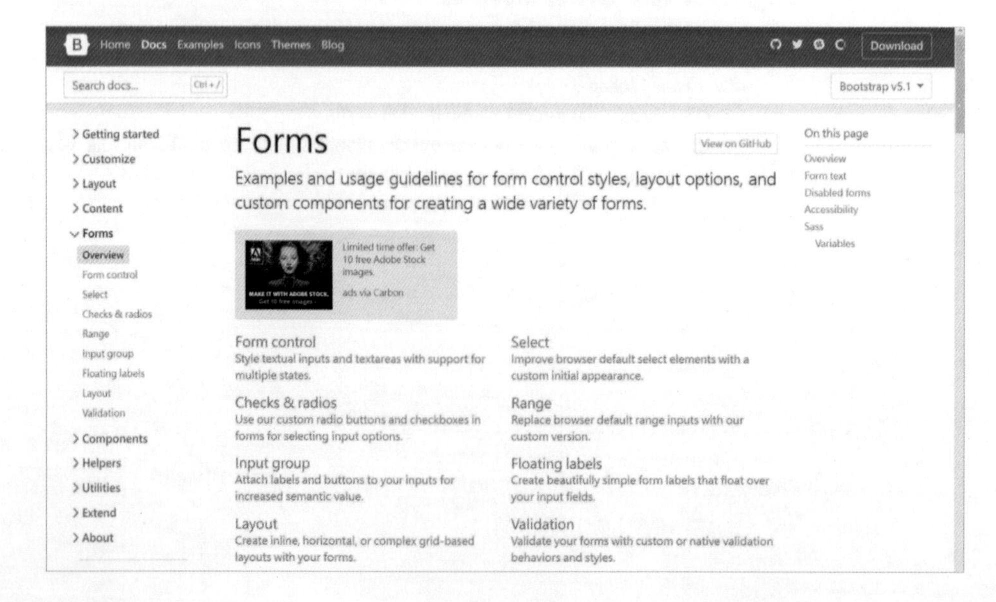

我們來練習如何使用「Forms」元件。

step 01 透過旁邊的選單點選 Forms 底下的 Overview，複製底下的 HTML 貼至 body 元素中。

```
<body>
    <form>
        <div class="mb-3">
            <label for="exampleInputEmail1">Email address</label>
            <input type="email" class="form-control" id="exampleInputEmail1"
aria-describedby="emailHelp" placeholder="Enter email">
            <small id="emailHelp" class="form-text text-muted">We'll never
share your email with anyone else.</small>
        </div>
        <div class="mb-3">
            <label for="exampleInputPassword1">Password</label>
            <input type="password" class="form-control"
id="exampleInputPassword1" placeholder="Password">
        </div>
        <div class="mb-3 form-check">
            <input type="checkbox" class="form-check-input" id="exampleCheck1">
            <label class="form-check-label" for="exampleCheck1">Check me out
</label>
        </div>
        <button type="submit" class="btn btn-primary">Submit</button>
    </form>
    <!-- Optional JavaScript -->
    <script src="js/bootstrap.js"></script>
</body>
```

step 02 儲存後並在瀏覽器中開啟檔案，確認元素是否有正確顯示。倘若正確顯示，代表 Bootstrap 套用成功！

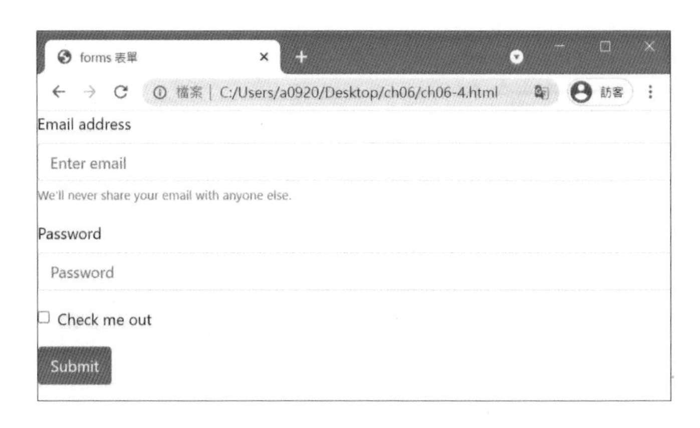

Modal（彈跳視窗）

Modal（彈跳視窗）能做出點擊按鈕後，在該網頁跳出視窗的效果，可以製作讓用戶確認的訊息提示窗。

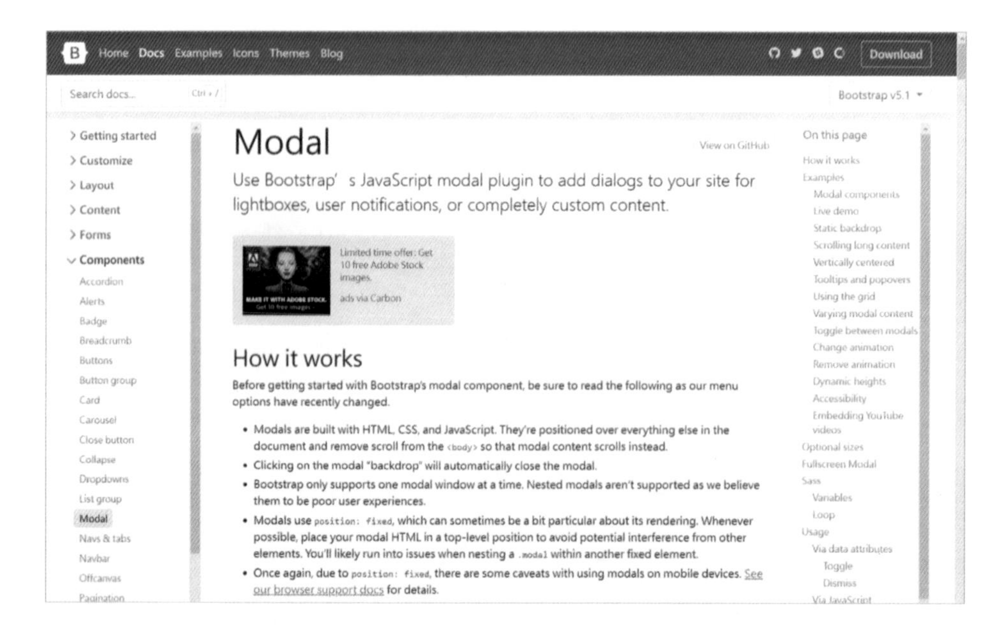

我們來練習如何使用「Modal」元件。

step 01 透過旁邊的選單點選 Modal，頁面下拉至 Live demo，並複製底下的 HTML 貼至 body 元素中。

```
<body>
    <!-- Button trigger modal -->
    <button type="button" class="btn btn-primary" data-toggle="modal"
data-target="#exampleModal">
        Launch demo modal
    </button>

    <!-- Modal -->
    <div class="modal fade" id="exampleModal" tabindex="-1" role="dialog"
aria-labelledby="exampleModalLabel"
        aria-hidden="true">
        <div class="modal-dialog" role="document">
            <div class="modal-content">
                <div class="modal-header">
                    <h5 class="modal-title" id="exampleModalLabel">Modal
```

```
title</h5>
                    <button type="button" class="close" data-dismiss="modal"
aria-label="Close">
                        <span aria-hidden="true">&times;</span>
                    </button>
                </div>
                <div class="modal-body">
                    ...
                </div>
                <div class="modal-footer">
                    <button type="button" class="btn btn-secondary"
data-dismiss="modal">Close</button>
                    <button type="button" class="btn btn-primary">Save
changes</button>
                </div>
            </div>
        </div>
    </div>
    <!-- Optional JavaScript -->
    <script src="js/bootstrap.js"></script>
</body>
```

step 02 儲存後並在瀏覽器中開啟檔案，並點選頁面中的「Launch demo modal」確認是否有跳出 Modal title 的視窗。倘若正確顯示，代表 Bootstrap 套用成功！

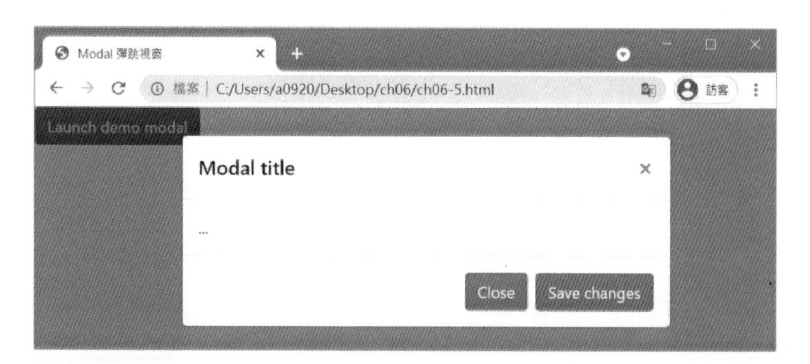

Carousel（輪播）

Carousel（輪播）可以製作圖片跑馬燈，多設置在網站首頁上方顯眼處，用於廣告宣傳、活動告知或公告事項等。

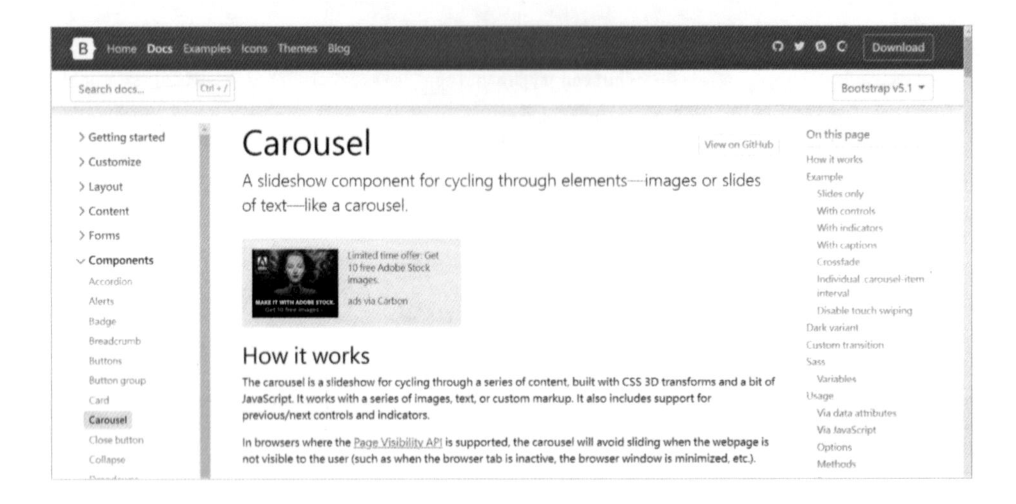

我們來練習如何使用「Carousel」元件。

step 01 透過旁邊的選單點選 Carousel，頁面下拉至 With controls，並複製底下的 HTML 貼至 body 元素中。

```
<body>
    <div id="carouselExampleControls" class="carousel slide"
data-ride="carousel">
        <div class="carousel-inner">
            <div class="carousel-item active">
                <img class="d-block w-100" src="https://fakeimg.pl/250x100/"
alt="First slide">
            </div>
            <div class="carousel-item">
                <img class="d-block w-100" src="https://fakeimg.pl/250x100/"
alt="Second slide">
            </div>
            <div class="carousel-item">
                <img class="d-block w-100" src="https://fakeimg.pl/250x100/"
alt="Third slide">
            </div>
        </div>
        <a class="carousel-control-prev" href="#carouselExampleControls"
role="button" data-slide="prev">
            <span class="carousel-control-prev-icon" aria-hidden="true"></span>
                <span class="sr-only">Previous</span>
            </a>
        <a class="carousel-control-next" href="#carouselExampleControls"
role="button" data-slide="next">
```

```
                <span class="carousel-control-next-icon" aria-hidden="true"></span>
                <span class="sr-only">Next</span>
            </a>
        </div>
        <!-- Optional JavaScript -->
        <script src="js/bootstrap.js"></script>
    </body>
```

step 02 儲存後並在瀏覽器中開啟檔案，確認元素是否有正確顯示。倘若正確顯示，代表 Bootstrap 套用成功！

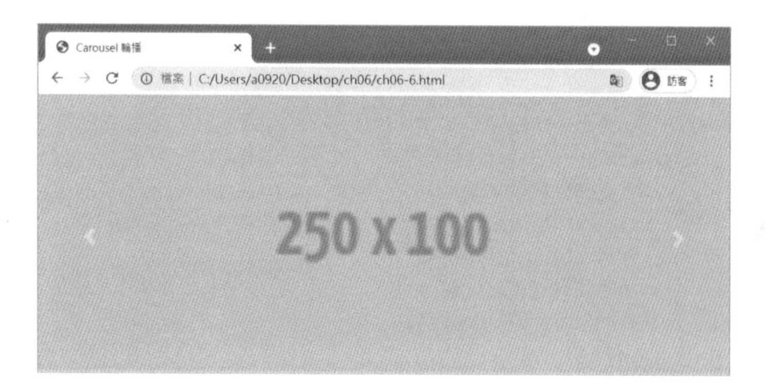

6-2 認識網格系統

6-2-1 網格系統概念

Bootstrap 具有響應式設計的特點，而其達成網頁響應式的做法，即是透過 Bootstrap 的網格系統。Bootstrap 的網格系統類別，透過設定不同解析度下 HTML 元素的寬度百分比（%），讓網頁開發者只需要套用網格系統的類別，便可以讓 HTML 的元素隨著解析度的大小改變，呈現不同的排版佈局。

Bootstrap 定義的網格系統是由行（row）與欄（column）所組成，行裡面可以包含很多小行，但欄最多只能有 12 欄，所以當超過 12 欄時，網格系統會自動換行排列，如下圖所示。

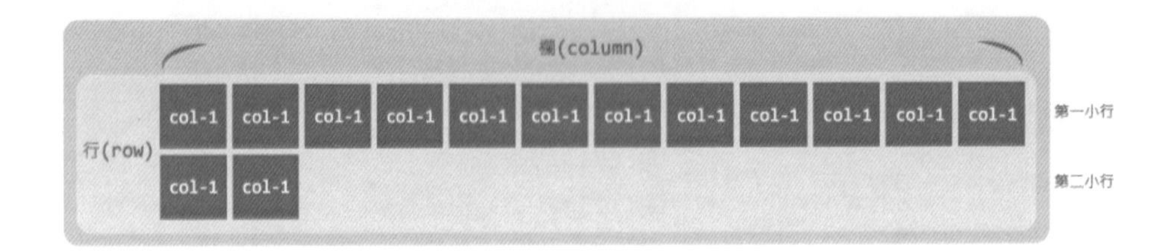

欄（column）應該放置於行（row）之中，因此於 HTML 文件中我們會這樣使用：

```
<body>
    <div class="row">
        <div class="col-1">1</div>
        <div class="col-1">2</div>
        <div class="col-1">3</div>
        <div class="col-1">4</div>
        <div class="col-1">5</div>
        <div class="col-1">6</div>
        <div class="col-1">7</div>
        <div class="col-1">8</div>
        <div class="col-1">9</div>
        <div class="col-1">10</div>
        <div class="col-1">11</div>
        <div class="col-1">12</div>
        <div class="col-1">13</div>
        <div class="col-1">14</div>
    </div>
</body>
```

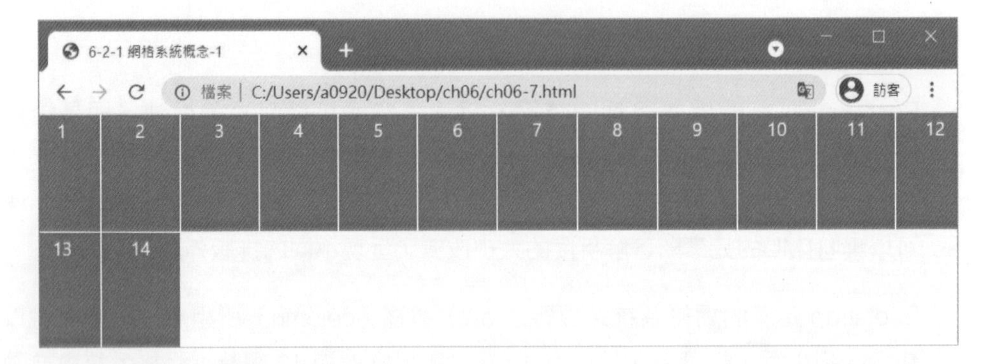

「col-1」類別的意義為「該元素占一個欄位寬」，其中「1」是指占了 1 個欄位，而「col-」是網格系統的網格類別。

Bootstrap 為不同裝置的解析度設計了六個中斷點，分別為「無（Extra small）」、「sm（Small）」、「md（Medium）」、「lg（Large）」、「xl（Extra large）」、「xxl (Extra extra large)」，現今市面上電腦螢幕有愈做愈大的趨勢，因此在 Bootstrap5 新增了「xxl」用於更大的螢幕，xl 用於大螢幕，lg 用於桌上型電腦、md 用於平板、sm 用於智慧型手機，而「無」則用於小螢幕，而 Bootstrap 為每個中斷點設定了對應的網格類別，如下表所示。

裝置	小螢幕 < 576 px	智慧手機 ≥576 px	平板 ≥768 px	桌上型電腦 ≥992 px	大螢幕 ≥1200 px	超大螢幕 ≧ 1400px
中斷點	無	sm	md	lg	xl	xxl
類別名稱	col-*	col-sm-*	col-md-*	col-lg-*	col-xl-*	col-xxl-*

其中「*」是設定要占幾個欄位的數值，欄位的數值可以設定 1 到 12。在使用上，若我們要排版大螢幕的版面配置，便應該運用「col-xl-*」網格類別；排版桌上型電腦的版面配置時，應該運用「col-lg-*」網格類別；排版平板視窗的版面配置時，應該運用「col-md-*」網格類別；排版智慧型手機的版面配置時，應該運用「col-sm-*」網格類別；排版小螢幕的版面配置時，應該運用「col-*」網格類別。

除此之外，即使不輸入欄位寬的數值，網格系統也能根據套用相同網格類別的數量自動分配欄寬，因此我們也可以這樣使用：

```
<body>
    <div class="row">
        <div class="col">1</div>
        <div class="col">2</div>
        <div class="col">3</div>
        <div class="col">4</div>
    </div>
</body>
```

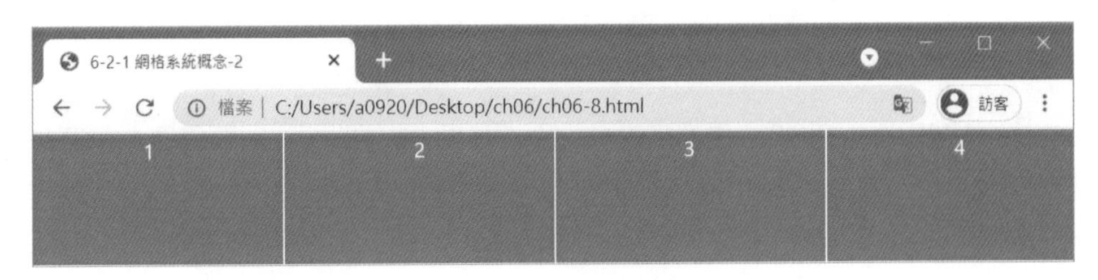

TIP

- 在這裡，我們僅將 4 個 div 元素套用 col 類別，沒有設定它要占的欄位數量，但網格系統會幫我們自動分配，所以是 12/4=3，意思是 12 個欄位平分給 4 個元素，每個元素分到 3 個欄位寬，形成四欄式的版面配置。
- 另外需要注意的是，在這裡我們套用的 col 類別，它的意思是從裝置解析度 <576px「開始」一直到最大解析度，都會形成我們所設定的版面配置，版面變化如下圖所示。

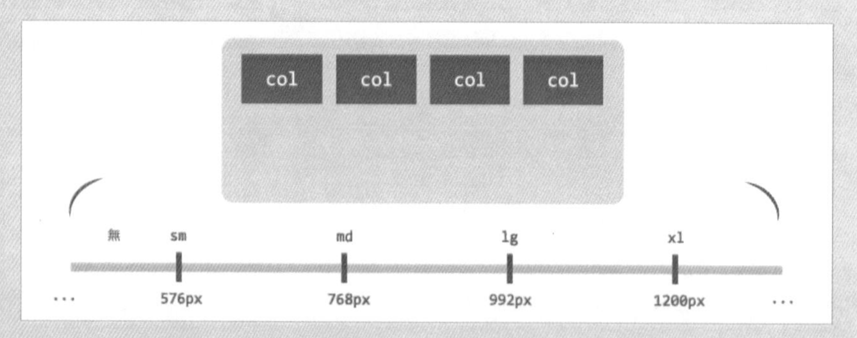

這是因為網格類別設定，當裝置大小符合該中斷點所設定的解析度時，便會「開始」呈現所設定的版面配置，除非我們有在之後的中斷點套用其他網格類別，不然無論裝置的解析度多大，都會呈現我們所設定的版面配置。

6-2-2 容器類別

我們可以新增一個套用容器類別的元素來包覆 Bootstrap 的網格，它的作用就如同前面章節我們製作固定式版型時用到的 wrapper 元素，使用來設定版型的整體寬度。Bootstrap 定義兩種容器的類別，分別為「container」與「container-fluid」。

container

Bootstrap 將 container 類別定義為「固定寬度」，意即在每個解析度下 container 會有不同的固定寬度，並且會預設左右的內距（padding）各為 15px，如下表所示。

裝置	小螢幕 0 ~ 575 px	智慧手機 576 ~ 767 px	平板 768 ~ 991 px	桌上型電腦 992 ~ 1199 px	大螢幕 1200~1399 px	超大螢幕 1400 px 以上
固定寬度	無（自動）	540px	720px	960px	1140px	1320px

在製作網站時，我們會這樣使用 container：

```
<body>
    <div class="container">
        <div class="row">
            <div class="col-md-6">1</div>
            <div class="col-md-6">2</div>
        </div>
    </div>
</body>
```

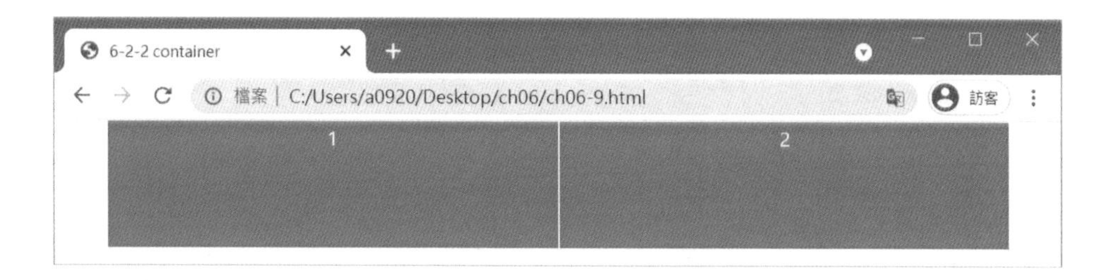

container-fluid

Bootstrap 將 container-fluid 定義為「流動式版面」，意即在每個解析度下 container-fluid 都沒有設定寬度，會呈現滿版的佈局。

```
<body>
    <div class="container-fluid">
        <div class="row">
            <div class="col-md-6">1</div>
            <div class="col-md-6">2</div>
        </div>
    </div>
</body>
```

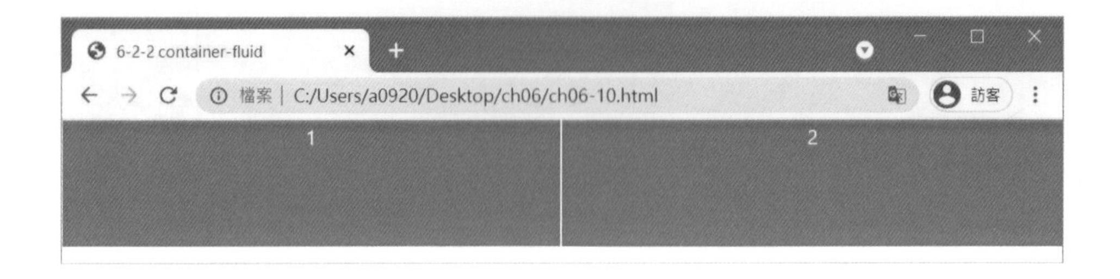

6-2-3 使用基本網格

為了讓學習者更加了解如何使用 Bootstrap 的網格系統，以下我們透過例子帶領大家使用基本網格。

step 01 首先，開啟 HTML 文件，複製 Starter template 貼上文件，並掛入 Bootstrap 的 css。詳細步驟讀者可以至 6-1-2 閱讀相關內容。

```
<!doctype html>
<html lang="en">

<head>
    <!-- Required meta tags -->
    <meta charset="utf-8">
    <meta name="viewport" content="width=device-width, initial-scale=1">

    <!-- Bootstrap CSS -->
    <link rel="stylesheet" href="css/bootstrap.css">

    <title>6-2-3 使用基本網格 </title>
</head>

<body>
</body>

</html>
```

TIP

由於網格系統的變化是 Bootstrap 基於設定類別來改變樣式達到的，所以在此我們僅需要掛入 bootstrap.css 即可，而 bootstrap.js 是 Bootstrap 在製作元件時使用到的，在這裡可以先不掛入。

step 02 於 body 元素中，加入類別為 container 的 div 元素。

```
<body>
    <div class="container">
    </div>
</body>
```

step 03 接著於類別為 container 的 div 元素中加入類別為 row 的 div 元素。

```
<body>
    <div class="container">
        <div class="row">
        </div>
    </div>
</body>
```

step 04 接著於類別為 row 的 div 元素中，加入四個套用 col-md 類別的 div 元素。

```
<body>
    <div class="container">
        <div class="row">
            <div class="col-md">1</div>
            <div class="col-md">2</div>
            <div class="col-md">3</div>
            <div class="col-md">4</div>
        </div>
    </div>
</body>
```

step 05 在 head 元素中新增 style 元素，設定 col-md 的樣式。

```
<head>
    <!-- Required meta tags -->
    <meta charset="utf-8">
    <meta name="viewport" content="width=device-width, initial-scale=1">

    <!-- Bootstrap CSS -->
    <link rel="stylesheet" href="css/bootstrap.css">

    <title>6-2-3 使用基本網格 </title>
    <style type="text/css">
```

```
        .col-md {
            height: 100px;
            background-color: darkcyan;
            color: #ffffff;
            text-align: center;
            border: 1px solid white;
        }
    </style>
</head>
```

TIP

設定 col-md 的樣式我們可以較清楚的看出網格變化。

在 row 中新增了套用 col-md 類別的四個 div 元素，因為沒有特別設定欄位數量，網格系統會依套用同類別的元素數量自動幫我們分配欄寬，在此範例中，每個元素會被分配到 3 個欄位寬（12/4=3），其實相當於套用了 col-md-3 類別，所以當解析度 ≥768px 時，會形成四欄式的版面；而在 <768px 時會形成一欄式的版面，這是因為只要我們套用了網格類別，Bootstrap 的網格系統會預設套用該中斷點之前的版面都呈現一欄式，相當於預設套用了 col-12 類別，版面變化如下圖所示。

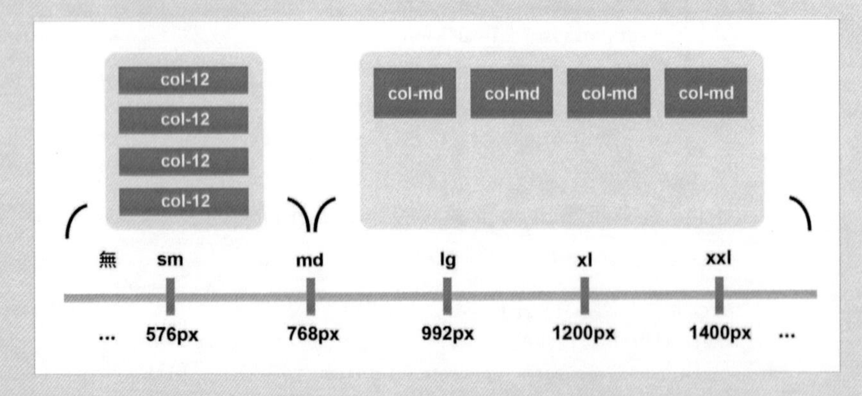

step 06 儲存後，在瀏覽器中開啟文件，當網頁解析度在 ≥768px 時，會如下圖所示。

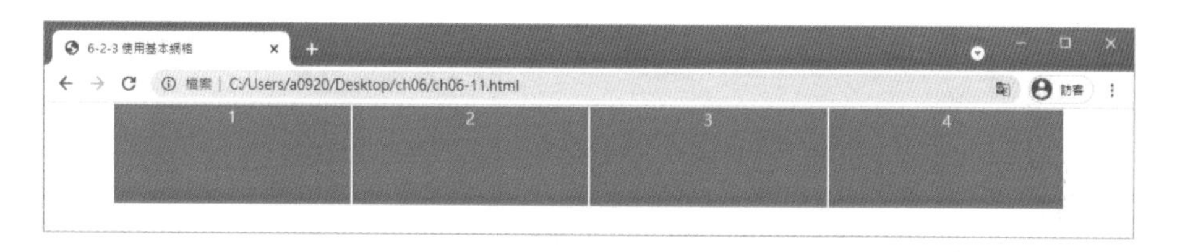

step 07 當解析度調整至 <768px 時，會如下圖所示。

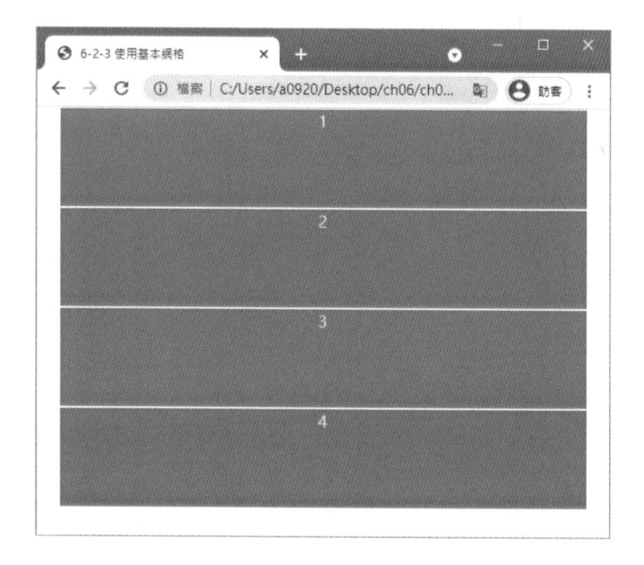

6-2-4 使用多種網格

在上一個範例中，我們僅套入適用在桌上型電腦版面的網格類別。接著來試著同時套用多種網格類別吧！

step 01 同 6-2-3 的範例步驟 1~3 製作出基本架構，接著於類別為 row 的 div 元素中，加入四個套用 col-sm-6 類別的 div 元素。

```
<!doctype html>
<html lang="en">
```

```
<head>
    <!-- Required meta tags -->
    <meta charset="utf-8">
    <meta name="viewport" content="width=device-width, initial-scale=1">

    <!-- Bootstrap CSS -->
    <link rel="stylesheet" href="css/bootstrap.css">

    <title>6-2-4 使用多種網格 </title>
</head>

<body>
    <div class="container">
        <div class="row">
            <div class="col-sm-6">1</div>
            <div class="col-sm-6">2</div>
            <div class="col-sm-6">3</div>
            <div class="col-sm-6">4</div>
        </div>
    </div>
</body>

</html>
```

step 02 在 head 元素中新增 style 元素，設定 col-sm-6 的樣式。

```
<head>
    <!-- Required meta tags -->
    <meta charset="utf-8">
    <meta name="viewport" content="width=device-width, initial-scale=1">

    <!-- Bootstrap CSS -->
    <link rel="stylesheet" href="css/bootstrap.css">

    <title>6-2-4 使用多種網格 </title>
    <style type="text/css">
        .col-sm-6 {
            height: 100px;
            background-color: darkcyan;
            color: #ffffff;
            text-align: center;
            border: 1px solid white;
        }
```

```
    </style>
</head>
```

TIP

col-sm-6 類別設定當視窗寬度 ≥576px 時，元素的寬度為 6 個欄位寬，形成兩欄式的版面，可以看到在此範例中，第三個套用 col-sm-6 類別的 div 元素沒有與第一及第二個 div 元素在同一行顯示，這是因為先前有提到一行最多只能有 12 欄，所以當欄位數量超過 12 時，網格系統會自動將元素換行排列；而在 <576px 時會形成一欄式的版面，這是因為只要我們套用了網格類別，Bootstrap 的網格系統會預設套用該中斷點之前的版面都呈現一欄式，相當於預設套用了 col-12 類別，版面變化如下圖所示。

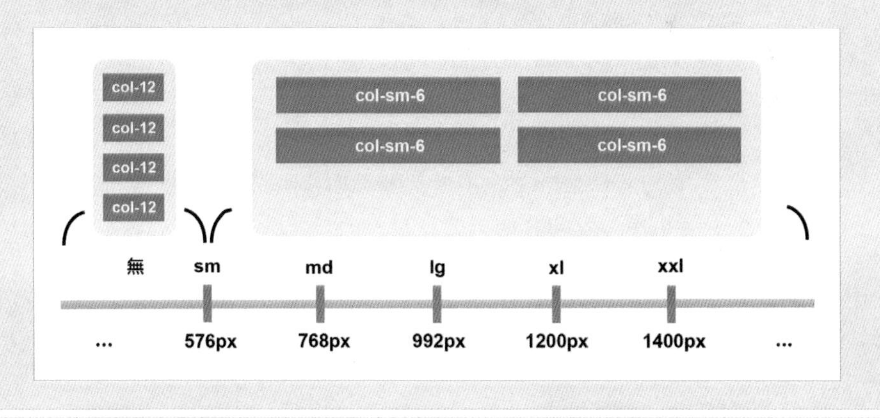

step 03 儲存後於瀏覽器中開啟檢視，網頁解析度在 ≥576px 時，會如下圖所示。

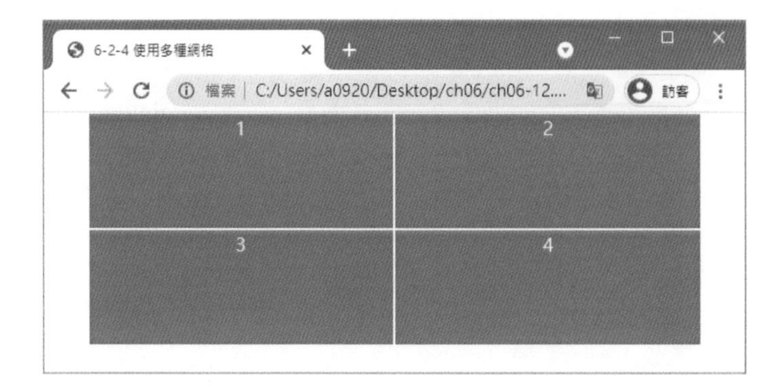

step 04 接著我們套用第二種網格類別，將四個類別為 col-sm-6 類別的 div 元素套用 col-md 類別。

```
<body>
    <div class="container">
        <div class="row">
            <div class="col-sm-6 col-md">1</div>
            <div class="col-sm-6 col-md">2</div>
            <div class="col-sm-6 col-md">3</div>
            <div class="col-sm-6 col-md">4</div>
        </div>
    </div>
</body>
```

TIP

套用 col-md 類別的四個 div 元素，因為沒有特別設定欄位數量，網格系統會依套用同類別的元素數量自動幫我們分配欄寬，在此範例中，每個元素會被分配到 3 個欄位寬（12/4=3），所以相當於套用了 col-md-3 類別，因此當解析度 ≥768px 時，會形成四欄式的版面；而由於我們先前設定了 col-sm-6 類別，所以在解析度 <768px 與 ≥576px 時，會形成兩欄式版面，在 <576px 時會預設形成一欄式的版面，版面變化如下圖所示。

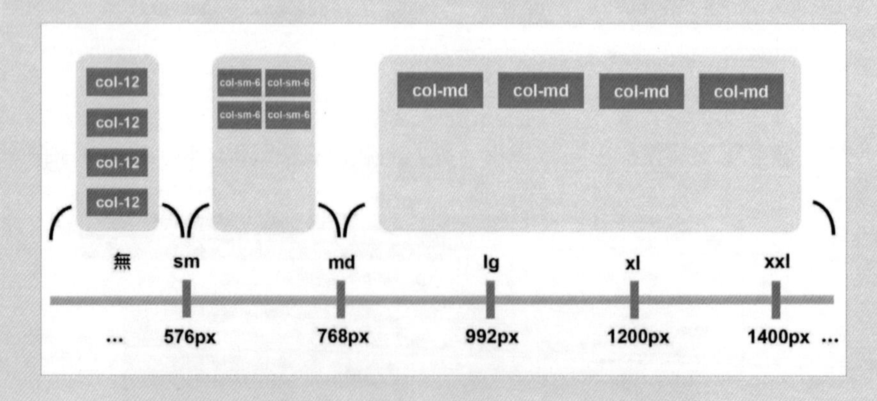

step 05 儲存後於瀏覽器中開啟檢視，網頁解析度在 ≥768px 時，會如下圖所示。

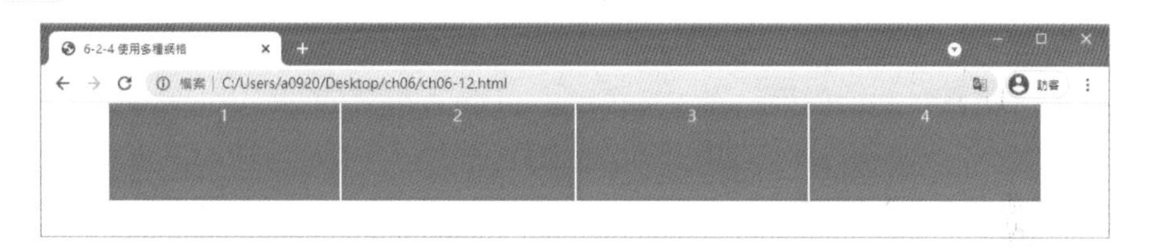

step 06 當解析度調整至 ≥576px 且 <768px 時，會如下圖所示。

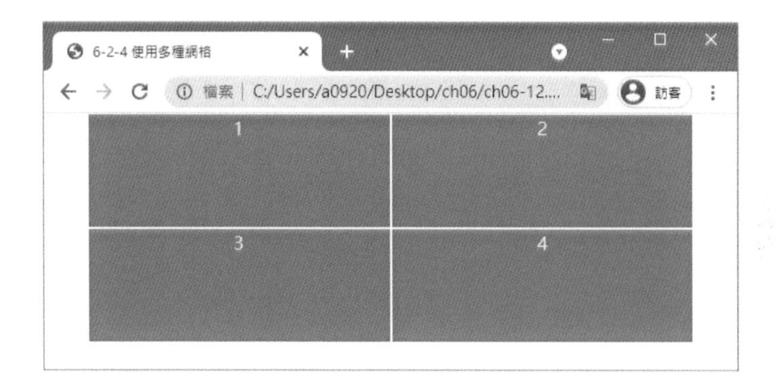

step 07 當解析度調整至 <576px 時，會如下圖所示。

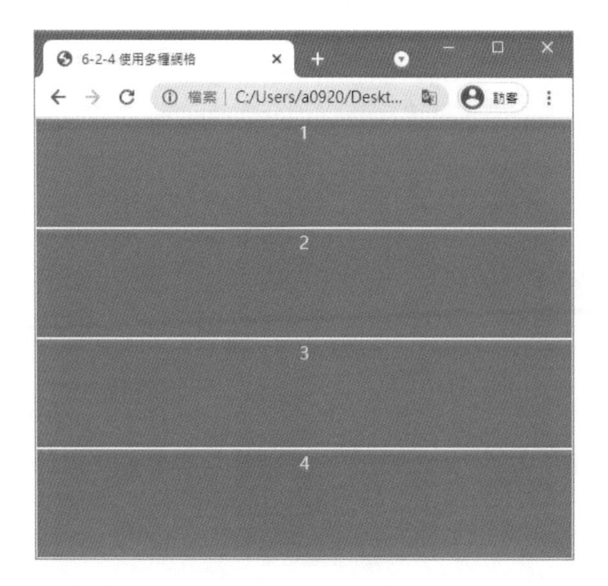

6-2-5 使用位移網格

由於我們在製作網站時，不可能每個 div 元素的擺放都能夠完美的符合 12 欄之要求，因此我們會使用位移網格類別「offset-*-*」(offset- 中斷點 - 欲移動的欄位數量)，以補足 div 之間的空隙。以下我們將透過範例，讓大家更加熟悉如何使用「offset-*-*」類別。

step 01 同 6-2-3 的範例步驟 1~3 製作出基本架構，接著於類別為 row 的 div 元素中，加入三個套用 col-md-3 類別的 div 元素，並設定其樣式。

```
<!doctype html>
<html lang="en">

<head>
    <!-- Required meta tags -->
    <meta charset="utf-8">
    <meta name="viewport" content="width=device-width, initial-scale=1">

    <!-- Bootstrap CSS -->
    <link rel="stylesheet" href="css/bootstrap.css">

    <title>6-2-5 使用位移網格 </title>
    <style type="text/css">
        .col-md-3 {
            height: 100px;
            background-color: darkcyan;
            color: #ffffff;
            text-align: center;
            border: 1px solid white;
        }
    </style>
</head>

<body>
    <div class="container">
        <div class="row">
            <div class="col-md-3">1</div>
            <div class="col-md-3">2</div>
            <div class="col-md-3">3</div>
        </div>
```

```
    </div>
</body>

</html>
```

step 02 儲存後瀏覽器中開啟檢視。

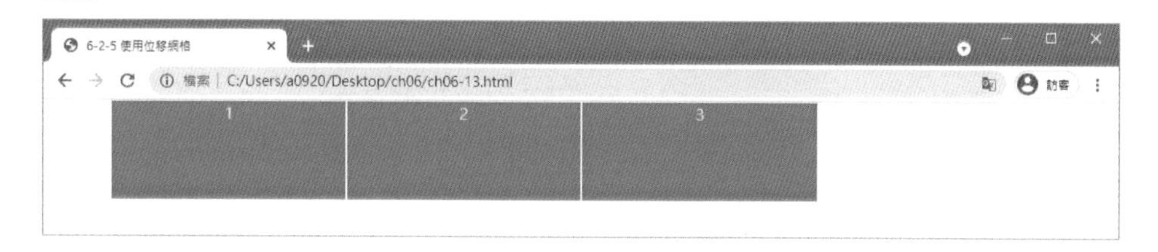

step 03 若要將第二個 div 元素向右位移三個欄位寬，我們可以套用 offset-md-3 類別。

```
<body>
    <div class="container">
        <div class="row">
            <div class="col-md-3">1</div>
            <div class="col-md-3 offset-md-3">2</div>
            <div class="col-md-3">3</div>
        </div>
    </div>
</body>
```

step 04 儲存後於瀏覽器中開啟檢視，當解析度 ≥768px 時會將 div 元素向右位移三個欄位寬。

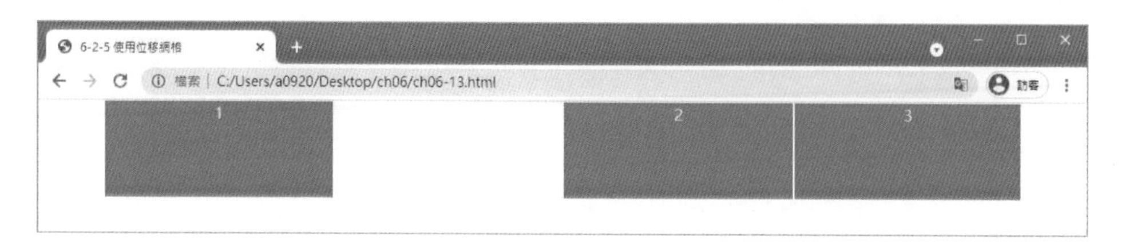

6-2-6 垂直對齊

「align-items-*」類別可將套用該類別的父元素內的所有子元素做出垂直對齊的效果，包含以下三種類別「align-items-start」置頂對齊、「align-items-center」置中對齊、「align-items-end」底部對齊。以下我們透過例子，讓大家更加熟悉如何使用「align-items-*」類別。

step 01 同 6-2-3 的範例步驟 1~3 製作出基本架構，接著將類別為 row 的 div 元素新增 align-items-center 類別，以及加入三個套用 col 類別的 div 元素，並設定其樣式，透過設定元素的高度來觀察垂直對齊的變化。

```
<!doctype html>
<html lang="en">

<head>
    <!-- Required meta tags -->
    <meta charset="utf-8">
    <meta name="viewport" content="width=device-width, initial-scale=1">
    <!-- Bootstrap CSS -->
    <link rel="stylesheet" href="css/bootstrap.css">
    <title>6-2-6 垂直對齊 </title>
    <style>
        .row {
            background-color: #8ACFBB;
            height: 300px;
        }

        .col {
            height: 100px;
            background-color: darkcyan;
            color: #ffffff;
            text-align: center;
        }
    </style>
</head>

<body>
    <div class="container">
        <div class="row align-items-center">
            <div class="col"> 垂直置中對齊 </div>
```

```
            <div class="col"> 垂直置中對齊 </div>
            <div class="col"> 垂直置中對齊 </div>
        </div>
    </div>
</body>

</html>
```

step 02 儲存後於瀏覽器中開啟檢視。

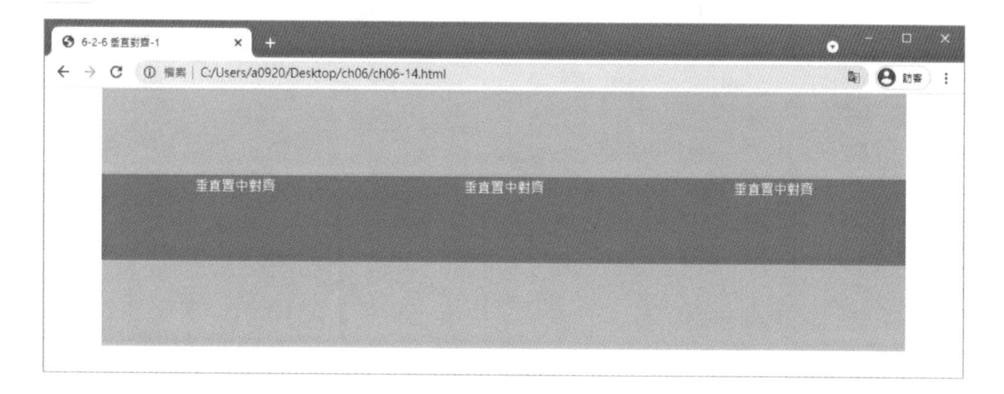

畫面上可以看到所有 div 元素皆是呈現垂直置中對齊的樣式，讀者也可以試試其他對齊類別來觀察不同的變化。

垂直對齊中還有一個類別為「align-self-*」，與上一個對齊類別不太一樣，該類別是將元素垂直對齊於容器的相對位置，包含以下三種類別「align-self-start」置頂對齊、「align-self-center」置中對齊、「align-self-end」底部對齊。我們可以修改先前的範例，使用「align-self -*」進行垂直對齊。

step 03 將類別為 row 的 div 元素的 align-items-center 類別移除，並將類別為 col 的三個 div 元素分別套用 align-self-start、align-self-center 及 align-self-end 類別。

```
<body>
    <div class="container">
        <div class="row">
            <div class="col align-self-start"> 垂直置頂對齊 </div>
```

```
            <div class="col align-self-center"> 垂直置中對齊 </div>
            <div class="col align-self-end"> 垂直底部對齊 </div>
        </div>
    </div>
</body>
```

step 04 儲存後於瀏覽器中開啟檢視，畫面上可以看到每個 div 呈現不同的垂直對齊樣式。

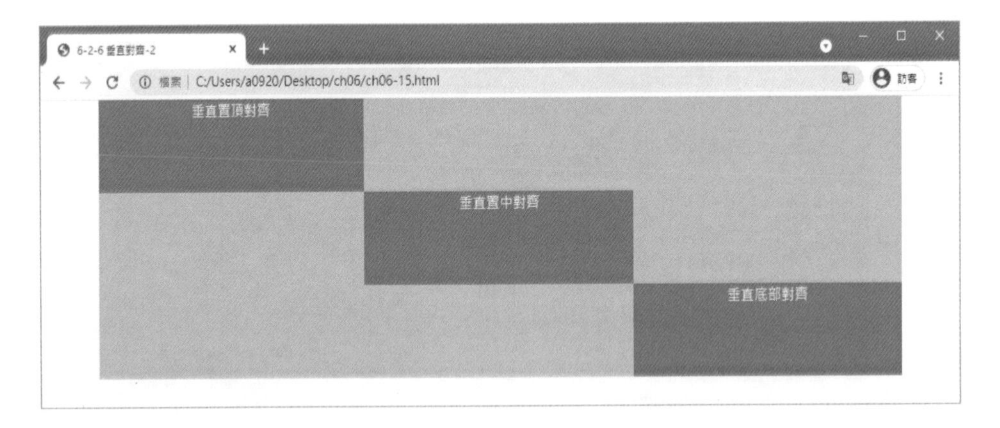

6-2-7 水平對齊

我們可以將元素套用「justify-content-*」類別來做出水平對齊的效果，「*」包含以下五種類別 start、center、end、around 與 between。以下我們透過例子，讓大家更加熟悉如何使用此類別。

step 01 同 6-2-3 的範例步驟 1~3 製作出基本架構，並在類別為 container 的 div 元素中多新增兩個類別為 row 的 div 元素，分別套用 justify-content-start、justify-content-center 與 justify-content-end 類別，接著在其中各新增兩個類別為 col-4 的 div 元素，並設定其樣式。

```
<!doctype html>
<html lang="en">

<head>
```

```
    <!-- Required meta tags -->
    <meta charset="utf-8">
    <meta name="viewport" content="width=device-width, initial-scale=1">

    <!-- Bootstrap CSS -->
    <link rel="stylesheet" href="css/bootstrap.css">

    <title>6-2-7 水平對齊 </title>
    <style>
        .row {
            background-color: #8ACFBB;
        }

        .col-4 {
            height: 100px;
            background-color: darkcyan;
            color: #ffffff;
            text-align: center;
            border: 1px solid white;
        }
    </style>
</head>

<body>
    <div class="container">
        <div class="row justify-content-start">
            <div class="col-4">1</div>
            <div class="col-4">2</div>
        </div>
        <div class="row justify-content-center">
            <div class="col-4">3</div>
            <div class="col-4">4</div>
        </div>
        <div class="row justify-content-end">
            <div class="col-4">5</div>
            <div class="col-4">6</div>
        </div>
    </div>
</body>

</html>
```

step 02 儲存後於瀏覽器中開啟檢視。

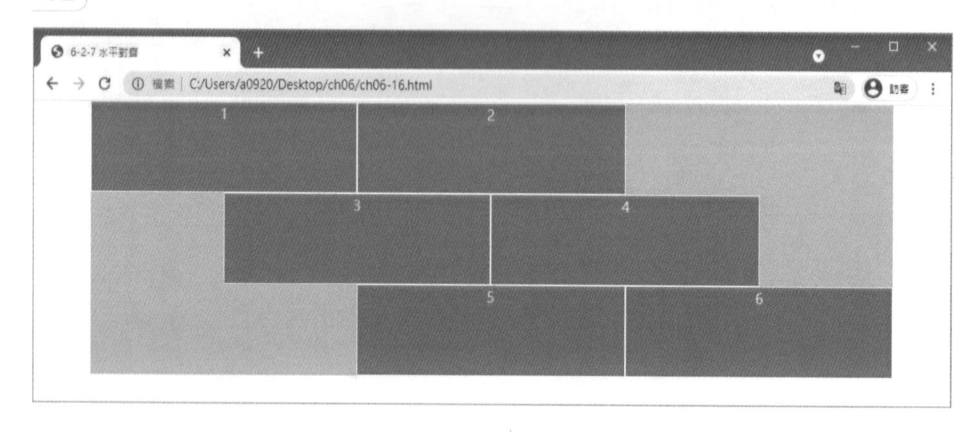

6-2-8 等寬度多行

我們可以透過新增套用「w-100」類別的 div 元素，將欄位做出換行效果。套用「w-100」類別的 div 元素上下方的欄位，因基於網格系統一行 12 欄的規則，系統會自動重新分配欄位寬度，達到等寬度多行的效果。

step 01 同 6-2-3 的範例步驟 1~3 製作出基本架構，並在類別為 row 的 div 元素中新增五個類別為 col 的 div 元素，另外再新增一個類別為「w-100」的 div 元素在第四個套用 col 類別的 div 元素之前，並設定 col 類別的樣式。

```
<!doctype html>
<html lang="en">

<head>
    <!-- Required meta tags -->
    <meta charset="utf-8">
    <meta name="viewport" content="width=device-width, initial-scale=1">

    <!-- Bootstrap CSS -->
    <link rel="stylesheet" href="css/bootstrap.css">

    <title>6-2-8 等寬度多行 </title>
    <style>
        .col {
```

```
            height: 100px;
            background-color: darkcyan;
            color: #ffffff;
            text-align: center;
            border: 1px solid white;
        }
    </style>
</head>

<body>
    <div class="container">
        <div class="row">
            <div class="col">1</div>
            <div class="col">2</div>
            <div class="col">3</div>
            <div class="w-100"></div>
            <div class="col">4</div>
            <div class="col">5</div>
        </div>
    </div>
</body>
</html>
```

step 02 儲存後於瀏覽器中開啟檢視。

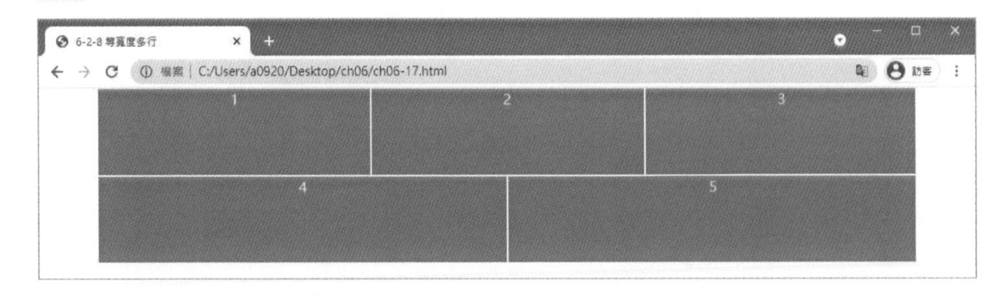

TIP

「w-100」類別會將元素的 width（寬度）設定為 100%，因此在範例中套用「w-100」類別的 div 元素會呈現滿版並占據著一整行的空間，以此來達到換行的效果。不過由於此 div 沒有輸入內容，也沒有特別設定 height（高度），所以它的 height（高度）會是 0，因此在瀏覽器頁面上看起來就像是消失了，不過實際上它是存在的。

此外，我們也可以透過以下方式來達到等寬度多行的效果。

```
<head>
....
    <style>
      .col-4 {
        height: 100px;
        background-color: darkcyan;
        color: #ffffff;
        text-align: center;
        border: 1px solid white;
      }

      .col-6 {
        height: 100px;
        background-color: darkcyan;
        color: #ffffff;
        text-align: center;
        border: 1px solid white;
      }
    </style>
</head>

<body>
    <div class="container">
        <div class="row">
            <div class="col-4">1</div>
            <div class="col-4">2</div>
            <div class="col-4">3</div>
            <div class="col-6">4</div>
            <div class="col-6">5</div>
        </div>
    </div>
</body>
```

可以發現使用此方式需要自行去設定每一行的欄寬分配，因此會使用到多種欄位類別，所以在想讓每個欄位的樣式都相同的情況下，就必須要分別設定每種欄位類別的樣式。

相較之下，使用新增「w-100」類別的 div 元素的方式，僅需要在想換行的欄位上方插入「w-100」類別的 div 元素，即可快速達到等寬度多行的效果，有利於快速排版，而且由於都是使用同一種欄位類別，所以在想讓每個欄位的樣式都相同的情況下，僅需要設定一種欄位類別的樣式即可，不必額外多設定好幾種欄位類別的樣式。

6-2-9 取消間距

一般來說，每一個欄位之間都會有預設間距（gutter），例如 row 預設 margin-left：-15px；margin-right：-15px，而 row 當中的 col 預設 padding-left：15px；padding-right：15px，我們可以透過將類別為 row 的 div 元素加上「g-0」類別來將 row 以及 col 的預設間距全部移除。

step 01 同 6-2-3 的範例步驟 1~3 製作出基本架構，並在類別為 container 的 div 元素中多新增一個類別為 row 的 div 元素，接著在類別為 row 的 div 元素中各新增三個類別為 col 的 div 元素，並設定 col 類別的樣式。

```
<!doctype html>
<html lang="en">

<head>
    <!-- Required meta tags -->
    <meta charset="utf-8">
    <meta name="viewport" content="width=device-width, initial-scale=1">
    <!-- Bootstrap CSS -->
    <link rel="stylesheet" href="css/bootstrap.css">
    <title>6-2-9 取消間距 </title>
    <style>
        .col {
            height: 100px;
            background-color: darkcyan;
```

```
            color: #ffffff;
            text-align: center;
            border: 1px solid white;
        }
    </style>
</head>

<body>
    <div class="container">
        <div class="row">
            <div class="col">1</div>
            <div class="col">2</div>
            <div class="col">3</div>
        </div>
        <div class="row">
            <div class="col">1</div>
            <div class="col">2</div>
            <div class="col">3</div>
        </div>
    </div>
</body>

</html>
```

step 02 儲存後於瀏覽器中開啟檢視，此寬度為一般預設模樣。

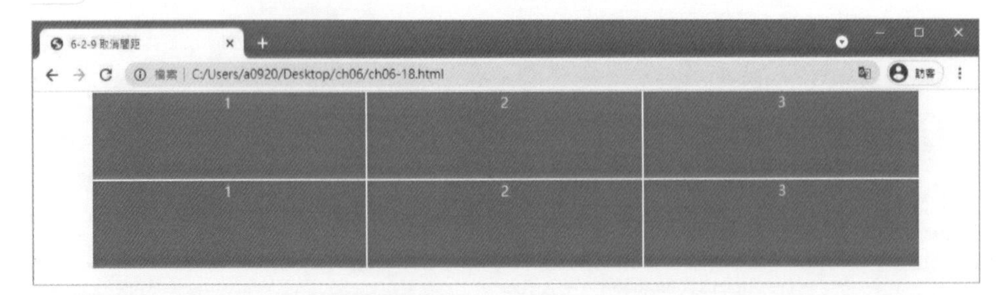

step 03 此處我們要清除第二個類別為 row 的 div 元素、以及其中類別為 col 的 div 元素的預設間距，因此將第二個類別為 row 的 div 元素套用「g-0」類別。

```
<div class="container">
    <div class="row">
```

```
            <div class="col">1</div>
            <div class="col">2</div>
            <div class="col">3</div>
        </div>
        <div class="row g-0">
            <div class="col">1</div>
            <div class="col">2</div>
            <div class="col">3</div>
        </div>
    </div>
```

step 04 儲存後於瀏覽器中開啟檢視，可以發現第二個類別為 row 的 div 元素的整體寬度比第一個類別為 row 的 div 元素縮小一些，表示預設間距已被清除。

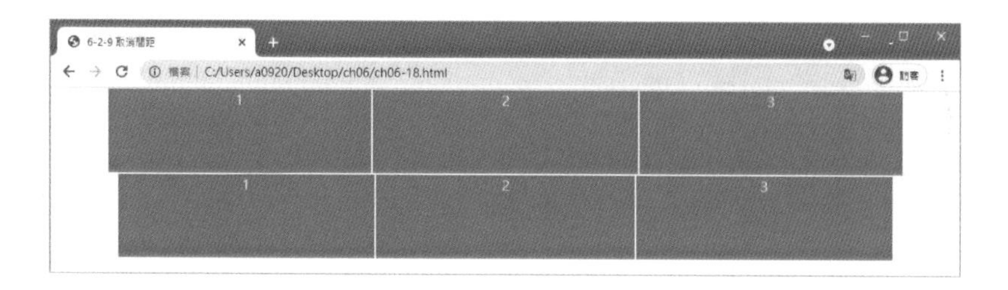

6-2-10 Order classes

我們可以使用「order- *」類別來控制元素的順序，「*」中可以套入 first、last 或 0~5。

step 01 同 6-2-3 的範例步驟 1~3 製作出基本架構，接著於類別為 row 的 div 元素中，新增三個類別為 col 的 div 元素，並設定 col 類別的樣式。

```
<!doctype html>
<html lang="en">

<head>
    <!-- Required meta tags -->
    <meta charset="utf-8">
    <meta name="viewport" content="width=device-width, initial-scale=1">
```

```
    <!-- Bootstrap CSS -->
    <link rel="stylesheet" href="css/bootstrap.css">

    <title>6-2-10 Order classes</title>
    <style>
        .col {
            height: 100px;
            background-color: darkcyan;
            color: #ffffff;
            text-align: center;
            border: 1px solid white;
        }
    </style>
</head>

<body>
    <div class="container">
        <div class="row">
            <div class="col">1</div>
            <div class="col">2</div>
            <div class="col">3</div>
        </div>
    </div>
</body>

</html>
```

step 02 儲存後於瀏覽器中開啟檢視，此為一般預設順序。

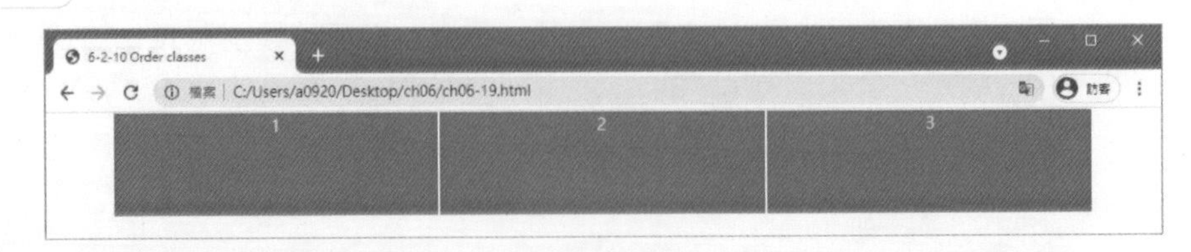

step 03 若欲將預設的「1、2、3」順序改為「3、1、2」，只要在第二個及第三個類別為 col 的 div 元素分別套用 order-last 類別及 order-first 類別即可。

```
<div class="container">
    <div class="row">
```

```
            <div class="col">1</div>
            <div class="col order-last">2</div>
            <div class="col order-first">3</div>
        </div>
    </div>
```

step 04 儲存後於瀏覽器中開啟檢視，可以看到順序改為「3、1、2」了。

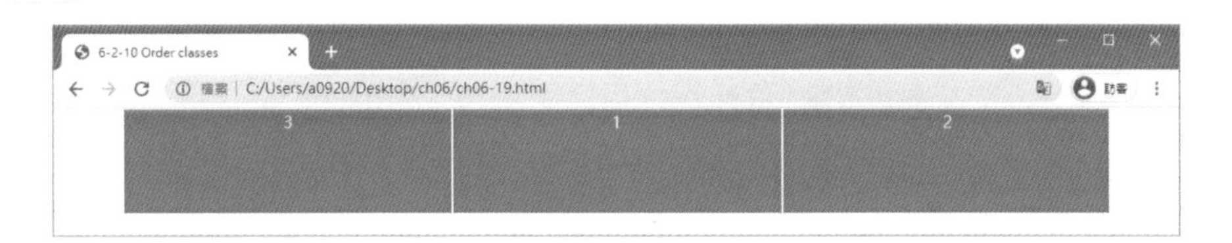

6-3 常用 Bootstrap 類別

Bootstrap 為了減少網頁開發者撰寫程式碼所耗費的時間，因此將編排網頁時經常會用到的樣式（如：float:left、clear:both 等等），重新整理並定義成一個類別，讓網頁開發者想要將某個元素套用某個樣式時，只需要掛入類別就好，不必再撰寫一次樣式。在此章節中，我們將介紹幾個往後在編排版型時，經常會使用到的 Bootstrap 類別。

6-3-1 間距類別

間距類別的格式為 { 屬性 }{ 方向 }-{ 中斷點 }-{ 大小 }，例如：mt-lg-3，其意義為當解析度 ≥992px 時，設定頂部（top）的外距（margin）大小為 3。

屬性	說明
m	設定 margin
p	設定 padding

方向	說明
t	設定 top
b	設定 bottom
s	設定 start
e	設定 end
x	同時設定 left 和 right
y	同時設定 top 和 bottom
空白	同時設定 top、bottom、left、right

中斷點	說明
無	設定從解析度 < 576px 時就開始套用該類別
sm	設定從解析度 ≥576px 時就開始套用該類別
md	設定從解析度 ≥768px 時就開始套用該類別
lg	設定從解析度 ≥992px 時就開始套用該類別
xl	設定從解析度 ≥1200px 時就開始套用該類別
xxl	設定從解析度 ≥1400px 時就開始套用該類別

大小	說明
0	設定間距的距離為 0
1	設定間距的距離為 0.25 rem
2	設定間距的距離為 0.5 rem
3	設定間距的距離為 1 rem
4	設定間距的距離為 1.5 rem
5	設定間距的距離為 3 rem
auto	設定間距的距離為 auto

TIP

- rem 是 css3 新增的一種相對數值單位，它會相對於根元素（也就是 <html> 元素）字體大小所設定的 px 值（預設是 16px）進行比例縮放，例如：設定 mt-4，間距的距離就會是 16px*1.5=24px，相當於將樣式設定了 margin-top: 24px。
- auto 會自動將元素內部及外部可設定的間距距離全部分配，例如我們今天有一個寬 250px、高 100px 的元素區塊，裡面還有一個寬 125px、高 50px 的元素區塊，如果將裡面的區塊套用 ms-auto 類別，該類別會自動設定起始邊（start）的外距（margin），所以會將剩下可以分配的間距距離，也就是 125px，全部設定給起始邊的外距，如下圖所示。

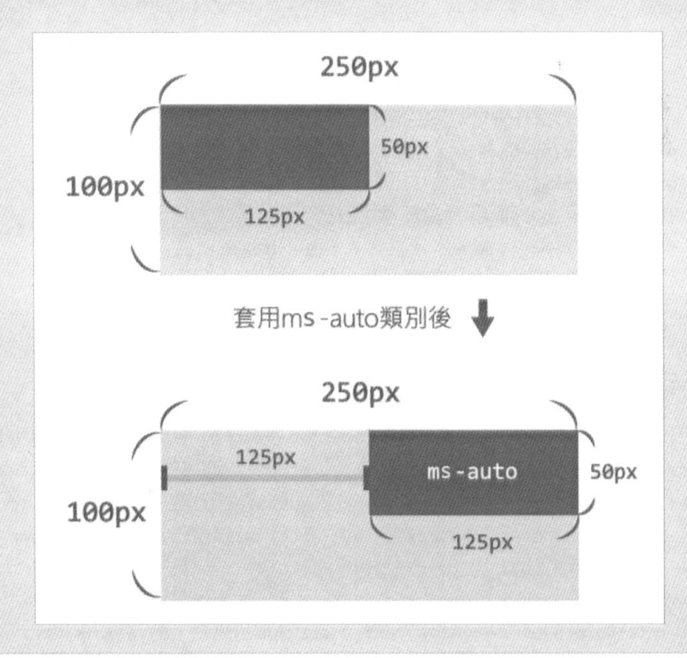

6-3-2 顏色類別

Bootstrap 所提供的顏色大略分為 8 種，語法為「元件 - 顏色」，在文字與背景方面，分別使用「text - 顏色」與「bg - 顏色」，顏色部分可套入 primary、secondary、success、danger、warning、info、light、dark，在文字的類別中多了 muted、white 兩種顏色可做搭配，而在背景的類別中則多了 white 顏色可做搭配。

```
<!doctype html>
<html lang="en">

<head>
    <!-- Required meta tags -->
    <meta charset="utf-8">
    <meta name="viewport" content="width=device-width, initial-scale=1">
    <!-- Bootstrap CSS -->
    <link rel="stylesheet" href="css/bootstrap.css">

    <title>6-3-2 顏色 </title>
</head>

<body>
    <p class="text-primary"> 重要標題（藍色）</p>
    <p class="text-secondary"> 副標題（淺灰色）</p>
    <p class="text-success"> 成功訊息（綠色）</p>
    <p class="text-danger"> 危險訊息（紅色）</p>
    <p class="text-warning"> 警告訊息（橘色）</p>
    <p class="text-info"> 提示訊息（藍綠色）</p>
    <p class="text-light bg-dark"> 淺灰色文字（淺色字較不清楚，因此我們加上深色背景）
</p>
    <p class="text-dark"> 深色文字 </p>
    <p class="text-muted"> 灰色文字 </p>
    <p class="text-white bg-dark"> 白色文字（淺色字較不清楚，因此我們加上深色背景）</p>
    <div class="p-3 mb-1 bg-primary text-white"> 重要標題（藍色）</div>
    <div class="p-3 mb-1 bg-secondary text-white"> 副標題（淺灰色）</div>
    <div class="p-3 mb-1 bg-success text-white"> 成功訊息（綠色）</div>
    <div class="p-3 mb-1 bg-danger text-white"> 危險訊息（紅色）</div>
    <div class="p-3 mb-1 bg-warning text-dark"> 警告訊息（橘色）</div>
    <div class="p-3 mb-1 bg-info text-white"> 提示訊息（藍綠色）</div>
    <div class="p-3 mb-1 bg-light text-dark"> 淺灰色 </div>
    <div class="p-3 mb-1 bg-dark text-white"> 深色 </div>
    <div class="p-3 mb-1 bg-white text-dark"> 白色 </div>
</body>
</html>
```

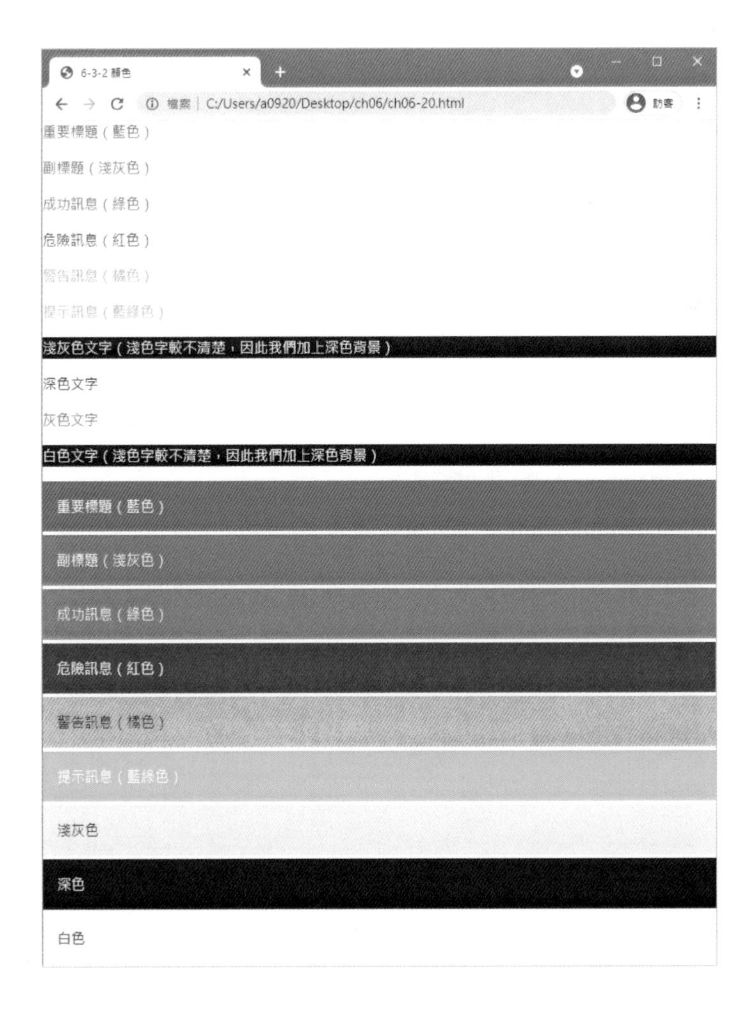

6-3-3 文字對齊類別

文字對齊語法為「text-*」，其中「*」可套入 start、center 及 end，分別為靠頭對齊、置中對齊及靠尾對齊，同時也可以依照自行需求加入中斷點。過去我們希望 HTML 元素內的文字可以置中顯示，都會設定「text-align:center」的 CSS 語法，然而使用 Bootstrap 的話，只需要在 HTML 元素中套用「text-center」類別即可。

```
<!doctype html>
<html lang="en">
```

```
<head>
    <!-- Required meta tags -->
    <meta charset="utf-8">
    <meta name="viewport" content="width=device-width, initial-scale=1">

    <!-- Bootstrap CSS -->
    <link rel="stylesheet" href="css/bootstrap.css">

    <title>6-3-3 文字對齊 -1</title>
</head>

<body>
    <p class="text-start"> 靠起始對齊 </p>
    <p class="text-center"> 置中對齊 </p>
    <p class="text-end"> 靠結尾對齊 </p>
</body>

</html>
```

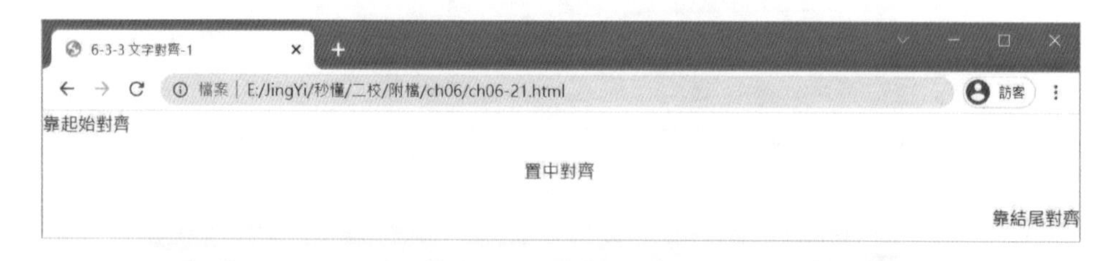

除此之外，我們也可以指定在中斷點的範圍中靠頭對齊、置中對齊或靠尾對齊。指定中斷點之語法為 text-{ 中斷點 }-{ 位置 }，讀者可以試著拖曳視窗，觀察文字在不同解析度下的對齊位置。

```
<!doctype html>
<html lang="en">

<head>
    <!-- Required meta tags -->
    <meta charset="utf-8">
    <meta name="viewport" content="width=device-width, initial-scale=1">

    <!-- Bootstrap CSS -->
    <link rel="stylesheet" href="css/bootstrap.css">

    <title>6-3-3 文字對齊 -2</title>
```

```
</head>

<body>
    <p class="text-sm-start text-md-center text-lg-end">在不同的中斷點下我會有不同的對齊位置</p>
</body>

</html>
```

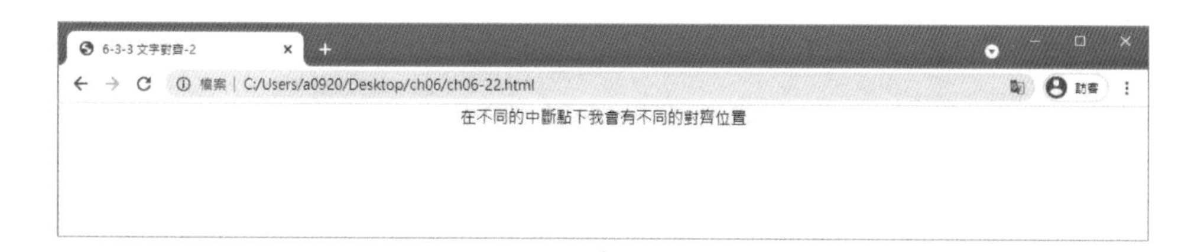

TIP

「start」與「end」的用法是 Bootstrap 5 的一大更新，取代了過去以方向性命名 class 名稱的「left」與「right」，此更新的好處是 start 與 end 可以直接適用於 RTL 與 LTR，不會再被方向給侷限了。

6-3-4 浮動類別

在過去我們經常會使用「float:left」、「float:right」與「float:none」的 CSS 語法來使 HTML 元素靠左浮動、靠右浮動或是不浮動，然而使用 Bootstrap 的話，只需要在 HTML 元素中套用「float-start」、「float-end」與「float-none」類別即可。

```
<!doctype html>
<html lang="en">

<head>
    <!-- Required meta tags -->
    <meta charset="utf-8">
    <meta name="viewport" content="width=device-width, initial-scale=1">
```

```
    <!-- Bootstrap CSS -->
    <link rel="stylesheet" href="css/bootstrap.css">

    <title>6-3-4 浮動類別 </title>
</head>

<body>
    <div class="float-start bg-info" style="width: 200px;"> 元素靠頭浮動 </div>
    <div class="float-end bg-info" style="width: 200px;"> 元素靠尾浮動 </div>
    <div class="float-none bg-info" style="width: 200px;"> 元素不浮動 </div>
</body>

</html>
```

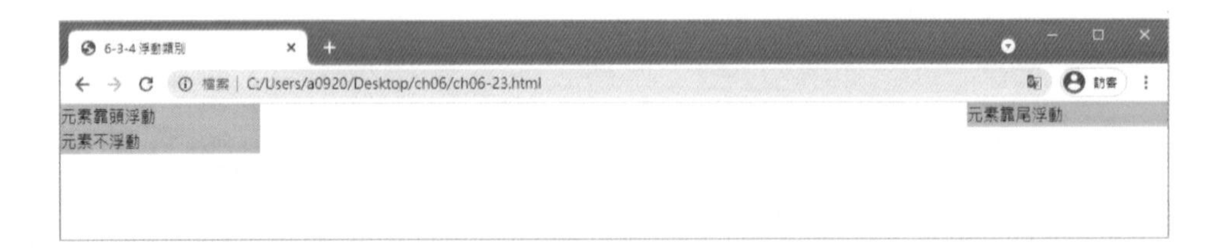

6-3-5 清除浮動類別

過去我們在清除浮動時，都會設定「clear:both」的 CSS 語法，然而使用 Bootstrap 的話，只需要在 HTML 元素中套用「clearfix」類別即可。

```
<!doctype html>
<html lang="en">

<head>
    <!-- Required meta tags -->
    <meta charset="utf-8">
    <meta name="viewport" content="width=device-width, initial-scale=1">

    <!-- Bootstrap CSS -->
    <link rel="stylesheet" href="css/bootstrap.css">

    <title>6-3-5 清除浮動類別 </title>
    <style>
        .div {
            border-width: 5px;
```

```
            border-style: solid;
            border-color: darkcyan;
        }
    </style>
</head>

<body>
    <h1> 尚未使用清除浮動 clearfix 類別 </h1>
    <br>
    <div class="div">
        我跑版了
        <button type="button" class="btn btn-dark float-start text-light"> 我在浮動
</button>
    </div>
    <br>
    <br>
    <h1> 已使用清除浮動 clearfix 類別 </h1>
    <br>
    <div class="div clearfix">
        我沒跑版
        <button type="button" class="btn btn-dark float-start text-light"> 我在浮動
</button>
    </div>
</body>

</html>
```

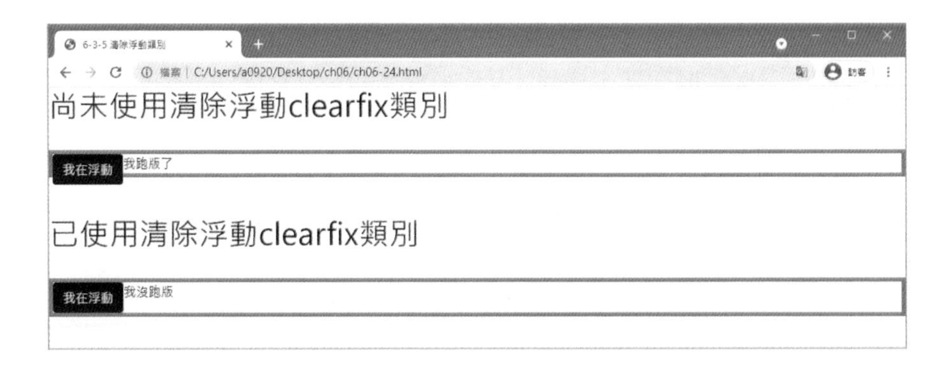

從範例中可以看到，在尚未套用 clearfix 類別時，div 裡的 button 因為浮動的原因，使得 button 無法只在原本的 div 區塊內顯示而導致跑版；然而在套用 clearfix 類別後，div 裡的 button 因為清除了浮動，所以可以從畫面上看到 button 依舊完好的被包覆在 div 內，沒有造成跑版。

6-3-6 Display 類別

Bootstrap 的 Display 類別可以用來快速地切換 HTML 元素的顯示與否，語法為「d- 屬性」；同時也能夠套用在所有的中斷點，使元素在指定的中斷點下開始顯示或隱藏，達到響應式網頁的顯示效果，語法為「d- 中斷點 - 屬性」，在「屬性」的部分可以套入 none、inline、block 等，此外這兩種語法也能夠同時使用，來達到讓 HTML 元素僅在某個中斷點下顯示或隱藏的作用。

```
<!doctype html>
<html lang="en">

<head>
    <!-- Required meta tags -->
    <meta charset="utf-8">
    <meta name="viewport" content="width=device-width, initial-scale=1">

    <!-- Bootstrap CSS -->
    <link rel="stylesheet" href="css/bootstrap.css">

    <title>6-3-6 Display 類別 </title>
</head>

<body>
    <div class="d-inline mt-2 bg-info text-white"> 設定 div 元素為顯示 ( 行內元素 )</div>
    <div class="d-block mt-2 bg-info text-white"> 設定 div 元素為顯示 ( 區塊元素 )</div>
    <div class="d-none mt-2 bg-info text-white"> 設定 div 元素為隱藏 </div>
    <div class="d-none d-sm-block mt-2 bg-info text-white"> 設定 div 元素僅在中斷點
col 隱藏，在其他中斷點顯示 </div>
    <div class="d-none d-lg-block d-xl-none mt-2 bg-info text-white"> 設定 div 元素
僅在中斷點 lg 顯示，在其他中斷點隱藏 </div>
</body>

</html>
```

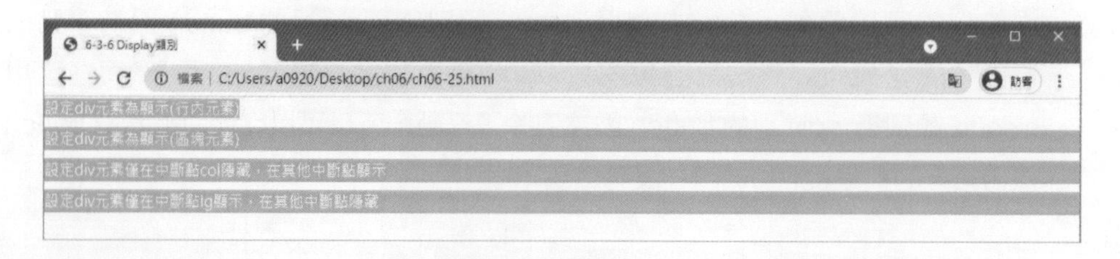

TIP

HTML 元素分為兩種，分別是「inline(行內元素)」與「block(區塊元素)」，行內元素的特點是左右排列，並且會與相鄰的行內元素排列在同一行，除非使用
 斷行元素，否則不會自動斷行，另外行內元素的寬度與高度是不能夠設定的，寬度及高度是取決於行內元素裡文字與圖片的寬度及高度，HTML 元素中的 span 與 a 就是預設為行內元素；而區塊元素的特點是上下排列，總會在新的一行開始顯示，同時也會將整行的容器空間全部占滿，另外區塊元素的寬度與高度都是可以設定的，而預設的寬度則是它的容器的寬度，HTML 元素中的 div 與 p 就是預設為區塊元素。

6-3-7 位置類別

Bootstrap 的位置類別可以用來改變 HTML 元素的 position 屬性，語法為「position-static」、「position-relative」、「position-absolute」、「position-fixed」與「position-sticky」，關於 position 屬性建議讀者可以回到 3-6-10 章節複習；另外也可以直接用來設定元素的所在位置，語法為「fixed-top」、「fixed-bottom」與「sticky-top」。

```
<!doctype html>
<html lang="en">

<head>
    <!-- Required meta tags -->
    <meta charset="utf-8">
    <meta name="viewport" content="width=device-width, initial-scale=1">

    <!-- Bootstrap CSS -->
    <link rel="stylesheet" href="css/bootstrap.css">

    <title>6-3-7 位置類別 -1</title>
</head>

<body>
    <div class="fixed-bottom bg-info">固定在底部 </div>
```

```
    <div class="bg-warning" style="height: 50px ; text-align: center">我是一個區塊 A，
我被擋到了
    </div>
    <div class="fixed-top bg-info" style="width: 500px ">固定在頂部</div>
    <!-- 此處的 div 設定 height:2000px 僅是為了拉長頁面，使頁面能夠滾動，以便看出
fixed-top 的效果。-->
    <div style="height: 2000px;"></div>
</body>

</html>
```

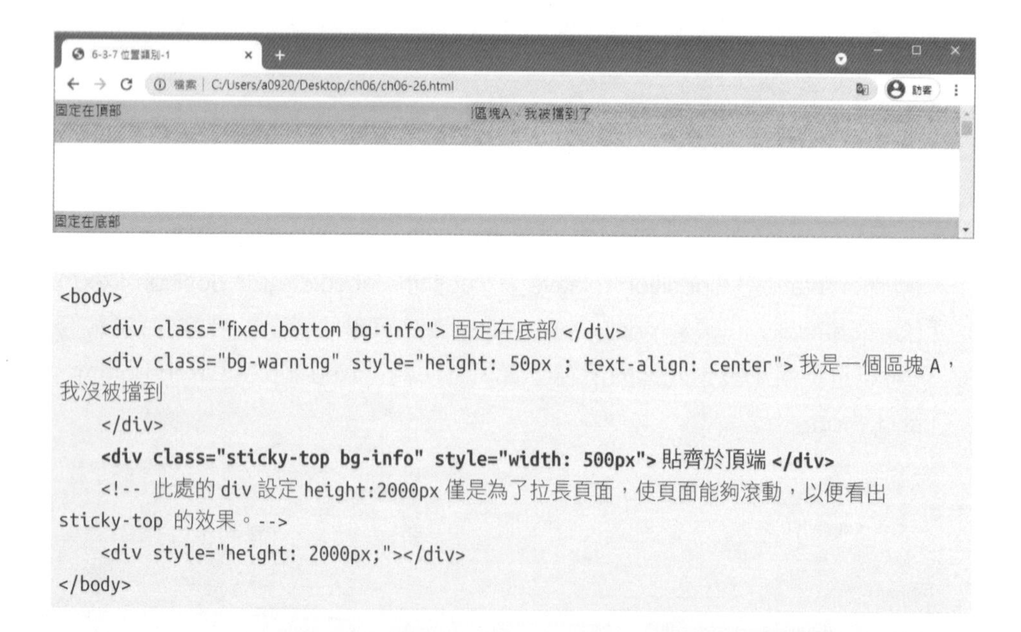


```
<body>
    <div class="fixed-bottom bg-info">固定在底部</div>
    <div class="bg-warning" style="height: 50px ; text-align: center">我是一個區塊 A，
我沒被擋到
    </div>
    <div class="sticky-top bg-info" style="width: 500px">貼齊於頂端</div>
    <!-- 此處的 div 設定 height:2000px 僅是為了拉長頁面，使頁面能夠滾動，以便看出
sticky-top 的效果。-->
    <div style="height: 2000px;"></div>
</body>
```

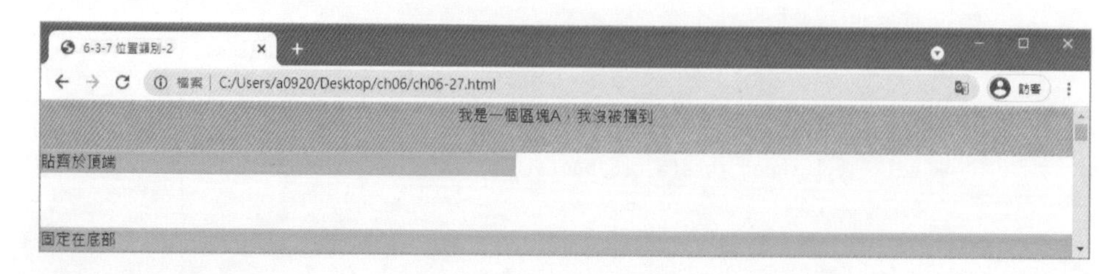

從這兩個範例中，可以看出「fixed-top」與「sticky-top」的差別，套用「fixed-top」類別的 div 元素在一開始時就直接被固定在瀏覽器視窗中所設定的絕對位置上（最上方），因此擋到了區塊 A，而在滾動視窗頁面時，不管滾動到哪裡它都

依舊固定在最上方；而套用「sticky-top」類別的 div 元素在一開始時會以相對位置呈現，因此位於區塊 A 的下方，而在滾動視窗頁面時，當套用「sticky-top」類別的 div 元素頂端到達瀏覽器視窗的頂端時，便會將它固定在最上方。

TIP

sticky 是 position 的新 css 屬性，它類似 relative 與 fixed 的結合，position 屬性設定為 sticky 的元素一開始皆會以相對位置呈現，而我們在滾動視窗頁面時，當元素設定的絕對位置（例如：top: 20px;）到達瀏覽器視窗的頂端時，便會將元素固定在我們所設定的絕對位置上。

6-4 認識 Bootstrap 4 與 Bootstrap 5 的差異

Bootstrap 目前最新版本來到 v5，與 v4 相比，最大的變革是捨棄依賴 jQuery 以及不支援 IE Explorer，在中斷點、色彩等也有變動，並且增加了需多 Class，就連 Bootstrap 官方網站也在此次更新中，大幅度做了調整，提升了瀏覽上的使用經驗，本章節將針對 Bootstrap 4 與 Bootstrap 5 兩者較為重要的差異進行整理，表格如下：

特性	Bootstrap 4	Bootstrap 5
是否支援 IE Explorer	是	否
是否依賴 jQuery	是	否
中斷點	無 ,sm,md,lg,xl	無 ,sm,md,lg,xl,xxl
支援 RTL (right-to-left text)	否	是
重新命名部分 Class 名稱	right/left	start/end
使用色彩	較為鮮豔	更加飽和

TIP

- 放棄支援 IE Explorer

  Bootstrap 5 已不支援 IE Explorer，恰巧 Microsoft 於今年公布 IE Explorer 停止支援，因此此革新針對多數使用者並不會造成太大影響。

- 捨棄依賴 jQuery

  Bootstrap 5 在此次更新不再依賴 jQuery，意味著使用 Bootstrap 5 的專案不用再多引入一個 jQuery，可以讓專案更加輕量化，但缺點是習慣使用 jQuery 簡短語法的使用者會有個使用上的過渡期。

- 中斷點

  由原本的四個中斷點增至五個中斷點，新增了 xxl 的中斷點，也符合了現今螢幕尺寸愈來愈大的趨勢。

- RTL (right-to-left text)

  一般網頁的文字排版通常是由左至右，Bootstrap 5 支援了由右至左的排版，詳細的使用方式可以參考官方文件 (https://getbootstrap.com/docs/5.0/getting-started/rtl/)。

- 重新命名部分 Class 名稱

  Bootstrap 5 將部分 Class 名稱做了更新，其中最為大的更新是將左右相關的 -right/-left，以 -start/-end 取代，使得使用 RTL 上也更加的方便了。

- 使用色彩

  相較於 Bootstrap 4，Bootstrap 5 所使用的色彩更為飽和。

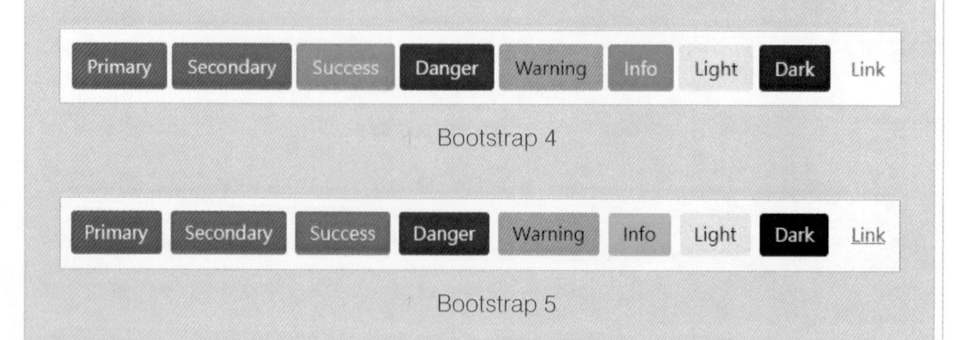

↑ Bootstrap 4

↑ Bootstrap 5

7

使用 Bootstrap 5 開發響應式網站

學習概念

科技的發展使得大家習慣使用網路搜尋資料，而這正是公司增加曝光度的好機會。在此範例中，我們以甜點網站為主題，分別製作「首頁」、「關於我們」、「產品項目」與「產品細節」四種版面，讓大家能透過一個明確的主題，清楚了解網站的製作流程與 Bootstrap 響應式框架的使用方式。

學習重點

- 網站開發流程
- Bootstrap 響應式框架的應用

7-1 首頁

在本章節中，我們將製作網站的「首頁」。首頁是瀏覽者進入網站第一個看到的頁面，因此首頁必須要能表達企業的整體形象，並且讓瀏覽者印象深刻！為此，本節將製作的首頁是希望透過滿版的背景圖吸引使用者的目光，現在就讓我們開始學習如何製作吧！

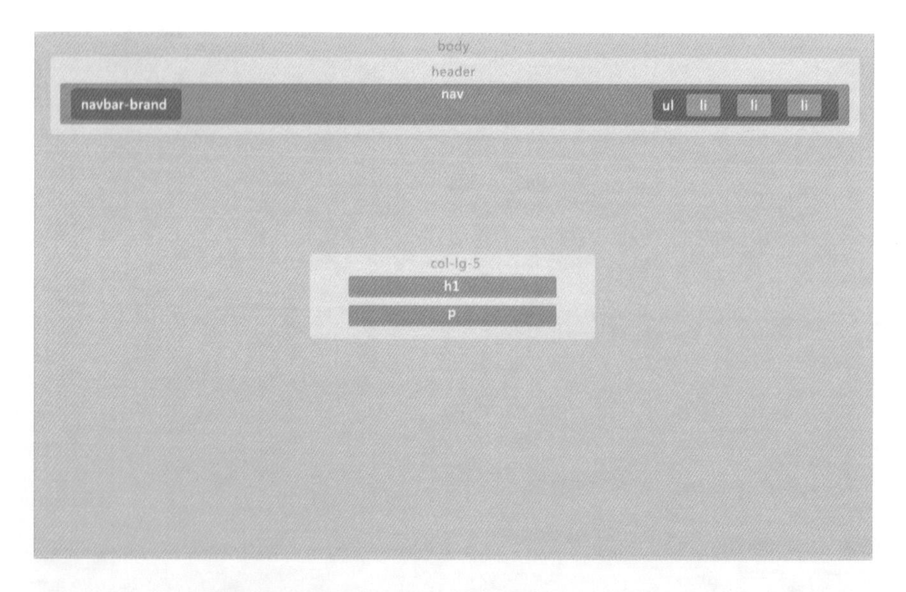

7-1-1 前置作業

step 01 新增專案資料夾 ch07，並於專案資料夾下新增 css、images 以及 js 資料夾。

step 02 新增 index.html，放於專案資料夾下。

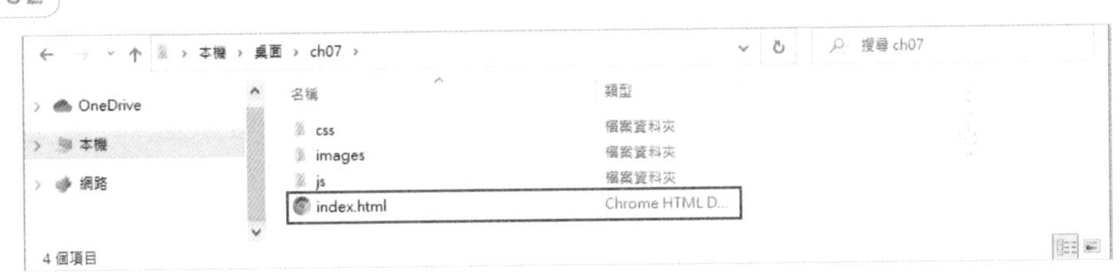

step 03 將 Bootstrap 的 bootstrap.js 放入 js 資料夾中。

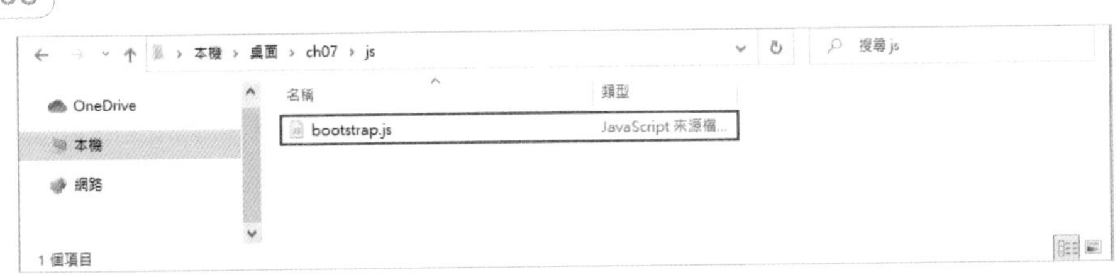

step 04 將 Bootstrap 的 bootstrap.css 放入 css 資料夾中。

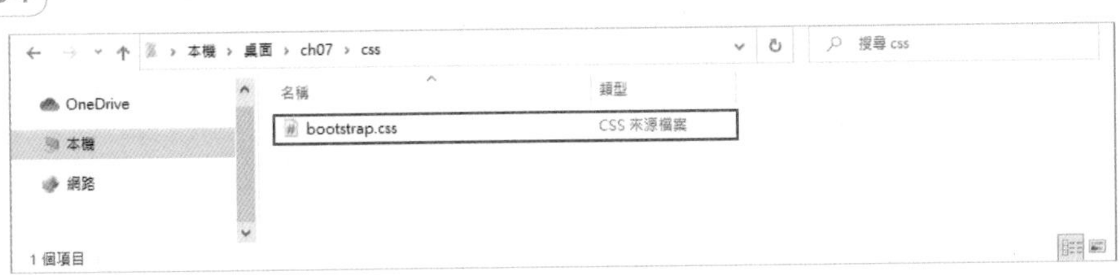

step 06 新增 index.css，放於 css 資料夾下。

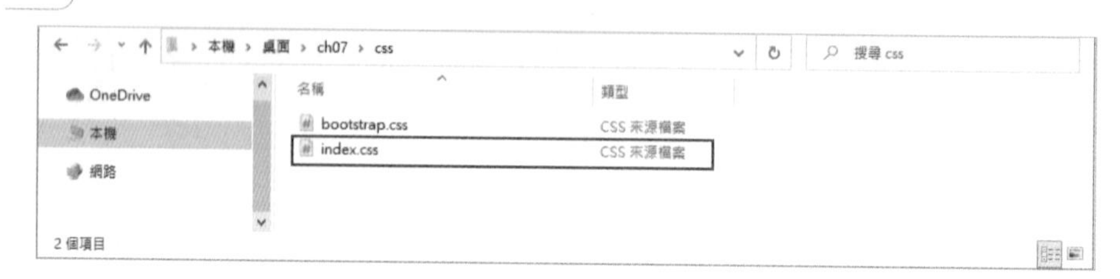

step 07 複製 7-01 範例檔內的圖片至 images 資料夾中。

7-1-2 使用 Bootstrap 架構範本

我們在第五章製作基本網頁時，是使用「指令」與「快捷鍵」產生 HTML 文件的基本架構，本章我們換成另一種作法——使用 Bootstrap 提供的基本架構範例——來產生 HTML 文件的基本架構，以節省網頁開發的時間。

step 01 進入 Bootstrap 網站，選取 Get started，在側邊欄點選 Getting started 並下拉網頁至 Starter template，點擊「Copy」複製下方的 HTML 至 index.html 中。

Starter template

Be sure to have your pages set up with the latest design and development standards. That means using an HTML5 doctype and including a viewport meta tag for proper responsive behaviors. Put it all together and your pages should look like this:

Copy

```
<!doctype html>
<html lang="en">
  <head>
    <!-- Required meta tags -->
    <meta charset="utf-8">
    <meta name="viewport" content="width=device-width, initial-scale=1">

    <!-- Bootstrap CSS -->
    <link href="https://cdn.jsdelivr.net/npm/bootstrap@5.1.3/dist/css/bootstrap.min.css" rel="styl

    <title>Hello, world!</title>
  </head>
  <body>
    <h1>Hello, world!</h1>

    <!-- Optional JavaScript; choose one of the two! -->
```

TIP

- <meta charset="UTF-8"> 用於宣告 HTML 文件為 UTF-8 編碼。
- <meta name="viewport" content="width=device-width, initial-scale=1"> 用於設定行動裝置瀏覽網頁的寬度與基本設定。「width=device-width」表示寬度設定為行動裝置的寬度，而「initial-scale=1」表示顯示網頁的初始比例為 100%。

step 02 掛入 index.css 與修改 Bootstrap 的路徑，並修改 title 名稱為「甜時 · Sweet」。

[index.html]

```
<!doctype html>
<html lang="en">
<head>
    <!-- Required meta tags -->
    <meta charset="utf-8">
    <meta name="viewport" content="width=device-width, initial-scale=1">
    <!-- Bootstrap CSS -->
    <link rel="stylesheet" type="text/css" href="css/bootstrap.css">
```

```
    <link rel="stylesheet" type="text/css" href="css/index.css">
    <title>甜 時 · Sweet</title>
</head>
<body>
    <h1>Hello, world!</h1>
    <!-- Optional JavaScript -->
    <script src="js/bootstrap.js"></script>
</body>
</html>
```

TIP

使用者自行撰寫的 index.css 必須放在 bootstrap.css 的後面，如此網頁才會率先套用 Bootstrap 的樣式，接著再套用 index 的樣式。反之，如果將 index.css 放在 bootstrap.css 的前面，網頁會率先套用 index 的樣式，接著再套用 Bootstrap 的樣式，那麼針對元素所撰寫的樣式，就很有可能會被 Bootstrap 的樣式重新設定囉！

step 03 刪除 body 元素內的 h1 元素，如此 HTML 文件的基本架構就製作完成了！刪除後的 HTML 架構應該與下面相符。

[index.html]

```
<!doctype html>
<html lang="en">
<head>
    <!-- Required meta tags -->
    <meta charset="utf-8">
    <meta name="viewport" content="width=device-width, initial-scale=1">
    <!-- Bootstrap CSS -->
    <link rel="stylesheet" type="text/css" href="css/bootstrap.css">
    <link rel="stylesheet" type="text/css" href="css/index.css">
    <title>甜 時 · Sweet</title>
</head>
<body>
    <!-- Optional JavaScript -->
    <script src="js/bootstrap.js"></script>
</body>
</html>
```

TIP

Bootstrap 提供的 HTML 文件架構包含在 body 元素中加入的 h1 元素，其加入的目的為引導開發者將網頁內容放在 body 元素中。

7-1-3 設定 body 元素的樣式

step 01 切換至 index.css，將 body 內的文字都設定為「微軟正黑體」。

```
body {
    font-family: Microsoft JhengHei;
}
```

7-1-4 製作網頁導覽列

step 01 在 body 中新增 <header> 標籤，用來放置作為主選單的網頁導覽列程式碼。

```
<!doctype html>
<html lang="en">
<head>
    <!-- Required meta tags -->
    <meta charset="utf-8">
    <meta name="viewport" content="width=device-width, initial-scale=1">
    <!-- Bootstrap CSS -->
    <link rel="stylesheet" type="text/css" href="css/bootstrap.css">
    <link rel="stylesheet" type="text/css" href="css/index.css">
    <title> 甜 時 · Sweet</title>
</head>
<body>
    <header></header>
    <!-- Optional JavaScript -->
    <script src="js/bootstrap.js"></script>
</body>
</html>
```

step 02 開啟 Bootstrap 網站，跳轉至 docs 頁面，然後在側邊欄點選 Components 裡的 Navbar。

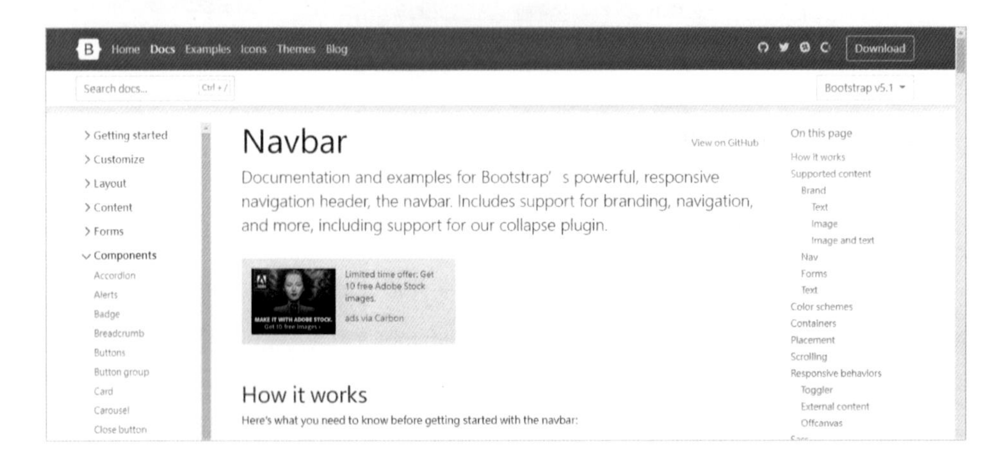

TIP

網頁的導覽列通常是使用「nav 元素」來製作。在 Bootstrap 中，有提供導覽列的基本 HTML 架構，因此我們可以直接至 Bootstrap 網站複製其導覽列的基本 HTML 架構進行修改即可。此外，Bootstrap 將導覽列將取名為「Navbar」，而不是 Navs，請大家不要點錯囉！

step 03 下拉網頁至 Nav，點擊「Copy」複製下方的 HTML。

Nav

Navbar navigation links build on our .nav options with their own modifier class and require the use of toggler classes for proper responsive styling. **Navigation in navbars will also grow to occupy as much horizontal space as possible** to keep your navbar contents securely aligned.

Add the .active class on .nav-link to indicate the current page.

Please note that you should also add the aria-current attribute on the active .nav-link.

Navbar Home Features Pricing Disabled

Copy

```
<nav class="navbar navbar-expand-lg navbar-light bg-light">
  <div class="container-fluid">
    <a class="navbar-brand" href="#">Navbar</a>
```

TIP

在此，我們選擇 Nav（預設導覽列）的 HTML 架構進行修改，因此複製 Nav 下方的 HTML 至 index.html 中。

step 04 貼至 index.html 裡的 <header> 中。

[index.html]

```
<header>
    <nav class="navbar navbar-expand-lg navbar-light bg-light">
        <a class="navbar-brand" href="#">Navbar</a>
        <button class="navbar-toggler" type="button" data-toggle="collapse"
    data-target="#navbarNav" aria-controls="navbarNav" aria-expanded="false"
            aria-label="Toggle navigation">
            <span class="navbar-toggler-icon"></span>
        </button>
        <div class="collapse navbar-collapse" id="navbarNav">
            <ul class="navbar-nav">
                <li class="nav-item active">
                    <a class="nav-link" href="#">Home
                        <span class="sr-only">(current)</span>
                    </a>
                </li>
                <li class="nav-item">
                    <a class="nav-link" href="#">Features</a>
                </li>
                <li class="nav-item">
                    <a class="nav-link" href="#">Pricing</a>
                </li>
                <li class="nav-item">
                    <a class="nav-link disabled" href="#">Disabled</a>
                </li>
            </ul>
        </div>
    </nav>
</header>
```

step 05 儲存後，在瀏覽器中開啟文件。

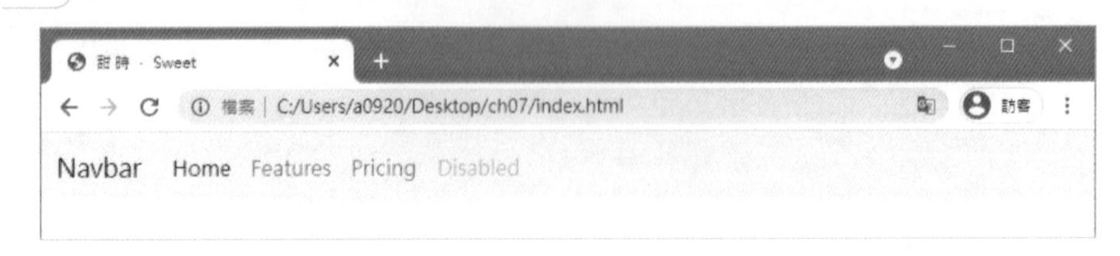

7-1-5 修改預設導覽列

step 01 在下圖紅框中「Button」是視窗縮小時才會顯示的漢堡條（Toggle navigation）。

```
<header>
  <nav class="navbar navbar-expand-lg navbar-light bg-light">
    <div class="container-fluid">
      <a class="navbar-brand" href="#">Navbar</a>
      <button
        class="navbar-toggler"
        type="button"
        data-bs-toggle="collapse"
        data-bs-target="#navbarNav"
        aria-controls="navbarNav"
        aria-expanded="false"
        aria-label="Toggle navigation"
      >
        <span class="navbar-toggler-icon"></span>
      </button>
      <div class="collapse navbar-collapse" id="navbarNav">
        <ul class="navbar-nav">
```

step 02 Navbar 是放置網頁名稱的地方，在這裡我們首先修改 Navbar（網頁名稱）為「甜時 · Sweet」。

```
<header>
  <nav class="navbar navbar-expand-lg navbar-light bg-light">
    <div class="container-fluid">
      <a class="navbar-brand" href="#">甜時 · Sweet</a>
      <button
        class="navbar-toggler"
        type="button"
        data-bs-toggle="collapse"
        data-bs-target="#navbarNav"
        aria-controls="navbarNav"
        aria-expanded="false"
        aria-label="Toggle navigation"
      >
```

step 03 接著，我們也將超連結指向 index.html。

```
<header>
  <nav class="navbar navbar-expand-lg navbar-light bg-light">
    <div class="container-fluid">
      <a class="navbar-brand" href="index.html">甜時 · Sweet</a>
      <button
        class="navbar-toggler"
        type="button"
        data-bs-toggle="collapse"
        data-bs-target="#navbarNav"
        aria-controls="navbarNav"
        aria-expanded="false"
        aria-label="Toggle navigation"
      >
```

step 04 儲存後，在瀏覽器中開啟文件。

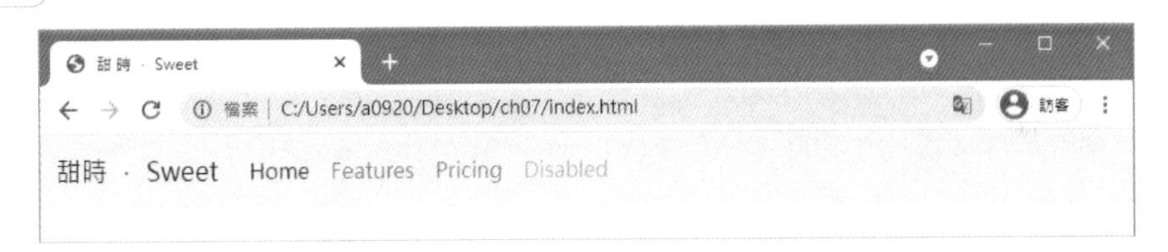

step 05 在紅框中是超連結區域（Link）。

```
<div class="collapse navbar-collapse" id="navbarNav">
  <ul class="navbar-nav">
    <li class="nav-item">
      <a class="nav-link active" aria-current="page" href="#">Home</a>
    </li>
    <li class="nav-item">
      <a class="nav-link" href="#">Features</a>
    </li>
    <li class="nav-item">
      <a class="nav-link" href="#">Pricing</a>
    </li>
    <li class="nav-item">
      <a class="nav-link disabled">Disabled</a>
    </li>
  </ul>
</div>
```

甜時 · Sweet
檔案 | C:/Users/a0920/Desktop/ch07/index.html
訪客
甜時 · Sweet Home Features Pricing Disabled

step 06 由於我們希望在網頁中僅顯示三個超連結（Link），因此修改 ul 元素中 li 元素的超連結（Link）連接路徑及顯示名稱。

```
<div class="collapse navbar-collapse" id="navbarNav">
  <ul class="navbar-nav">
    <li class="nav-item">
      <a class="nav-link active" aria-current="page" href="index.html">首頁</a>
    </li>
    <li class="nav-item">
      <a class="nav-link" href="about.html">關於我們</a>
    </li>
    <li class="nav-item">
      <a class="nav-link" href="product.html">產品介紹</a>
    </li>
  </ul>
</div>
```

TIP

active 類別可以用來在導覽列強調目前所選擇的網頁頁面。在這裡我們將該類別套用在首頁的 li 元素上，用來表示現在停留的頁面為首頁。

step 07 儲存後，在瀏覽器中開啟文件。

step 08 在 ul 元素中新增「ms-auto」。

```
<div class="collapse navbar-collapse" id="navbarNav">
  <ul class="navbar-nav ms-auto">
    <li class="nav-item">
      <a class="nav-link active" aria-current="page" href="index.html">首頁</a>
    </li>
    <li class="nav-item">
      <a class="nav-link" href="about.html">關於我們</a>
    </li>
    <li class="nav-item">
      <a class="nav-link" href="product.html">產品介紹</a>
    </li>
  </ul>
</div>
```

TIP

透過新增 ms-auto 類別自動設定起始的外距（margin）讓 ul 元素可以呈現靠起始對齊。ms-* 為 Bootstrap 的間距類別，忘記的讀者可以回到 6-3-1 複習相關內容。

step 09　儲存後，在瀏覽器中開啟文件。

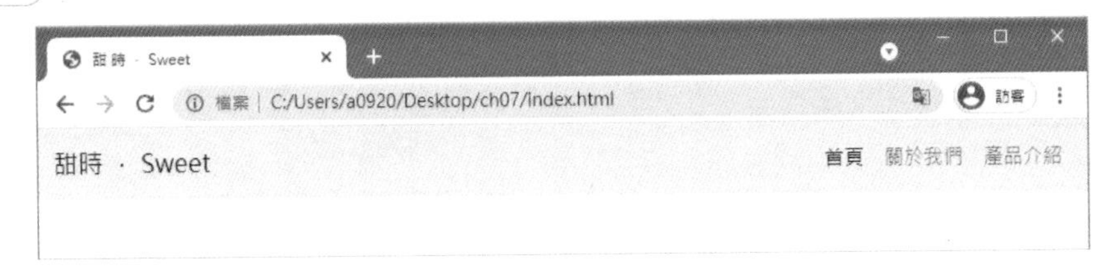

7-1-6 修改 nav 樣式

step 01　將 nav 預設的 class「navbar-light」及「bg-light」修改為「navbar-dark」及「bg-dark」。

```
<nav class="navbar navbar-expand-lg navbar-light bg-light">
  <div class="container-fluid">
    <a class="navbar-brand" href="index.html">甜時 · Sweet</a>
    <button
      class="navbar-toggler"
      type="button"
      data-bs-toggle="collapse"
      data-bs-target="#navbarNav"
      aria-controls="navbarNav"
      aria-expanded="false"
      aria-label="Toggle navigation"
    >
```

TIP

「navbar-light」與「navbar-dark」類別皆為 Bootstrap 內建的類別，navbar-light 類別可以讓導覽列的文字呈現適合明亮背景的暗色，反之，navbar-dark 類別則是讓導覽列的文字呈現適合暗色背景的淺色。在目前網頁的設計上我們希望網頁導覽列的樣式為黑底白字，因此使用「navbar-dark」和「bg-dark」取代原先的類別。bg-* 為 Bootstrap 的顏色類別，讀者可以回到 6-3-2 複習相關內容。

step 02 修改後如下圖所示。

```
<nav class="navbar navbar-expand-lg navbar-dark bg-dark">
  <div class="container-fluid">
    <a class="navbar-brand" href="index.html">甜時 · Sweet</a>
    <button
      class="navbar-toggler"
      type="button"
      data-bs-toggle="collapse"
      data-bs-target="#navbarNav"
      aria-controls="navbarNav"
      aria-expanded="false"
      aria-label="Toggle navigation"
    >
```

step 03 將 nav 元素套用「fixed-top」類別。

```
<header>
  <nav class="navbar navbar-expand-lg navbar-dark bg-dark fixed-top">
    <div class="container-fluid">
      <a class="navbar-brand" href="index.html">甜時 · Sweet</a>
```

TIP

fixed-top 類別為 Bootstrap 內建的類別，可以將元素固定在網頁的最上方。我們套用該類別將導覽列固定在頂部，所以當網頁內容過長時，使用者可以不用重新上拉網頁尋找導覽列，可以快速的選擇想切換的頁面。若想要將導覽列固定於網頁底部的話，則可以套用「fixed-bottom」類別。

step 04 在 nav 元素下新增 div 元素並套用「container」類別。

```
<nav class="navbar navbar-expand-lg navbar-dark bg-dark fixed-top">
 <div class="container">
   <a class="navbar-brand" href="index.html">甜時 · Sweet</a>
   <button
     class="navbar-toggler"
     type="button"
     data-bs-toggle="collapse"
     data-bs-target="#navbarNav"
     aria-controls="navbarNav"
     aria-expanded="false"
     aria-label="Toggle navigation"
   >
     <span class="navbar-toggler-icon"></span>
   </button>
   <div class="collapse navbar-collapse" id="navbarNav">
     <ul class="navbar-nav ms-auto">
       <li class="nav-item">
         <a class="nav-link active" aria-current="page" href="index.html">首頁</a>
       </li>
       <li class="nav-item">
         <a class="nav-link" href="about.html">關於我們</a>
       </li>
       <li class="nav-item">
         <a class="nav-link" href="product.html">產品介紹</a>
       </li>
     </ul>
   </div>
 </div>
</nav>
```

TIP

在導覽列內容外建立 div 標籤並套用「container」類別，可以讓我們在縮放網頁時會依據 Bootstrap 預設的解析度不同，自動去調整固定寬度，讓元素在不同的解析度下依舊可以呈現類似的版面配置。讀者可以在 6-2-2 複習相關的樣式細節內容。

step 05 儲存後，在瀏覽器中開啟文件。

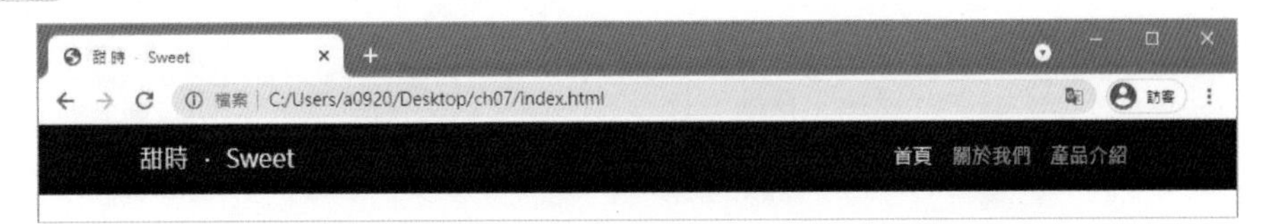

7-1-7 製作滿版背景效果

step 01 設定 body 的樣式。

[index.css]

```
body {
    font-family: Microsoft JhengHei;
    background-image: url(../images/cake.jpg);
    background-repeat: no-repeat;
    background-attachment: fixed;
    background-position: center center;
    background-size: cover;
}
```

TIP

- background-image 屬性會根據 url（圖片路徑），將取得的圖片設定為元素的背景。此處設定圖片是來自於 images 資料夾下的 cake.jpg。
- background-repeat 屬性用來設定背景圖片重不重複。在這裡我們設定為 no-repeat，讓背景圖片不重複。
- background-attachment 屬性用來指定背景圖片是否固定，可選的屬性值包含 scroll 與 fixed。scroll 是 background-attachment 的預設值，用於設定當頁面轉動時，背景圖片會跟著移動，而 fixed 用於設定當頁面轉動時，背景圖片固定不移動。
- background-position 屬性用於調整背景圖片的對齊位置。background-position 可輸入兩個值，而在兩個值中間必須使用「空格」區隔。第一個值為水平位置可設定 left、center、right。而第二個值為垂直位置可設定 top、center、bottom，在此，我們設定 background-position:center center，用以使得背景圖片的對齊位置為水平置中與垂直置中。
- background-size 屬性用於設定背景圖片的大小，其值包含 auto、cover 與 contain 等等。在此，我們設定 background-size:cover，是希望背景圖片能填滿整個 body 元素，做出滿版的背景效果。此外，需要注意的是，當使用 cover 時，必須選擇解析度較大的圖片，這樣將背景圖片放大時，才不容易失真。

step 02 儲存後，在瀏覽器中開啟文件。

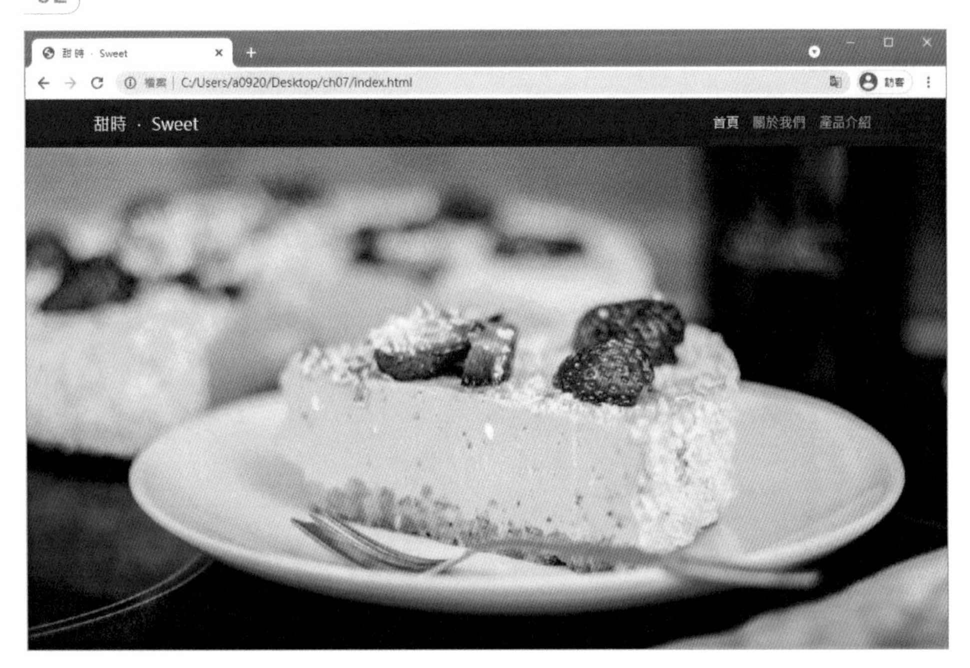

7-1-8 製作 index 內容

step 01 於 nav 元素下方新增一個 class 為「row」及「g-0」的 div 元素，並在該元素中新增一個 class 為「col-lg-5」、「text-center」、「text-white」、「p-2」的 div 子元素。

[index.html]

```
    <nav class="navbar navbar-expand-lg navbar-dark bg-dark fixed-top">
        <div class="container">
            <a class="navbar-brand" href="index.html">甜 時 · Sweet</a>
            <button class="navbar-toggler" type="button" data-toggle=
"collapse" data-target="#navbarNav"
            aria-controls="navbarNav" aria-expanded="false" aria-label=
"Toggle navigation">
                <span class="navbar-toggler-icon"></span>
            </button>
            <div class="collapse navbar-collapse" id="navbarNav">
```

```
            <ul class="navbar-nav ms-auto">
                <li class="nav-item active">
                    <a class="nav-link" href="index.html"> 首頁
                        <span class="sr-only">(current)</span>
                    </a>
                </li>
                <li class="nav-item">
                    <a class="nav-link" href="about.html"> 關於我們 </a>
                </li>
                <li class="nav-item">
                    <a class="nav-link" href="product.html"> 產品介紹 </a>
                </li>
            </ul>
        </div>
    </div>
</nav>
<div class="row g-0">
    <div class="col-lg-5 text-center text-white p-2">
    </div>
</div>
```

TIP

- 在這裡我們將 div 套用網格系統中的「row」類別，並在 div 子元素套用 col-lg-5 的行類別，其意義為當解析度 ≥992px 時會變成該區塊佔 5 個欄位的版面配置，在解析度 <992px 時則是為預設佔滿了 12 個欄位的版面配置，透過這個設定我們在使用不同裝置觀看網頁時，網頁就會隨著裝置大小做出不同的版面配置，以達到響應式網頁的效果。網格系統的運用可以在 6-2-1 複習細節內容。
- 套用 g-0 類別將 row 以及 col 欄位預設的間距取消掉，讀者可以至 6-2-9 查看預設的樣式細節。
- 在 div 子元素中我們套用 text-center 類別將文字置中，套用 text-white 類別將文字設為白色，以及套用 p-2 設定內距（padding），讀者可以至 6-3-1 到 6-3-3 複習間距、顏色以及文字對齊的類別內容。

step 02 於 div 子元素中新增一個 h1 元素與一個 p 元素，並在 p 元素中使用 br 元素讓文字換行。

[index.html]

```
    <div class="row g-0">
        <div class="col-lg-5 text-center text-white p-2">
            <h1> 草莓奶油慕斯蛋糕 </h1>
            <p> 堅持使用頂級原料，不含任何防腐劑。<br> 讓你吃得安心，看的到
用心。</p>
        </div>
    </div>
```

step 03 切換至 index.css，撰寫 col-lg-5 類別的樣式，設定 div 元素的背景顏色。

[index.css]

```
.col-lg-5 {
    background-color: rgba(255, 73, 73, 0.62);
}
```

TIP

background-color: rgba（255, 73, 73, 0.62），用以設定背景顏色為 r=255、g=73、b=73，透明值為 0.62。

step 04 儲存後，在瀏覽器中開啟文件。可以看到製作的內容被導覽列遮住了一大部分，下一個步驟我們要開始設定它的位置。

step 05 我們在 row 的 div 元素中新增「justify-content-center」、「align-items-center」、「text」類別。

[index.html]

```
<div class="row g-0 justify-content-center align-items-center text">
    <div class="col-lg-5 text-center text-white p-2">
        <h1> 草莓奶油慕斯蛋糕 </h1>
        <p> 堅持使用頂級原料，不含任何防腐劑。<br> 讓你吃得安心，看的到用心。</p>
    </div>
</div>
```

step 06 切換至 index.css，撰寫 text 類別的樣式。

[index.css]

```
.text {
    height: 100vh;
}
```

TIP

- 套用 justify-content-center 類別將元素水平置中對齊。
- 套用 align-items-center 類別將元素裡的區塊垂直置中對齊。
- 套用了 align-items-center 類別後，我們會發現元素裡的區塊並沒有垂直置中對齊，這是因為我們沒有定義它的高度。所以我們在 index.css 中新增 text 類別，設定 height 為 100vh，vh 是指 view height，其意義為裝置可視畫面的高度百分比，設定 100 表示我們 div 元素的高度會佔整個畫面高度的 100%，套用了 text 類別後可以看到元素裡的區塊垂直置中對齊了。

step 07 儲存後，在瀏覽器中開啟文件。

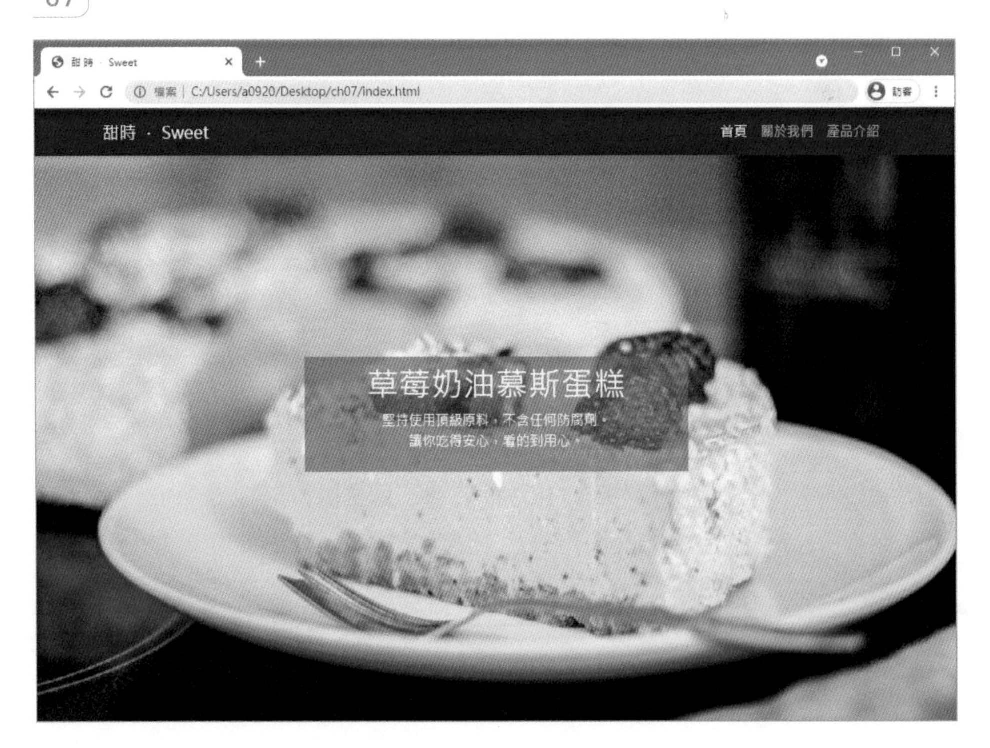

step 08 拖曳視窗，可以觀察到縮小後的版面配置變化。

7-2 關於我們

「關於我們」頁面注重的是內容資訊的表達，本章節運用 Bootstrap 網格系統中的類別「col-lg」，透過自動分配欄位數量的方式設計出兩欄式架構。此外，為了使網站呈現更漂亮的樣式，我們也針對許多元素給予不同的文字色彩。

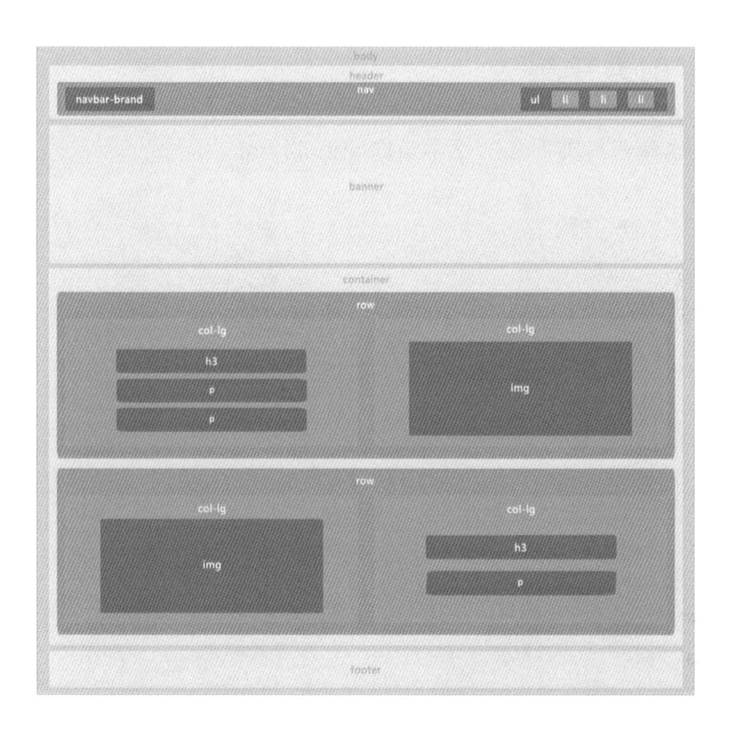
body
header
nav
navbar-brand
ul
li
li
li
banner
container
row
col-lg
col-lg
h3
p
p
img
row
col-lg
col-lg
img
h3
p
footer

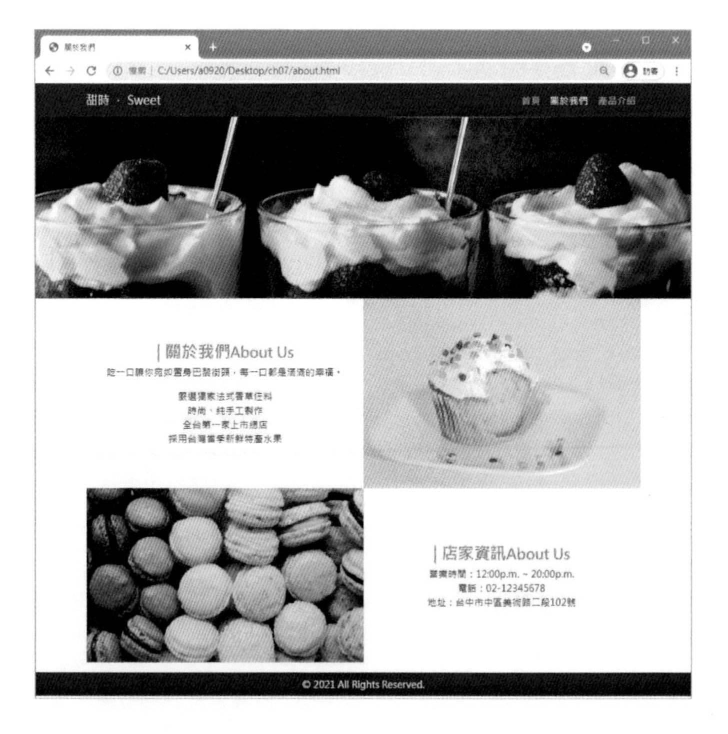
C:/Users/a0920/Desktop/ch07/about.html
甜時 · Sweet
首頁
關於我們
產品介紹
| 關於我們About Us
吃一口讓你宛如置身巴黎街頭，每一口都是滿滿的幸福。
嚴選獨家法式香草佐料
時尚、純手工製作
全台第一家上市總店
採用台灣當季新鮮特產水果
| 店家資訊About Us
營業時間：12:00p.m. ~ 20:00p.m.
電話：02-12345678
地址：台中市中區美術路二段102號
© 2021 All Rights Reserved.

7-2-1 前置作業

step 01 在專案資料夾「ch07」中新增 about.html。

step 02 新增 about.css，放於 css 資料夾中。

step 03 建立 HTML 基本架構，建立後如下所示。

[about.html]

```
<!doctype html>
<html lang="en">
    <head>
        <!-- Required meta tags -->
        <meta charset="utf-8">
        <meta name="viewport" content="width=device-width, initial-scale=1">
        <!-- Bootstrap CSS -->
        <link rel="stylesheet" type="text/css" href="css/bootstrap.css">
        <link rel="stylesheet" type="text/css" href="css/about.css">
        <title> 關於我們 </title>
    </head>
    <body>
        <!-- Optional JavaScript -->
        <script src="js/bootstrap.js"></script>
    </body>
</html>
```

TIP

此處的 HTML 架構是依據 Bootstrap 網站提供的 HTML 文件架構，進行修改而成的。粗體則是我們修改的部分。

7-2-2 設定 body 元素的樣式

step 01 切換至 about.css，將 body 內的文字都設定為「微軟正黑體」。

```
body {
    font-family: Microsoft JhengHei;
}
```

7-2-3 製作網頁導覽列

step 01 在 header 元素內新增導覽列，由於此步驟在 7-1 已教學過，故此部分不再說明如何製作，讀者可以翻閱至 7-1 複習相關內容，設定後的 HTML 應與下圖相符。

```
    <div class="collapse navbar-collapse" id="navbarNav">
      <ul class="navbar-nav ms-auto">
        <li class="nav-item">
          <a class="nav-link" aria-current="page" href="index.html">首頁</a>
        </li>
        <li class="nav-item">
          <a class="nav-link active" href="about.html">關於我們</a>
        </li>
        <li class="nav-item">
          <a class="nav-link" href="product.html">產品介紹</a>
        </li>
      </ul>
    </div>
  </div>
</nav>
```

在這裡我們將 active 類別套用在關於我們的 li 元素上，用來表示當前停留的頁面為關於我們。

step 02 儲存後，在瀏覽器中開啟文件。

7-2-4 製作 banner 區

step 01 於 header 元素下方新增一個 div 元素，並將其 id 設定為 banner。

```
</header>
<div id="banner"></div>
```

step 02 切換至 about.css 撰寫 banner 樣式。

[about.css]

```
#banner {
    background-image: url(../images/banner.jpg);
    background-position: center center;
    background-size: cover;
    height: 300px;
    margin-top: 3.5rem;
}
```

TIP

- 為了顯示出我們為 div 元素所設定的背景圖片，我們需要將 div 元素設定高度，這邊設定 height: 300px。
- 由於先前我們將導覽列固定在頂部，在這裡的 banner 上方會被遮住一部分，所以我們要幫它設定頂部的外距（margin），這裡設定 margin-top: 3.5rem，rem 為 css 中的一種單位，它會相對於 <html> 標籤所設定的文字大小進行比例縮放，而 html 預設的文字大小為 16px，所以 3.5rem 就是 16*3.5=56px。Bootstrap 中許多元件都使用 rem 單位，只要在不同裝置的版面設定 html 的 font-size，剩下的元件就會依比例更改尺寸。

step 03 儲存後，在瀏覽器中開啟文件。

7-2-5 製作 banner 下方區塊

step 01 於 banner 下新增一個 div 元素，並套用「container」與「mb-3」類別。

[about.html]

```
<div id="banner"></div>
<div class="container mb-3">
</div>
```

TIP

- 套用 container 類別讓我們在縮放網頁時，會依據 Bootstrap 預設的解析度不同，自動去調整固定寬度。
- 套用 mb-3 類別設定底部的外距（margin）。

step 02 於 class 為 container 與 mb-3 的 div 元素下新增兩個 class 為 row 與 no-gutters 的 div 元素。

[about.html]

```
<div class="container mb-3">
    <div class="row g-0">
    </div>
    <div class="row g-0">
```

```
    </div>
</div>
```

step 03 在每個 row 中新增兩個 class 為 col-lg 的 div 元素。

[about.html]

```
<div class="container mb-3">
    <div class="row g-0">
        <div class="col-lg">
        </div>
        <div class="col-lg">
        </div>
    </div>
    <div class="row g-0">
        <div class="col-lg">
        </div>
        <div class="col-lg">
        </div>
    </div>
</div>
```

TIP

- 分別在每個 row 中新增了套用 col-lg 類別的兩個 div 元素，在沒有特別設定欄位數量的情況下，網格系統會自動幫我們分配，也就是 12/2=6，其實就相當於套用了 col-lg-6 類別，所以當解析度 ≥992px 時，會形成兩欄式的版面，而元素的寬度為 50%（100%/(12/6)=50%）。詳細網格系統的運用讀者可以回到 6-2-1 複習相關內容。
- 解析度 <992px 時則會變回預設佔滿所有欄位的版面配置。

step 04 將兩個 row 中的第一個 div 元素套用「align-self-center」和「text-center」類別。

[about.html]

```
<div class="container mb-3">
    <div class="row g-0">
        <div class="col-lg align-self-center text-center">
        </div>
        <div class="col-lg">
        </div>
    </div>
```

```
    <div class="row g-0">
        <div class="col-lg align-self-center text-center">
        </div>
        <div class="col-lg">
        </div>
    </div>
</div>
```

TIP

設定 align-self-center 將 div 元素進行垂直置中對齊，以及套用 text-center 類別將文字置中對齊。

step 05 於第一個 row 中的第一個 div 元素中，新增一個 h3 元素輸入「關於我們」，並且使用 small 元素製作副標題輸入「About Us」。

[about.html]

```
<div class="container mb-3">
    <div class="row g-0">
        <div class="col-lg align-self-center text-center">
            <h3>| 關於我們 <small>About Us</small></h3>
        </div>
        <div class="col-lg">
        </div>
    </div>
    <div class="row g-0">
        <div class="col-lg align-self-center text-center">
        </div>
        <div class="col-lg">
        </div>
    </div>
</div>
```

TIP

small 元素可讓元素的文字內容縮小字體。

step 06 將 h3 元素套用 title 和 mt-3 類別。

[about.html]

```
<div class="container mb-3">
    <div class="row g-0">
        <div class="col-lg align-self-center text-center">
            <h3 class="title mt-3">| 關於我們 <small>About Us</small></h3>
        </div>
        <div class="col-lg">
        </div>
    </div>
    <div class="row g-0">
        <div class="col-lg align-self-center text-center">
        </div>
        <div class="col-lg">
        </div>
    </div>
</div>
```

TIP

- title 類別為我們創建的類別。
- 套用 mt-3 類別設定頂部的外距（margin）。

step 07 切換至 about.css 撰寫 title 類別的樣式。

[about.css]

```
.title {
    color: #FA8072;
    font-weight: bold;
}
```

TIP

font-weight 屬性用於設定文字的粗細。在此，我們將文字的粗細設定為 bold(粗體)。

step 08 於 h3 元素下方新增兩個 p 元素，並輸入其內容文字，並使用 br 元素將文字換行。

[about.html]

```
<div class="container mb-3">
    <div class="row g-0">
        <div class="col-lg align-self-center text-center">
            <h3 class="title mt-3">| 關於我們 <small>About Us</small></h3>
            <p> 吃一口讓你宛如置身巴黎街頭，每一口都是滿滿的幸福。</p>
            <p> 嚴選獨家法式香草佐料 <br /> 時尚、純手工製作 <br /> 全台第一家
上市總店 <br /> 採用台灣當季新鮮特產水果 </p>
        </div>
        <div class="col-lg">
        </div>
    </div>
    <div class="row g-0">
        <div class="col-lg align-self-center text-center">
        </div>
        <div class="col-lg">
        </div>
    </div>
</div>
```

step 09 儲存後，在瀏覽器中開啟文件。

step 10 於第二個 row 中的第一個 div 元素新增內容，步驟與前面相同便不再贅述。

[about.html]

```
<div class="container mb-3">
    <div class="row g-0">
        <div class="col-lg align-self-center text-center">
            <h3 class="title mt-3">| 關於我們 <small>About Us</small></h3>
            <p> 吃一口讓你宛如置身巴黎街頭，每一口都是滿滿的幸福。</p>
            <p> 嚴選獨家法式香草佐料 <br /> 時尚、純手工製作 <br /> 全台第一家
上市總店 <br /> 採用台灣當季新鮮特產水果 </p>
        </div>
        <div class="col-lg">
        </div>
    </div>
    <div class="row g-0">
        <div class="col-lg align-self-center text-center">
            <h3 class="title mt-3">| 店家資訊 <small>About Us</small></h3>
            <p> 營業時間：12:00p.m. ~ 20:00p.m.<br /> 電話：02-12345678<br />
地址：台中市中區美術路二段 102 號
            </p>
        </div>
        <div class="col-lg">
        </div>
    </div>
</div>
```

step 11 儲存後，在瀏覽器中開啟文件。

step 12 於兩個 row 中的第二個 div 元素中，分別新增 img 元素，並套用 img-fluid 類別。

[about.html]

```
<div class="container mb-3">
    <div class="row g-0">
        <div class="col-lg align-self-center text-center">
            <h3 class="title mt-3">| 關於我們 <small>About Us</small></h3>
            <p> 吃一口讓你宛如置身巴黎街頭，每一口都是滿滿的幸福。</p>
            <p> 嚴選獨家法式香草佐料 <br /> 時尚、純手工製作 <br /> 全台第一家
上市總店 <br /> 採用台灣當季新鮮特產水果 </p>
        </div>
        <div class="col-lg">
            <img src="images/cupcake.jpg" class="img-fluid">
        </div>
    </div>
    <div class="row g-0">
        <div class="col-lg align-self-center text-center">
            <h3 class="title mt-3">| 店家資訊 <small>About Us</small></h3>
            <p> 營業時間：12:00p.m. ~ 20:00p.m.<br /> 電話：02-12345678<br />
地址：台中市中區美術路二段 102 號
            </p>
        </div>
        <div class="col-lg">
            <img src="images/macarons.jpg" class="img-fluid">
        </div>
    </div>
</div>
```

TIP

img-fluid 類別為 Bootstrap 的圖片類別，該類別將樣式設定了 max-width: 100%; 以及 height: auto;，讓圖片能夠隨著裝置大小的不同做出響應式變化。

step 13 儲存後，在瀏覽器中開啟文件。

step 14 我們在第二個 row 中的第二個 div 元素套用「order-lg-first」類別。

[about.html]

```
<div class="container mb-3">
    <div class="row g-0">
        <div class="col-lg align-self-center text-center">
            <h3 class="title mt-3">| 關於我們 <small>About Us</small></h3>
            <p> 吃一口讓你宛如置身巴黎街頭，每一口都是滿滿的幸福。</p>
            <p> 嚴選獨家法式香草佐料 <br /> 時尚、純手工製作 <br /> 全台第一家
上市總店 <br /> 採用台灣當季新鮮特產水果 </p>
        </div>
        <div class="col-lg">
            <img src="images/cupcake.jpg" class="img-fluid">
        </div>
    </div>
    <div class="row g-0">
        <div class="col-lg align-self-center text-center">
            <h3 class="title mt-3">| 店家資訊 <small>About Us</small></h3>
            <p> 營業時間：12:00p.m. ~ 20:00p.m.<br /> 電話：02-12345678<br />
地址：台中市中區美術路二段 102 號
```

```
                </p>
            </div>
            <div class="col-lg order-lg-first">
                <img src="images/macarons.jpg" class="img-fluid">
            </div>
        </div>
    </div>
```

TIP

order 類別是 Bootstrap 內建的類別，可以用來將網頁內容進行響應式的排序，用法為 order- 中斷點 - 值，值可以為 1~12，會依值來決定順序，值越小表示順序越優先，另外也可以使用 first 或 last 將元素快速更改排序，first 表示將排序至最前，last 表示將排序至最後。原本的網頁會依我們的程式碼呈現元素的排列位置，但在這裡我們將第二個 div 元素套用了 order-lg-first 類別，所以在解析度 ≥992px 時，圖片的位置會排序在前面，形成較有設計感的版面配置。

step 15 儲存後，在瀏覽器中開啟文件。

7-2-6 製作 footer 區

step 01 新增 footer 元素並套用「text-center」、「bg-dark」、「text-white」、「py-2」類別。

[about.html]

```
<div class="container mb-3">
    <!-- banner 下方區塊內容 -->
</div>
<footer class="text-center bg-dark text-white py-2">
    © 2021 All Rights Reserved.
</footer>
```

TIP

套用 py-2 類別同時設定 footer 頂部與底部的內距（padding），讀者可以回到 6-3-1 複習相關的間距類別內容。

step 02 儲存後，在瀏覽器中開啟文件。

step 03 拖曳視窗，我們可以確認縮小後的版面配置變化，也可以發現「店家資訊」的元素區塊配置變回原本程式碼所撰寫的順序。

7-3 產品項目

在此章節中，我們將要學習如何製作甜點的「產品項目」頁面。在此頁面中，我們希望製作三欄一列的版型，因此我們運用 Bootstrap 網格系統中的類別「col-lg」，透過自動分配欄位數量的方式設計出三欄的版面配置，並在這些區塊中各自放入產品的圖片、名稱、內容與連結按鈕。接下來，就讓我們開始實作吧！

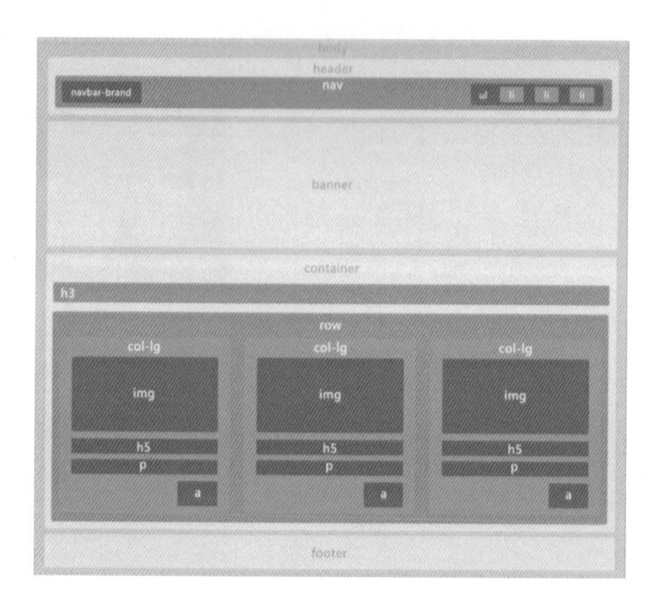
body
header
nav
navbar-brand
ul
li
li
li
banner
container
h3
row
col-lg
col-lg
col-lg
img
img
img
h5
h5
h5
p
p
p
a
a
a
footer

C:/Users/a0920/Desktop/ch07/product.html
甜時 · Sweet
首頁
關於我們
產品介紹
產品介紹Product
鄉村檸檬乳酪塔
採用紐西蘭小鄉村濃郁的乳酪香味，搭配清涼檸檬口感是鄉村中最具影響力的一道甜點。
我要訂購
精緻手工巧克蛋糕
本店採用歐洲低筋麵粉純手工製作，搭配瑞士金典巧克力碎片，每一口都能被巧克力淹沒，令人著迷且充滿想像的奇幻空間。
我要訂購
限量莓果乳酪蛋糕
自製微酸香甜的草莓醬點綴了藍莓，雙層華麗的享受與令人驚豔的口感絕對讓你幸福美滿。
我要訂購
© 2021 All Rights Reserved.

7-3-1 前置作業

step 01 在專案資料夾「ch07」中新增 product.html。

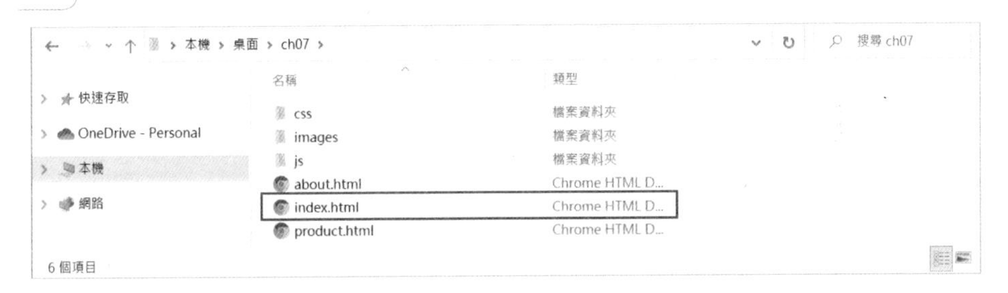

step 02 新增 product.css，放於 css 資料夾中。

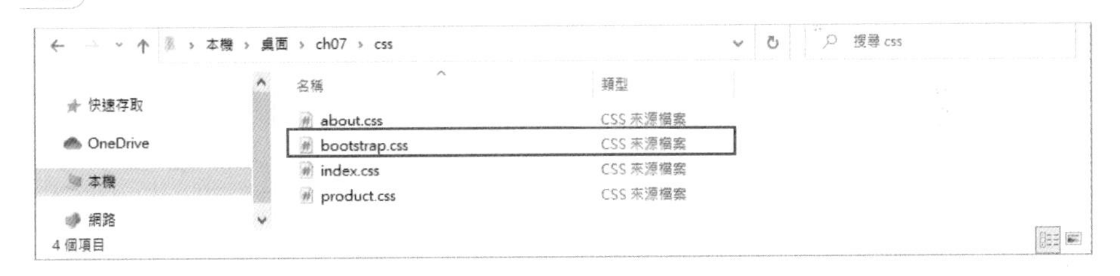

step 03 建立 HTML 基本架構，建立後如下圖所示。

[product.html]

```
<!DOCTYPE html>
<html lang="en">
    <head>
        <!-- Required meta tags -->
        <meta charset="utf-8">
        <meta name="viewport" content="width=device-width, initial-scale=1">
        <!-- Bootstrap CSS -->
        <link rel="stylesheet" type="text/css" href="css/bootstrap.css">
        <link rel="stylesheet" type="text/css" href="css/product.css">
        <title> 產品介紹 </title>
    </head>
    <body>
        <!-- Optional JavaScript -->
        <script src="js/bootstrap.js"></script>
    </body>
</html>
```

TIP

此處的 HTML 架構是依據 Bootstrap 網站提供的 HTML 文件架構，進行修改而成的。粗體則是我們修改的部分。

7-3-2 設定 body 元素的樣式

step 01 切換至 product.css，將 body 內的文字都設定為「微軟正黑體」。

```
body {
    font-family: Microsoft JhengHei;
}
```

7-3-3 製作網頁導覽列及 banner

step 01 由於此步驟在 7-2 節已教學過，故此部分不再說明如何製作，讀者可以回頭閱讀相關內容，記得要切換至 product.css 撰寫 banner 的樣式，設定後的 HTML 應與下圖相符。

```
      data-bs-toggle="collapse"
      data-bs-target="#navbarNav"
      aria-controls="navbarNav"
      aria-expanded="false"
      aria-label="Toggle navigation"
    >
      <span class="navbar-toggler-icon"></span>
    </button>
    <div class="collapse navbar-collapse" id="navbarNav">
      <ul class="navbar-nav ms-auto">
        <li class="nav-item">
          <a class="nav-link" aria-current="page" href="index.html">首頁</a>
        </li>
        <li class="nav-item">
          <a class="nav-link" href="about.html">關於我們</a>
        </li>
        <li class="nav-item">
          <a class="nav-link active" href="product.html">產品介紹</a>
        </li>
      </ul>
    </div>
  </div>
</nav>
```

step 02 儲存後，在瀏覽器中開啟文件。

7-3-4 製作 banner 下方區塊

step 01 於 banner 下新增一個 div 元素，並套用 container 以及 my-3 類別。

[product.html]

```
<div id="banner"></div>
<div class="container my-3"></div>
```

step 02 於 container 中新增一個套用「row」、「g-0」類別的 div 元素，並在 div 元素中新增一個 h3 元素輸入「產品介紹」，並使用 small 元素製作副標題輸入「Product」。

[product.html]

```
<div class="container my-3">
    <div class="row g-0">
        <h3>| 產品介紹 <small>Product</small></h3>
    </div>
</div>
```

step 03 將 h3 元素套用 title 類別與 my-3 類別。

[product.html]

```
<div class="container my-3">
    <div class="row g-0">
        <h3 class="title my-3">| 產品介紹 <small>Product</small></h3>
    </div>
</div>
```

TIP

- title 類別為我們自行創建的類別。
- 套用 my-3 類別同時設定頂部與底部的外距（margin），讀者可以回 6-3-1 複習相關的間距類別內容。

step 04 切換至 product.css 撰寫類別 title 的樣式。

[product.css]

```
.title {
    color: #FA8072;
    font-weight: bold;
}
```

step 05 儲存後，在瀏覽器中開啟文件。

step 06 於下方再新增一個 class 為 row 的 div 元素。

[product.html]

```
<div class="container my-3">
    <div class="row g-0">
        <h3 class="title my-3">| 產品介紹 <small>Product</small></h3>
    </div>
    <div class="row">
    </div>
</div>
```

step 07 於 class 為 row 的 div 元素中，新增三個 div 元素，並套用 col-lg 以及 mb-3 類別。

[product.html]

```
<div class="container my-3">
    <div class="row g-0">
        <h3 class="title my-3">| 產品介紹 <small>Product</small></h3>
    </div>
    <div class="row">
        <div class="col-lg mb-3">
        </div>
        <div class="col-lg mb-3">
        </div>
        <div class="col-lg mb-3">
        </div>
    </div>
</div>
```

TIP

- 我們將三個 div 元素套用 col-lg 類別，當解析度 ≥992px 時，Bootstrap 的網格系統會自動幫我們分配欄位數量，相當於將這三個元素設定了 col-lg-4 類別，所以當解析度 ≥992px 時，會形成三欄式的版面。詳細網格系統的運用讀者可以回到 6-2-1 複習相關內容。
- 套用 mb-3 類別設定底部外距（margin）。

step 08 在 class 為 col-lg 的第一個 div 元素中加入一個 card 元件，並將 img 元素內的圖片路徑修改為「images/cake01.jpg」。

[product.html]

```
<div class="container my-3">
    <div class="row g-0">
        <h3 class="title my-3">| 產品介紹 <small>Product</small></h3>
    </div>
    <div class="row">
        <div class="col-lg mb-3">
            <div class="card">
                <img class="card-img-top" src="images/cake01.jpg" alt="Card
image cap">
                <div class="card-body">
```

```
                    <h5 class="card-title">Card title</h5>
                    <p class="card-text">Some quick example text to build on
the card title and make up the bulk of the card's content.</p>
                    <a href="#" class="btn btn-primary">Go somewhere</a>
                </div>
            </div>
        </div>
        <div class="col-lg mb-3">
        </div>
        <div class="col-lg mb-3">
        </div>
    </div>
</div>
```

TIP

讀者可以至 6-1-4 複習如何設定 card 元件。在這裡我們把類別為 card 的 div 元素移除預設寬度（style="width: 18rem;"），讓 card 會依我們所設定的版面配置佈滿該區塊（也就是 col-lg 的元素區塊）。

step 09 儲存後，在瀏覽器中開啟文件。

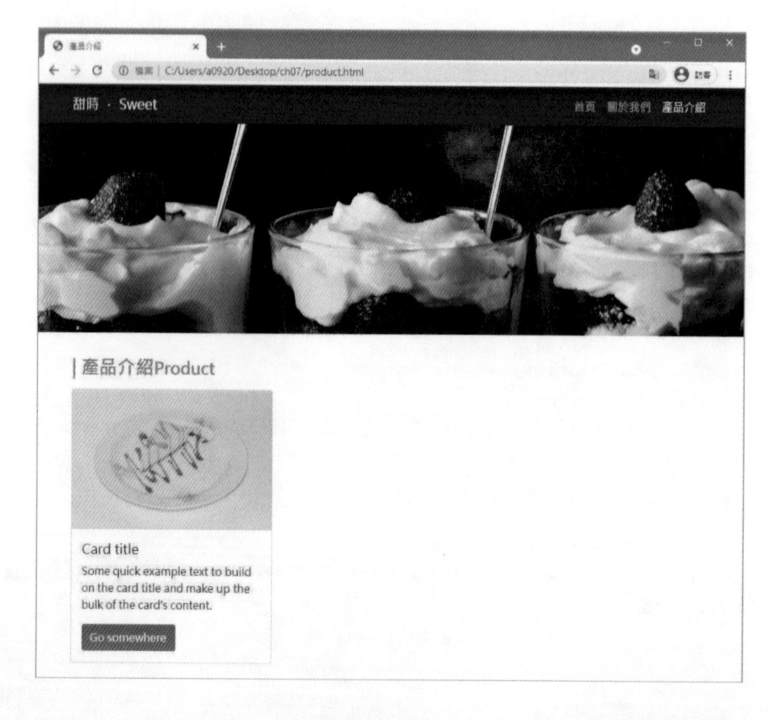

step 10 修改 card 元件內 h5 元素、p 元素及 a 元素內容，並將 a 元素超連結至 detail.html。

[product.html]

```
<div class="container my-3">
    <div class="row g-0">
        <h3 class="title my-3">| 產品介紹 <small>Product</small></h3>
    </div>
    <div class="row">
        <div class="col-lg mb-3">
            <div class="card">
                <img class="card-img-top" src="images/cake01.jpg" alt="Card
image cap">
                <div class="card-body">
                    <h5 class="card-title"> 鄉村檸檬乳酪塔 </h5>
                    <p class="card-text"> 採用紐西蘭小鄉村濃郁的乳酪香味，搭配
清涼檸檬口感是鄉村中最具影響力的一道甜點。</p>
                    <a href="detail.html" class="btn btn-primary"> 我要訂購 </a>
                </div>
            </div>
        </div>
        <div class="col-lg mb-3">
        </div>
        <div class="col-lg mb-3">
        </div>
    </div>
</div>
```

step 11 於 h5 元素中套用 text-danger 類別。

[product.html]

```
<div class="container my-3">
    <div class="row g-0">
        <h3 class="title my-3">| 產品介紹 <small>Product</small></h3>
    </div>
    <div class="row">
        <div class="col-lg mb-3">
            <div class="card">
                <img class="card-img-top" src="images/cake01.jpg" alt="Card
image cap">
                <div class="card-body">
                    <h5 class="card-title text-danger"> 鄉村檸檬乳酪塔 </h5>
                    <p class="card-text"> 採用紐西蘭小鄉村濃郁的乳酪香味，搭配
清涼檸檬口感是鄉村中最具影響力的一道甜點。</p>
```

```
                    <a href="detail.html" class="btn btn-primary"> 我要訂購 </a>
                </div>
            </div>
        </div>
        <div class="col-lg mb-3">
        </div>
        <div class="col-lg mb-3">
        </div>
    </div>
</div>
```

TIP

我們套用 text-danger 類別將文字顏色設定為紅色。

step 12 將 a 元素中 btn-primary 類別更改為 btn-outline-primary 類別，並新增 float-end 類別。

[product.html]

```
<div class="container my-3">
    <div class="row g-0">
        <h3 class="title my-3">| 產品介紹 <small>Product</small></h3>
    </div>
    <div class="row">
        <div class="col-lg mb-3">
            <div class="card">
                <img class="card-img-top" src="images/cake01.jpg" alt="Card
image cap">
                <div class="card-body">
                    <h5 class="card-title text-danger"> 鄉村檸檬乳酪塔 </h5>
                    <p class="card-text"> 採用紐西蘭小鄉村濃郁的乳酪香味，搭配
清涼檸檬口感是鄉村中最具影響力的一道甜點。</p>
                    <a href="detail.html" class="btn btn-outline-primary
float-end"> 我要訂購 </a>
                </div>
            </div>
        </div>
        <div class="col-lg mb-3">
        </div>
        <div class="col-lg mb-3">
        </div>
    </div>
</div>
```

TIP

- 我們套用 float-end 類別將按鈕設定靠尾浮動。
- btn 類別是 Bootstrap 為按鈕設計的基本樣式類別。
- 原本 card 元件預設按鈕顏色為 btn-primary 類別，「btn-*」為 Bootstrap 所設計的按鈕顏色類別，顏色主題包含 primary（藍色）、secondary（灰色）、success（綠色）、danger（紅色）、warning（橙色）、info（藍綠）、light（淺色）、dark（深色）以及 link（超連結）。在這裡我們改套用為 btn-outline-primary 類別，「btn-outline-*」是按鈕外框顏色類別，除了沒有 link，其他顏色主題與按鈕顏色類別相同，以下分別為按鈕顏色及按鈕外框顏色樣式範例圖。

step 13 儲存後，在瀏覽器中開啟文件。

step 14 將下方兩個套用 col-lg 類別的 div 元素，同前面製作步驟分別新增 card 元件，完成後的程式碼如下。

```
<div class="container my-3">
    <div class="row g-0">
        <h3 class="title my-3">| 產品介紹 <small>Product</small></h3>
    </div>
    <div class="row">
        <div class="col-lg mb-3">
            <div class="card">
                <img class="card-img-top" src="images/cake01.jpg" alt="Card
image cap">
                <div class="card-body">
                    <h5 class="card-title text-danger"> 鄉村檸檬乳酪塔 </h5>
                    <p class="card-text"> 採用紐西蘭小鄉村濃郁的乳酪香味，搭配
清涼檸檬口感是鄉村中最具影響力的一道甜點。</p>
                    <a href="detail.html" class="btn btn-outline-primary
float-end"> 我要訂購 </a>
                </div>
            </div>
        </div>
        <div class="col-lg mb-3">
            <div class="card">
                <img class="card-img-top" src="images/cake02.jpg" alt="Card
image cap">
                <div class="card-body">
                    <h5 class="card-title text-danger"> 精緻手工巧克蛋糕 </h5>
                    <p class="card-text"> 本店採用歐洲低筋麵粉純手工製作，搭配
瑞士金典巧克力碎片，每一口都能被巧克力滋潤，令人著迷且充滿想像的奇幻空間。</p>
                    <a href="detail.html" class="btn btn-outline-primary
float-end"> 我要訂購 </a>
                </div>
            </div>
        </div>
        <div class="col-lg mb-3">
            <div class="card">
                <img class="card-img-top" src="images/cake03.jpg" alt="Card
image cap">
                <div class="card-body">
                    <h5 class="card-title text-danger"> 限量莓果乳酪蛋糕 </h5>
                    <p class="card-text"> 自製微酸香甜的草莓醬點綴了藍莓，雙層
華麗的享受與令人驚豔的口感絕對讓你幸福美滿。</p>
                    <a href="detail.html" class="btn btn-outline-primary
float-end"> 我要訂購 </a>
                </div>
            </div>
        </div>
```

```
    </div>
</div>
```

step 15 儲存後，在瀏覽器中開啟文件。

7-3-5 製作 footer 區

step 01 由於此步驟 7-2 已教學過，故此部分不再說明如何製作 footer，讀者可以翻閱至 7-2 學習相關內容。

```
<div class="container my-3">
    <!-- banner 下方區塊內容 -->
</div>
<footer class="text-center bg-dark text-white py-2">
    © 2021 All Rights Reserved.
</footer>
```

step 02 儲存後，在瀏覽器中開啟文件。

step 03 拖曳視窗，確認縮小後的版面配置變化。

7-4 產品細節

本章節將要學習如何製作甜點「產品細節」內容頁。在此頁面中，我們運用 Bootstrap 網格系統中的類別「col-lg」，透過自動分配欄位數量的方式將版面分成兩欄，左側欄用來放置產品的圖片，而右側欄則放置產品的訂購表單。現在就讓我們開始學習要如何製作吧！

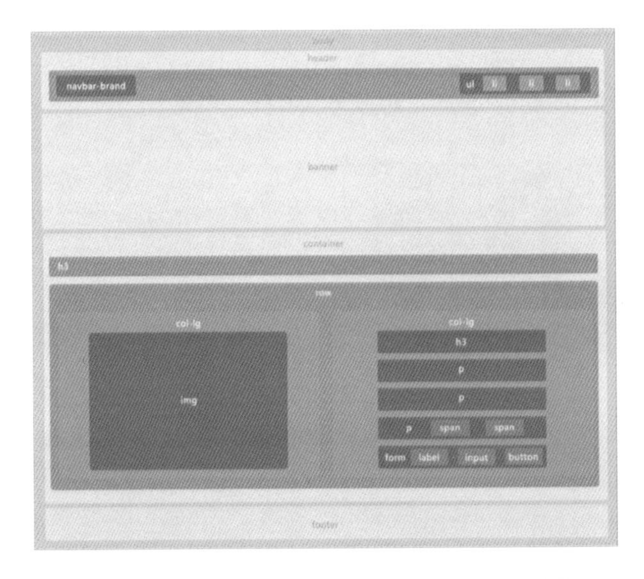

7-4-1 前置作業

step 01 在專案資料夾「ch07」中，新增 detail.html。

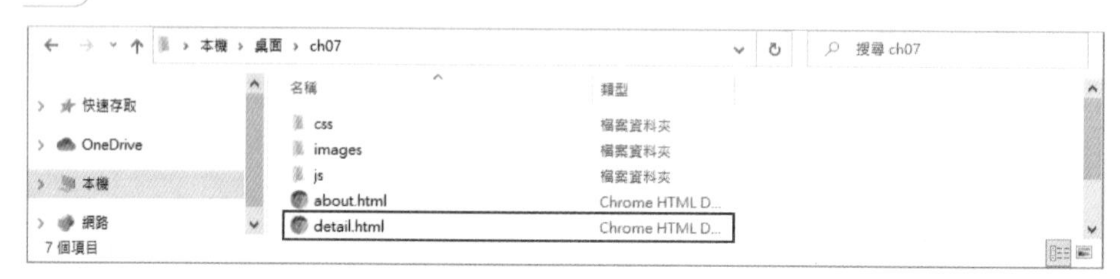

step 02 新增 detail.css，放於 css 資料夾中。

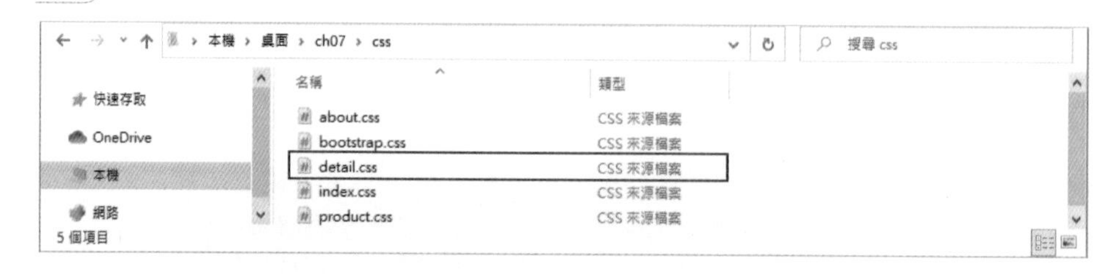

step 03 建立 HTML 基本架構，建立後如下圖所示。

[product.html]

```
<!DOCTYPE html>
<html lang="en">
  <head>
      <!-- Required meta tags -->
      <meta charset="utf-8">
      <meta name="viewport" content="width=device-width, initial-scale=1">
      <!-- Bootstrap CSS -->
      <link rel="stylesheet" type="text/css" href="css/bootstrap.css">
      <link rel="stylesheet" type="text/css" href="css/detail.css">
      <title> 產品細節 </title>
  </head>
  <body>
      <!-- Optional JavaScript -->
      <script src="js/bootstrap.js"></script>
  </body>
</html>
```

TIP

此處的 HTML 架構是依據 Bootstrap 網站提供的 HTML 文件架構，進行修改而成的。粗體則是我們修改的部分。

7-4-2 設定 body 元素的樣式

step 01 切換至 detail.css，將 body 內的文字都設定為「微軟正黑體」。

```
body {
    font-family: Microsoft JhengHei;
}
```

7-4-3 製作網頁導覽列及 banner

step 01 由於此步驟 7-2 已教學過，故此部分不再說明如何製作 nav 及 banner，讀者可以回頭學習相關內容，設定後的 html 應與下圖相符。

```
<nav class="navbar navbar-expand-lg navbar-dark bg-dark fixed-top">
  <div class="container">
    <a class="navbar-brand" href="index.html">甜時 · Sweet</a>
    <button
      class="navbar-toggler"
      type="button"
      data-bs-toggle="collapse"
      data-bs-target="#navbarNav"
      aria-controls="navbarNav"
      aria-expanded="false"
      aria-label="Toggle navigation"
    >
      <span class="navbar-toggler-icon"></span>
    </button>
    <div class="collapse navbar-collapse" id="navbarNav">
      <ul class="navbar-nav ms-auto">
        <li class="nav-item">
          <a class="nav-link" aria-current="page" href="index.html">首頁</a>
        </li>
        <li class="nav-item">
          <a class="nav-link" href="about.html">關於我們</a>
        </li>
        <li class="nav-item">
          <a class="nav-link" href="product.html">產品介紹</a>
        </li>
      </ul>
    </div>
  </div>
</nav>
```

step 02 存檔後，確認是否修改成功。

7-4-4 製作 banner 下方區塊

step 01 於 banner 下新增一個 div 元素，並套用 container 以及 my-3 類別。

[detail.html]

```
<div id="banner">
</div>
<div class="container my-3">
</div>
```

step 02 於 container 中新增一個套用「row」、「g-0」類別的 div 元素，並在 div 元素中新增一個 h3 元素輸入「產品細節」，並使用 small 元素製作副標題輸入「Detail」。

[detail.html]

```
<div class="container my-3">
    <div class="row g-0">
        <h3>| 產品細節 <small>Detail</small></h3>
    </div>
</div>
```

step 03

將 h3 元素套用 title 類別及 my-3 類別。

[detail.html]

```
<div class="container my-3">
    <div class="row g-0">
        <h3 class="title my-3">| 產品細節 <small>Detail</small></h3>
    </div>
</div>
```

step 04

切換至 detail.css 撰寫 class 為 title 的樣式。

[detail.css]

```
.title {
    color: #FA8072;
    font-weight: bold;
}
```

step 05

儲存後，在瀏覽器中開啟文件。

step 06

於 class 為 row 及 g-0 的 div 元素下新增一個 class 為 row 的 div 元素。

[detail.html]

```
<div class="container my-3">
    <div class="row g-0">
        <h3 class="title my-3">| 產品細節 <small>Detail</small></h3>
    </div>
```

```
    <div class="row">
    </div>
</div>
```

step 07 於 class 為 row 的 div 元素中新增兩個套用 col-lg 以及 mb-3 類別的 div 元素。

[detail.html]

```
<div class="container my-3">
    <div class="row g-0">
        <h3 class="title my-3">| 產品細節 <small>Detail</small></h3>
    </div>
    <div class="row">
        <div class="col-lg mb-3">
        </div>
        <div class="col-lg mb-3">
        </div>
    </div>
</div>
```

TIP

- 套用 col-lg 類別的兩個 div 元素，在沒有特別設定欄位數量的情況下，網格系統會自動幫我們分配，也就是 12/2=6，其實就相當於套用了 col-lg-6 類別，所以當解析度 ≥992px 時，會形成兩欄式的版面。
- 解析度 <992px 時則會變回預設佔滿所有欄位的版面配置。

step 08 於第一個 class 為「col-lg」的 div 元素中新增一個 img 元素，圖片路徑為「images/cake01.jpg」，並套用「img-thumbnail」類別。

[detail.html]

```
<div class="container my-3">
    <div class="row g-0">
        <h3 class="title my-3">| 產品細節 <small>Detail</small></h3>
    </div>
    <div class="row">
        <div class="col-lg mb-3">
```

```
            <img src="images/cake01.jpg" class="img-thumbnail">
        </div>
        <div class="col-lg mb-3">
        </div>
    </div>
</div>
```

TIP

img-thumbnail 類別為 Bootstrap 的圖片類別，該類別將樣式設定了 max-width: 100%; 以及 height: auto;，讓圖片能夠隨著裝置大小的不同做出響應式變化，除此之外該類別透過增加內距（padding）的方式將圖片略縮，並將背景顏色設為白色以及加了 1px 的圓角邊框，讓圖片看起來就像是加了一層白色外框。

step 09 儲存後，在瀏覽器中開啟文件。

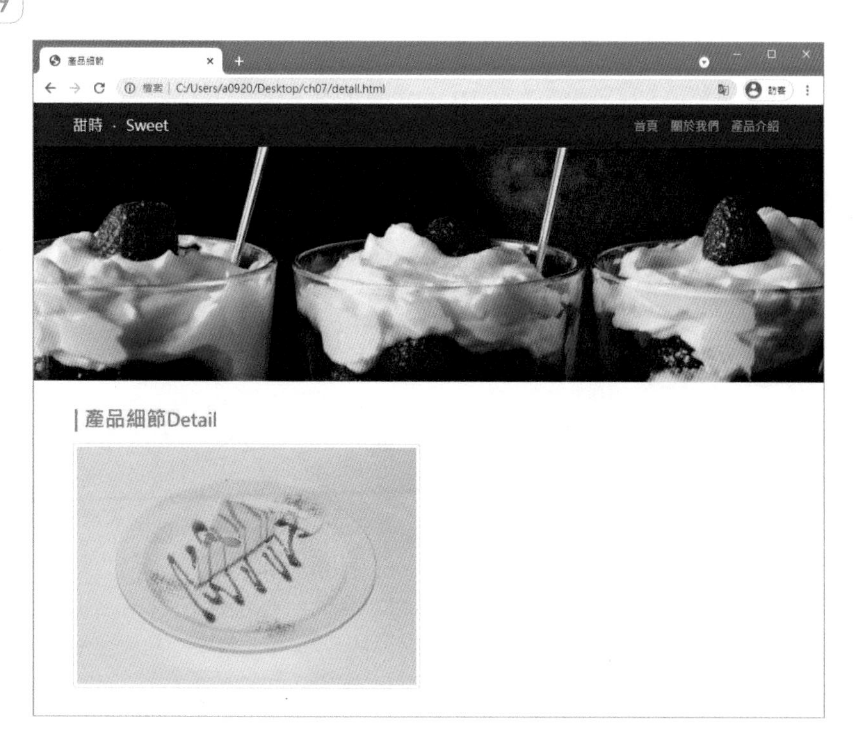

step 10 於第二個 class 為「col-lg」的 div 元素中新增一個 h3 元素。

[detail.html]

```
<div class="container my-3">
    <div class="row g-0">
        <h3 class="title my-3">| 產品細節 <small>Detail</small></h3>
    </div>
    <div class="row">
        <div class="col-lg mb-3">
            <img src="images/cake01.jpg" class="img-thumbnail">
        </div>
        <div class="col-lg mb-3">
            <h3> 鄉村檸檬乳酪塔 </h3>
        </div>
    </div>
</div>
```

step 11 於 h3 元素下新增兩個 p 元素。

[detail.html]

```
<div class="container my-3">
    <div class="row g-0">
        <h3 class="title my-3">| 產品細節 <small>Detail</small></h3>
    </div>
    <div class="row">
        <div class="col-lg mb-3">
            <img src="images/cake01.jpg" class="img-thumbnail">
        </div>
        <div class="col-lg mb-3">
            <h3> 鄉村檸檬乳酪塔 </h3>
            <p> 採用紐西蘭小鄉村濃郁的乳酪香味搭配清涼檸檬口感是鄉村中最具影響
力的一道甜點。</p>
            <p> 價錢：79 元 / 片 </p>
        </div>
    </div>
</div>
```

step 12 儲存後，在瀏覽器中開啟文件。

step 13 於 p 元素下，再新增一個 p 元素。

[detail.html]

```
<div class="container my-3">
    <div class="row g-0">
        <h3 class="title my-3">| 產品細節 <small>Detail</small></h3>
    </div>
    <div class="row">
        <div class="col-lg mb-3">
            <img src="images/cake01.jpg" class="img-thumbnail">
        </div>
        <div class="col-lg mb-3">
            <h3> 鄉村檸檬乳酪塔 </h3>
            <p> 採用紐西蘭小鄉村濃郁的乳酪香味搭配清涼檸檬口感是鄉村中最具影響
力的一道甜點。</p>
            <p> 價錢：79 元 / 片 </p>
            <p> 分類：</p>
        </div>
    </div>
</div>
```

step 14 於 p 元素內新增兩個 span 元素。

[detail.html]

```
<div class="container my-3">
    <div class="row g-0">
        <h3 class="title my-3">| 產品細節 <small>Detail</small></h3>
    </div>
    <div class="row">
        <div class="col-lg mb-3">
            <img src="images/cake01.jpg" class="img-thumbnail">
        </div>
        <div class="col-lg mb-3">
            <h3> 鄉村檸檬乳酪塔 </h3>
            <p> 採用紐西蘭小鄉村濃郁的乳酪香味搭配清涼檸檬口感是鄉村中最具影響
力的一道甜點。</p>
            <p> 價錢：79 元 / 片 </p>
            <p> 分類：<span> 蛋糕 </span><span> 水果 </span></p>
        </div>
    </div>
</div>
```

TIP

span 元素為行內元素。我們使用 span 元素，讓我們要製作的標籤不會自動斷行。

step 15 我們將第一個 span 元素套用 badge、bg-danger、me-2 類別。

[detail.html]

```
<div class="container my-3">
    <div class="row g-0">
        <h3 class="title my-3">| 產品細節 <small>Detail</small></h3>
    </div>
    <div class="row">
        <div class="col-lg mb-3">
            <img src="images/cake01.jpg" class="img-thumbnail">
        </div>
        <div class="col-lg mb-3">
            <h3> 鄉村檸檬乳酪塔 </h3>
            <p> 採用紐西蘭小鄉村濃郁的乳酪香味搭配清涼檸檬口感是鄉村中最具影響
力的一道甜點。</p>
```

```
            <p> 價錢：79 元 / 片 </p>
            <p> 分類：<span class="badge bg-danger me-2"> 蛋糕 </span><span>
水果 </span></p>
        </div>
    </div>
</div>
```

TIP

- badge 為 Bootstrap 設定的標籤樣式類別。
- 套用 bg-danger 類別將標籤變成紅底白字，bg-* 為 Bootstrap 設定的標籤顏色類別，顏色主題包含 primary（藍色）、secondary（灰色）、success（綠色）、danger（紅色）、warning（橙色）、info（藍綠）、light（淺色）、dark（深色），下圖為各個顏色主題的樣式範例。

Primary Secondary Success Danger Warning Info Light Dark

- 套用 me-2 類別設定結尾外距（margin），讓它與下一個標籤保持一段間距。

step 16 將第二個 span 元素套用 badge、bg-warning、me-2 類別。

[detail.html]

```
<div class="container my-3">
    <div class="row g-0">
        <h3 class="title my-3">| 產品細節 <small>Detail</small></h3>
    </div>
    <div class="row">
        <div class="col-lg mb-3">
            <img src="images/cake01.jpg" class="img-thumbnail">
        </div>
        <div class="col-lg mb-3">
            <h3> 鄉村檸檬乳酪塔 </h3>
            <p> 採用紐西蘭小鄉村濃郁的乳酪香味搭配清涼檸檬口感是鄉村中最具影響
力的一道甜點。</p>
            <p> 價錢：79 元 / 片 </p>
            <p> 分類：<span class="badge bg-danger me-2"> 蛋糕 </span><span
class="badge bg-warning me-2"> 水果 </span></p>
        </div>
    </div>
</div>
```

TIP

套用 bg-warning 類別將標籤變成橙底白字，若要呈現黑字可以加入「text-dark」class。

step 17 儲存後，在瀏覽器中開啟文件。

step 18 接下來我們要製作送出訂購的表單，我們到 Bootstrap 網頁，點選 Forms 裡的 Layout，網頁下拉至 Inline forms，點擊「Copy」複製下面的 HTML。

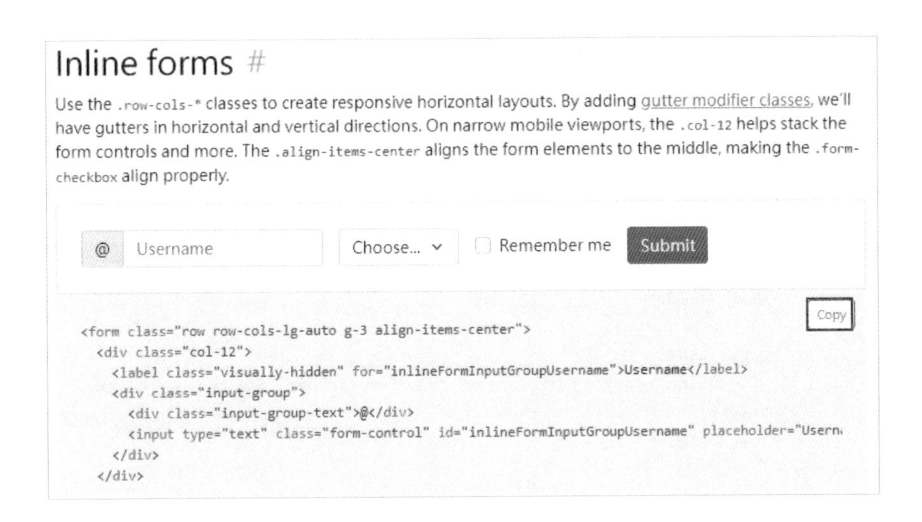
Inline forms #

Use the .row-cols-* classes to create responsive horizontal layouts. By adding gutter modifier classes, we'll have gutters in horizontal and vertical directions. On narrow mobile viewports, the .col-12 helps stack the form controls and more. The .align-items-center aligns the form elements to the middle, making the .form-checkbox align properly.


```
<form class="row row-cols-lg-auto g-3 align-items-center">
  <div class="col-12">
    <label class="visually-hidden" for="inlineFormInputGroupUsername">Username</label>
    <div class="input-group">
      <div class="input-group-text">@</div>
      <input type="text" class="form-control" id="inlineFormInputGroupUsername" placeholder="Usern
    </div>
  </div>
```

step 19 貼至分類的 p 元素下方，如下所示。

[detail.html]

```
<div class="col-lg mb-3">
    <h3> 鄉村檸檬乳酪塔 </h3>
    <p> 採用紐西蘭小鄉村濃郁的乳酪香味搭配清涼檸檬口感是鄉村中最具影響力的一道
甜點。</p>
    <p> 價錢：79 元 / 片 </p>
    <p> 分類：<span class="badge bg-danger me-2"> 蛋糕 </span><span
class="badge bg-warning me-2"> 水果 </span></p>
<form class="row row-cols-lg-auto g-3 align-items-center">
  <div class="col-12">
    <label class="visually-hidden" for="inlineFormInputGroupUsername">
Username</label>
    <div class="input-group">
      <div class="input-group-text">@</div>
      <input type="text" class="form-control" id="inlineFormInputGroupUsername"
placeholder="Username">
    </div>
  </div>

  <div class="col-12">
    <label class="visually-hidden" for="inlineFormSelectPref">Preference
</label>
    <select class="form-select" id="inlineFormSelectPref">
      <option selected>Choose...</option>
      <option value="1">One</option>
      <option value="2">Two</option>
      <option value="3">Three</option>
    </select>
  </div>
```

```
    <div class="col-12">
      <div class="form-check">
        <input class="form-check-input" type="checkbox" id="inlineFormCheck">
        <label class="form-check-label" for="inlineFormCheck">
          Remember me
        </label>
      </div>
    </div>

    <div class="col-12">
      <button type="submit" class="btn btn-primary">Submit</button>
    </div>
  </form></div>
```

TIP

Inline forms 是行內表單，是 Bootstrap 表單元件的其中一種，但特別要注意的是，使用者使用手機等行動裝置觀看網頁時，表單可能會超出顯示畫面，所以該元件設定只有在裝置解析度 ≥576px 時，元件才會將表單的元素變成行內元素，這樣就能確保網頁在各種解析度下都能完全顯示表單。

step 20 在表單中我們僅需要 label、input、button 三個元素，因此將其他元素刪除，修改後程式碼如下。

[detail.html]

```
<div class="col-lg mb-3">
    <h3> 鄉村檸檬乳酪塔 </h3>
    <p> 採用紐西蘭小鄉村濃郁的乳酪香味搭配清涼檸檬口感是鄉村中最具影響力的一道
甜點。</p>
    <p> 價錢：79 元 / 片 </p>
    <p> 分類：<span class="bg badge-danger me-2"> 蛋糕 </span><span
class="badge bg-warning me-2"> 水果 </span></p>
    <form class="row row-cols-lg-auto g-3 align-items-center">
            <div class="col-12">
                    <label class="visually-hidden" for="inlineFormInputGroupUser
name">Username</label>
                    <div class="input-group">
                            <input type="text" class="form-control" id="inlineFormI
nputGroupUsername" placeholder="Username">
                    </div>
            </div>
```

```
            <div class="col-12">
                  <button type="submit" class="btn btn-primary">Submit</button>
            </div>
      </form>
</div>
```

step 21 將 div 元素中 col-12 分別改成 col-9 與 col-3，form 元素中的 row-cols-lg-auto、g-3 類別刪除，align-items-center 改成 align-items-end，label 元素中的 visually-hidden 類別刪除，並將 for 的值修改為「inlineFormInputNum」，元素內容修改為「數量：」。

[detail.html]

```
<form class="row align-items-end">
        <div class="col-9">
             <label for="inlineFormInputNum"> 數量：</label>
             <div class="input-group">
                  <input type="text" class="form-control" id="inlineFormInput
GroupUsername" placeholder="Username">
             </div>
        </div>
        <div class="col-3">
              <button type="submit" class="btn btn-primary">Submit</button>
        </div>
</form>
```

TIP

- for 屬性可以用來綁定表單元素（在這裡為 input），將 for 的值與 input 的 id 相對應便能完成綁定，綁定完後點擊 label 元素便會觸發點擊 input 元素的效果。

step 22 接著修改 input 元素，將 id 值修改為「inlineFormInputNum」，並把 placeholder 移除。

[detail.html]

```
<form class="row align-items-end">
        <div class="col-9">
             <label for="inlineFormInputNum"> 數量：</label>
             <div class="input-group">
                  <input type="text" class="form-control" id="inlineForm
```

```
InputNum">
                </div>
        </div>
        <div class="col-3">
            <button type="submit" class="btn btn-primary">Submit</button>
        </div>
</form>
```

step 23 最後將 button 元素的內容修改為「送出」。

[detail.html]

```
<form class="row align-items-end">
        <div class="col-9">
            <label for="inlineFormInputNum"> 數量：</label>
            <div class="input-group">
                <input type="text" class="form-control" id="inlineForm
InputNum">
            </div>
        </div>
        <div class="col-3">
            <button type="submit" class="btn btn-primary"> 送出 </button>
        </div>
</form>
```

step 24 儲存後，在瀏覽器中開啟文件。

7-4-5 製作 footer 區

step 01 由於此步驟 7-2 已教學過，故此部分不再説明如何製作 footer，讀者可以回頭學習相關步驟，設定後的 HTML 應與下列程式碼相符。

[detail.html]

```
<div class="container my-3">
    <!-- banner 下方區塊內容 -->
</div>
<footer class="text-center bg-dark text-white py-2">
    © 2021 All Rights Reserved.
</footer>
```

step 02 儲存後，在瀏覽器中開啟文件。

step 03 拖曳視窗，確認縮小後的版面配置變化。

8

常見 Bootstrap 5 響應式版面教學

學習概念

經過前一章節的實作教學，相信各位對於 Bootstrap 的類別與使用方式有些熟悉了吧！接下來，在此章節中，我們將教授大家四個常見的響應式版面，其中包含多欄式的企業網頁、無設定高度的瀑布式版型、背景圖片固定的視差網頁，以及側欄固定版型。

- Bootstrap 類別的使用方式
- background 相關屬性之應用

8-1 企業網頁

在本章節的「企業網頁」範例中，我們將以「婚紗」為主題，以白色色系製作簡潔的多欄式版型。在多欄式版型的部分，我們將利用 Bootstrap 中網格一行 12 欄的規則，分別做出「4:8」不平均欄位及平均 4 欄的區塊，以下就一起來實作看看吧！

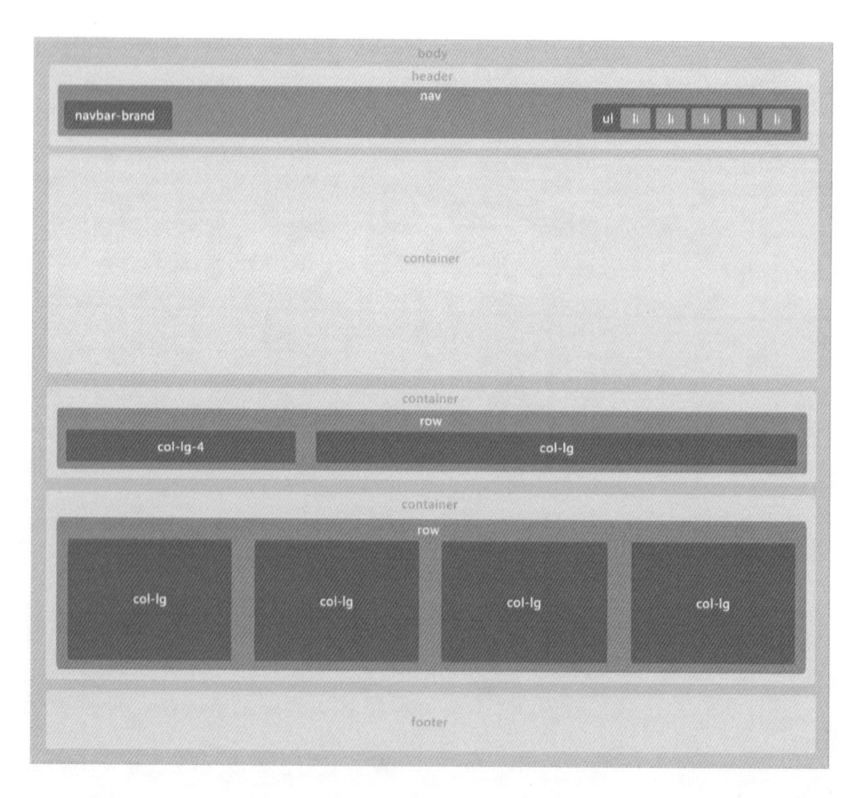

8-1-1 前置作業

step 01 新增專案資料夾 8-01，並於專案資料夾下新增 css、images 以及 js 資料夾。

step 02 新增 index.html，放於專案資料夾下。

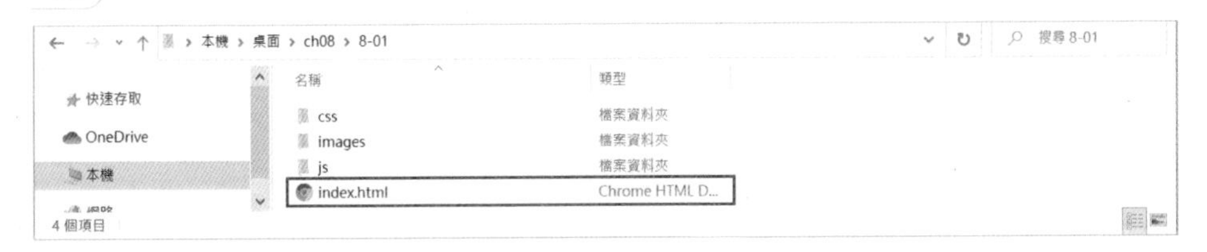

step 03 複製範例中 ch08/8-01/images 資料夾下的所有圖片，放於專案資料夾的 images 資料夾下。

step 04 新增 index.css，以及將 bootstrap 的 bootstrap.css 置於專案資料夾的 css 資料夾中。

step 05 將下載好的 bootstrap.js 置於專案資料夾的 js 資料夾中。

step 06 建立 HTML 基本架構，建立後如下所示。

[index.html]

```
<!doctype html>
<html lang="en">
    <head>
        <!-- Required meta tags -->
        <meta charset="utf-8">
        <meta name="viewport" content="width=device-width, initial-scale=1">
        <!-- Bootstrap CSS -->
        <link rel="stylesheet" type="text/css"href="css/bootstrap.css">
        <link rel="stylesheet" type="text/css"href="css/index.css">
        <title>WEDDING</title>
```

```
    </head>
    <body>
        <!-- Optional JavaScript -->
        <script src="js/bootstrap.js"></script>
    </body>
</html>
```

TIP

此處的 HTML 架構是依據 Bootstrap 網站提供的 HTML 文件架構，進行修改而成的。粗體則是我們修改的部分。

8-1-2 設定 body 元素的樣式

step 01 開啟 index.css，撰寫以下樣式。

[index.css]

```
body {
    font-family: Microsoft JhengHei;
}
```

TIP

在此，我們將 body 元素內的文字皆設定為微軟正黑體。

8-1-3 設定網頁架構中的區塊

step 01 開啟 index.html，於 body 元素中新增 header 元素、三個 div 元素，以及 footer 元素。

[index.html]

```
<body>
    <header></header>
    <div></div>
    <div></div>
    <div></div>
```

```
    <footer></footer>
    ......
</body>
```

8-1-4 製作 header 區

step 01 於 header 元素內新增導覽列，由於此步驟在 7-1 已教學過，故此部分不再說明如何製作，讀者可以回頭複習相關內容，設定後的 HTML 應與下圖相符。

```
<header>
  <nav class="navbar navbar-expand-lg navbar-light bg-light">
    <a class="navbar-brand" href="index.html">WEDDING</a>
    <button
      class="navbar-toggler"
      type="button"
      data-bs-toggle="collapse"
      data-bs-target="#navbarNav"
      aria-controls="navbarNav"
      aria-expanded="false"
      aria-label="Toggle navigation"
    >
      <span class="navbar-toggler-icon"></span>
    </button>
    <div class="collapse navbar-collapse" id="navbarNav">
      <ul class="navbar-nav">
        <li class="nav-item">
          <a class="nav-link active" aria-current="page" href="#">首頁</a>
        </li>
        <li class="nav-item">
          <a class="nav-link" href="#">彩妝造型</a>
        </li>
        <li class="nav-item">
          <a class="nav-link" href="#">婚禮紀錄</a>
        </li>
        <li class="nav-item">
          <a class="nav-link" href="#">主題攝影</a>
        </li>
        <li class="nav-item">
          <a class="nav-link" href="#">婚禮禮服</a>
        </li>
      </ul>
    </div>
  </nav>
</header>
```

step 02 將 nav 元素套用「fixed-top」類別。

```
<header>
  <nav class="navbar navbar-expand-lg navbar-light bg-light fixed-top">
    <a class="navbar-brand" href="index.html">WEDDING</a>
```

step 03 於 nav 元素內新增 div 元素並套用「container」類別。

```
<nav class="navbar navbar-expand-lg navbar-light bg-light fixed-top">
  <div class="container">
    <a class="navbar-brand" href="index.html">WEDDING</a>
    <button
      class="navbar-toggler"
      type="button"
      data-bs-toggle="collapse"
      data-bs-target="#navbarNav"
      aria-controls="navbarNav"
      aria-expanded="false"
      aria-label="Toggle navigation"
    >
      <span class="navbar-toggler-icon"></span>
    </button>
    <div class="collapse navbar-collapse" id="navbarNav">
      <ul class="navbar-nav">
        <li class="nav-item">
          <a class="nav-link active" aria-current="page" href="#">首頁</a>
        </li>
        <li class="nav-item">
          <a class="nav-link" href="#">彩妝造型</a>
        </li>
        <li class="nav-item">
          <a class="nav-link" href="#">婚禮紀錄</a>
        </li>
        <li class="nav-item">
          <a class="nav-link" href="#">主題攝影</a>
        </li>
        <li class="nav-item">
          <a class="nav-link" href="#">婚禮禮服</a>
        </li>
      </ul>
    </div>
  </div>
</nav>
```

step 04 將 ul 元素套用「ms-auto」類別。

```
<div class="collapse navbar-collapse" id="navbarNav">
  <ul class="navbar-nav ms-auto">
    <li class="nav-item">
      <a class="nav-link active" aria-current="page" href="#">首頁</a>
    </li>
    <li class="nav-item">
      <a class="nav-link" href="#">彩妝造型</a>
    </li>
    <li class="nav-item">
      <a class="nav-link" href="#">婚禮紀錄</a>
    </li>
    <li class="nav-item">
      <a class="nav-link" href="#">主題攝影</a>
    </li>
    <li class="nav-item">
      <a class="nav-link" href="#">婚禮禮服</a>
    </li>
  </ul>
</div>
```

TIP

- 「fixed-top」類別用於將元素固定在瀏覽器視窗的頂部。
- Bootstrap 中定義了兩種容器的類別，「container」類別為固定寬度與「container-fluid」類別為滿版。忘記的讀者可以回到 6-2-2 複習相關內容。
- 透過套用 ms-auto 類別會自動設定起始邊的外距，因此可以讓 ul 元素呈現靠結尾邊對齊。「ms-*」類別為 Bootstrap 的間距類別，忘記的讀者可以回到 6-3-1 複習相關內容。

step 05 儲存後，在瀏覽器中開啟文件。

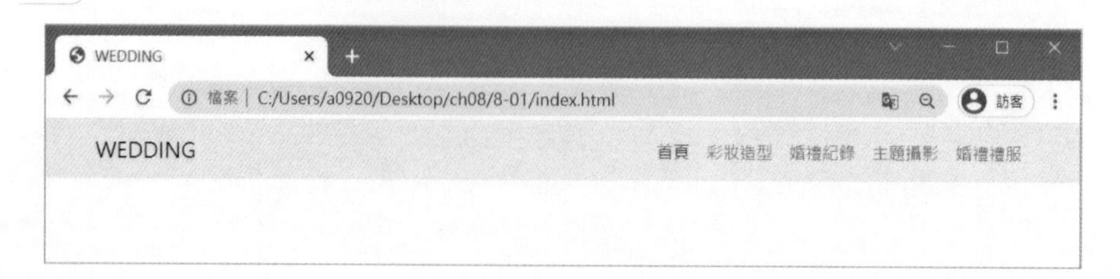

8-1-5 製作 banner 區

step 01 將 header 元素下方的 div 元素套用 container、mt-3 類別，並將此元素的 id 取名為 banner。

[index.html]

```
</header>
<div class="container mt-3" id="banner">
</div>
```

step 02 設定 banner 樣式。

[index.css]

```
#banner {
    height: 350px;
    background-image: url(../images/banner.jpg);
    background-position: center center;
    background-size: cover;
}
```

TIP

- 套用 mt-3 類別設定頂部的外距（margin）。「mt-*」類別為 Bootstrap 的間距類別，忘記的讀者可以回到 6-3-1 複習相關內容。
- height 屬性用於設定 banner 的高度，而不是設定背景圖片（background-image）的高度。
- background-image 屬性用於設定 banner 的背景圖片。在設定背景圖片時，必須使用「url」引入背景圖片的路徑。
- background-position 屬性用於調整背景圖片的對齊位置。background-position 可輸入兩個值，而在兩個值中間必須使用「空格」區隔。第一個值為水平位置可設定 left、center、right。而第二個值為垂直位置可設定 top、center、bottom，在此，我們設定 background-position:center center，用以使得背景圖片的對齊位置為水平置中與垂直置中。
- background-size 屬性用於設定背景圖片的大小，可選的值包含 cover 與 contain。cover 用於圖片小於容器的大小時，它可使背景圖片放大至滿足容器的大小。而 contain 的使用時機與 cover 相反，contain 用於圖片大於容器的大小時，它可使背景圖片縮小至容器的大小。

step 03 儲存後，在瀏覽器中開啟文件。

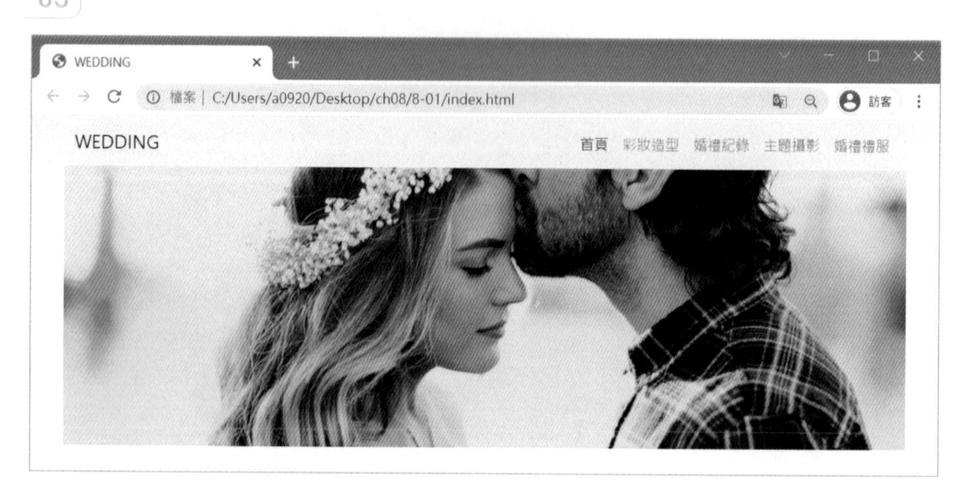

8-1-6 製作 banner 下方區塊

step 01 將 banner 下方的 div 元素套用 container、my-3 類別。

[index.html]

```
<div class="container mt-3" id="banner">
</div>
<div class="container my-3">
</div>
```

TIP

套用 my-3 類別設定頂部與底部的外距（margin）。「my-*」類別為 Bootstrap 的間距類別，忘記的讀者可以回到 6-3-1 複習相關內容。

step 02 在類別為 container、my-3 的 div 元素中新增類別為 row 的 div 元素。

[index.html]

```
<div class="container my-3">
    <div class="row">
    </div>
</div>
```

step 03 在類別為 row 的 div 元素中，新增兩個類別分別為 col-lg-4 與 col-lg 的 div 元素。

[index.html]

```
<div class="container my-3">
    <div class="row">
        <div class="col-lg-4">
        </div>
        <div class="col-lg">
        </div>
    </div>
</div>
```

TIP

在此，我們於類別為 row 的 div 元素中，新增一個類別為 col-lg-4 的 div 元素與一個類別為 col-lg 的 div 元素，類別 col-lg-4 的 div 元素已經佔了 4 個欄位，而類別為 col-lg 的 div 元素由於沒有特別設定欄位數量，所以網格系統會將剩餘的欄位（12-4=8）自動分配給剩餘的這一個 div 元素（8/1=8），因此相當於套用了 col-lg-8 類別。

step 04 將類別為 col-lg-4 的 div 元素的 id 取名為 info，並在其中新增 ul 與 li 元素以及加上內容文字。

[index.html]

```
<div class="col-lg-4" id="info">
    <ul>
        <li> 專業的拍攝團隊 </li>
        <li> 故事感婚紗攝影 </li>
        <li> 國際時尚美容團 </li>
    </ul>
</div>
```

step 05 將 ul 元素套用「pt-3」類別。

[index.html]

```
<div class="col-lg-4" id="info">
    <ul class="pt-3">
```

```
            <li> 專業的拍攝團隊 </li>
            <li> 故事感婚紗攝影 </li>
            <li> 國際時尚美容團 </li>
        </ul>
</div>
```

TIP

套用 pt-3 類別設定頂部的內距（padding）。「pt-*」類別為 Bootstrap 的間距類別，忘記的讀者可以回到 6-3-1 複習相關內容。

step 06 設定 info 樣式。

[index.css]

```
#info {
    background-color: #e8e0dc;
}
```

step 07 在類別為 col-lg 的 div 元素中，新增 h4 元素與 p 元素，並輸入其內容文字。

[index.html]

```
<div class="col-lg">
    <h4> 穿上美麗婚紗，實現妳的夢想 </h4>
    <p>〔WEDDING〕為妳挑選命中註定的婚紗，見證妳一生一次的結婚式。<br> 關於婚禮的大小事，讓我們一起分擔與實現。
    </p>
</div>
```

TIP

br 元素為斷行元素，可以在需要斷行的地方插入此元素。

step 08 將 h4 元素套用「mt-3」類別。

[index.html]

```
<div class="col-lg">
    <h4 class="mt-3">穿上美麗婚紗，實現妳的夢想 </h4>
    <p>〔WEDDING〕為妳挑選命中註定的婚紗，見證妳一生一次的結婚式。</br> 關於婚禮的大小事，讓我們一起分擔與實現。
    </p>
</div>
```

step 09 儲存後，在瀏覽器中開啟文件。

8-1-7 製作四欄版型

step 01 將類別為 container、my-3 的 div 元素下方的 div 元素套用 container 類別，並在此元素中新增類別為 row 的 div 元素。

[index.html]

```
<div class="container mt-3" id="banner">
</div>
<div class="container my-3">
    <div class="row">
```

```
        <div class="col-lg-4" id="info">
          <ul class="pt-3">
            <li> 專業的拍攝團隊 </li>
            <li> 故事感婚紗攝影 </li>
            <li> 國際時尚美容團 </li>
          </ul>
        </div>
        <div class="col-lg">
            <h4 class="mt-3"> 穿上美麗婚紗，實現妳的夢想 </h4>
            <p>〔WEDDING〕為妳挑選命中註定的婚紗，見證妳一生一次的結婚式。
</br> 關婚禮的大小事，讓我們一起分擔與實現。</p>
        </div>
    </div>
</div>
<div class="container">
    <div class="row">
    </div>
</div>
```

step 02 在類別為 row 的 div 元素中，新增四個類別為 col-sm-6、col-lg 以及 mb-3 的 div 元素。

[index.html]

```
<div class="container">
    <div class="row">
        <div class="col-sm-6 col-lg mb-3">
        </div>
        <div class="col-sm-6 col-lg mb-3">
        </div>
        <div class="col-sm-6 col-lg mb-3">
        </div>
        <div class="col-sm-6 col-lg mb-3">
        </div>
    </div>
</div>
```

TIP

- 由於套用「col-sm-6」類別，所以當螢幕解析度 ≥576px 時，會將每個 div 元素的欄位設定為 6，因此會呈現兩欄（12/6=2）的版面配置。
- 另外由於沒有額外套用比 col-sm-* 還要小的中斷點，所以系統會預設當螢幕解析度 <576px 時，自動將每個 div 元素的欄位設定為 12，相當於自動套用了 col-12 類別，因此會呈現一欄（12/12=1）的版面配置。
- 由於套用「col-lg 類別」沒有特別設定欄位數量，所以當螢幕解析度 ≥992px 時，網格系統會自動分配欄位給 4 個 div 元素，每個 div 元素的欄位分配到 3（12/4=3），因此會呈現四欄（12/3=4）的版面配置。
- 套用 mb-3 類別設定底部的外距（margin）。「mb-*」類別為 Bootstrap 的間距類別，忘記的讀者可以回到 6-3-1 複習相關內容。

step 03 接著進入 Bootstrap 官網中的 Card 元件頁面，並下拉網頁至 Example，點擊「Copy」複製下方的 HTML。

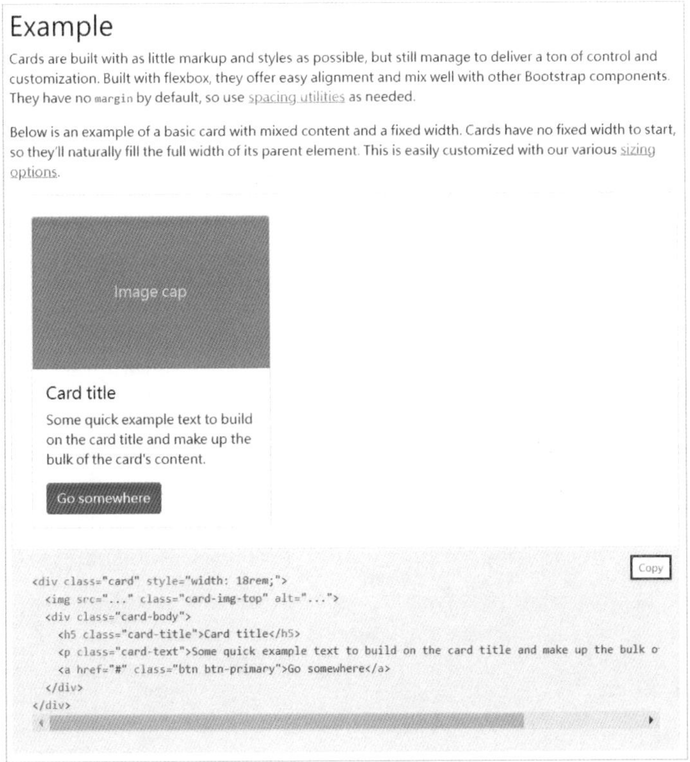

Example

Cards are built with as little markup and styles as possible, but still manage to deliver a ton of control and customization. Built with flexbox, they offer easy alignment and mix well with other Bootstrap components. They have no margin by default, so use spacing utilities as needed.

Below is an example of a basic card with mixed content and a fixed width. Cards have no fixed width to start, so they'll naturally fill the full width of its parent element. This is easily customized with our various sizing options.

Image cap

Card title

Some quick example text to build on the card title and make up the bulk of the card's content.

Go somewhere

Copy

```
<div class="card" style="width: 18rem;">
  <img src="..." class="card-img-top" alt="...">
  <div class="card-body">
    <h5 class="card-title">Card title</h5>
    <p class="card-text">Some quick example text to build on the card title and make up the bulk o
    <a href="#" class="btn btn-primary">Go somewhere</a>
  </div>
</div>
```

step 04 將複製下來的 HTML 貼至在步驟 2 所新增的第一個 div 元素中。

[index.html]

```
<div class="row">
    <div class="col-sm-6 col-lg mb-3">
        <div class="card" style="width: 18rem;">
            <img class="card-img-top" src=".../100px180/" alt="Card image cap">
            <div class="card-body">
                <h5 class="card-title">Card title</h5>
                <p class="card-text">Some quick example text to build on the
card title and make up the bulk of the card's content.</p>
                <a href="#" class="btn btn-primary">Go somewhere</a>
            </div>
        </div>
    </div>
    <div class="col-sm-6 col-lg mb-3">
    </div>
    <div class="col-sm-6 col-lg mb-3">
    </div>
    <div class="col-sm-6 col-lg mb-3">
    </div>
</div>
```

step 05 將 card 元件預設的寬度(width: 18rem;)移除 ，並且刪除在類別為 card-body 的 div 元素中的 a 元素。

[index.html]

```
<div class="row">
    <div class="col-sm-6 col-lg mb-3">
        <div class="card">
            <img class="card-img-top" src="" alt="Card image cap">
            <div class="card-body">
                <h5 class="card-title">Card title</h5>
                <p class="card-text">Some quick example text to build on the
card title and make up the bulk of the card's content.</p>
            </div>
        </div>
    </div>
    <div class="col-sm-6 col-lg mb-3">
    </div>
    <div class="col-sm-6 col-lg mb-3">
    </div>
    <div class="col-sm-6 col-lg mb-3">
    </div>
</div>
```

step 06 將 images 元素的圖片路徑修改為「images/style.jpg」，並且在 h5 元素與 p 元素中新增內容文字。

[index.html]

```
<div class="row">
    <div class="col-sm-6 col-lg mb-3">
        <div class="card">
            <img class="card-img-top" src="images/style.jpg" alt="Card image
cap">
            <div class="card-body">
                <h5 class="card-title"> 彩妝造型 </h5>
                <p class="card-text"> 典雅的造型強調新娘的氣質。</p>
            </div>
        </div>
    </div>
    <div class="col-sm-6 col-lg mb-3">
    </div>
    <div class="col-sm-6 col-lg mb-3">
    </div>
    <div class="col-sm-6 col-lg mb-3">
    </div>
</div>
```

step 07 接著重複步驟 4~6，將剩下的三個 div 元素新增卡片，完成後程式碼如下。

[index.html]

```
<div class="container">
    <div class="row">
        <div class="col-sm-6 col-lg mb-3">
            <div class="card">
                <img class="card-img-top" src="images/style.jpg" alt="Card
image cap">
                <div class="card-body">
                    <h5 class="card-title"> 彩妝造型 </h5>
                    <p class="card-text"> 典雅的造型強調新娘的氣質。</p>
                </div>
            </div>
        </div>
        <div class="col-sm-6 col-lg mb-3">
            <div class="card">
                <img class="card-img-top" src="images/record.jpg" alt="Card
image cap">
                <div class="card-body">
                    <h5 class="card-title"> 婚禮紀錄 </h5>
                    <p class="card-text"> 以細緻的心記錄婚禮的點滴。</p>
```

```
                </div>
            </div>
        </div>
        <div class="col-sm-6 col-lg mb-3">
            <div class="card">
                <img class="card-img-top" src="images/photo.jpg" alt="Card
image cap">
                <div class="card-body">
                    <h5 class="card-title"> 主題攝影 </h5>
                    <p class="card-text"> 記錄你們一生最美麗的時刻。</p>
                </div>
            </div>
        </div>
        <div class="col-sm-6 col-lg mb-3">
            <div class="card">
                <img class="card-img-top" src="images/dress.jpg" alt="Card
image cap">
                <div class="card-body">
                    <h5 class="card-title"> 婚禮禮服 </h5>
                    <p class="card-text"> 嚴選各式婚紗突顯新娘的美。</p>
                </div>
            </div>
        </div>
    </div>
</div>
```

step 08 儲存後，在瀏覽器中開啟文件。

8-1-8 製作 footer 區

step 01 將 footer 元素套用 text-center、bg-dark、text-white、py-2 類別，並加入版權宣告文字。

[index.html]

```
<footer class="text-center bg-dark text-white py-2">
    Copyrights © 2021 All Rights Reserved by Wedding
</footer>
```

TIP

在 footer 元素中我們套用 text-center 類別將文字置中，套用 bg-dark 類別將背景顏色設為深色，套用 text-white 類別將文字顏色設為白色，套用 py-2 類別設定頂部與底部的內距（padding），「py-*」類別為 Bootstrap 的間距類別，忘記的讀者可以回到 6-3-1 複習相關內容。

step 02 儲存後，在瀏覽器中開啟文件。

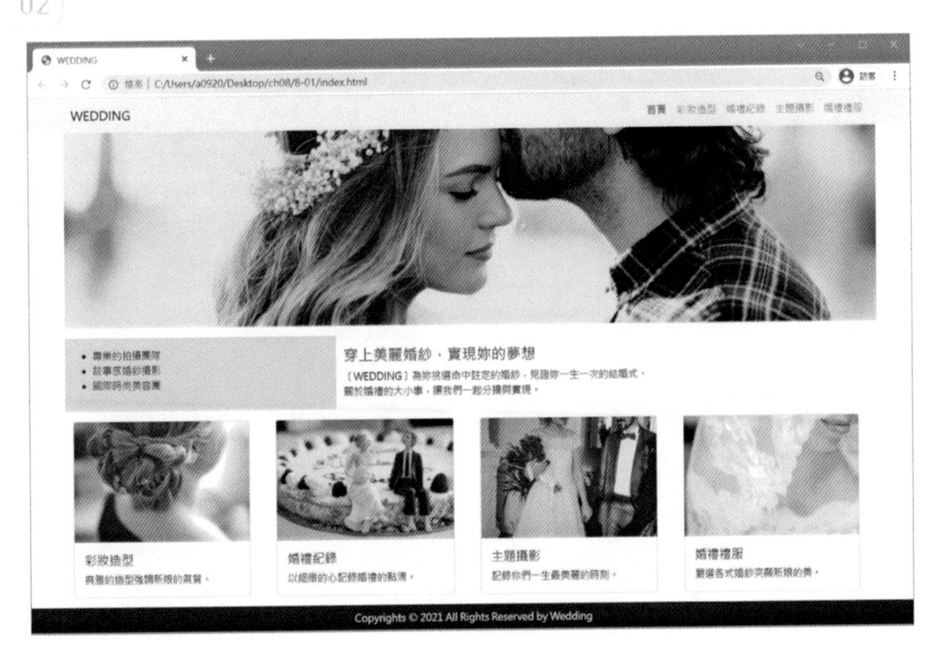

8-2 個人部落格

在「個人部落格」範例中，我們將以「食記」為主題，以卡片式的呈現製作簡潔的對稱型版型。我們將利用 Bootstrap 中 Card 元件來實作，以下就一起來實作看看吧！

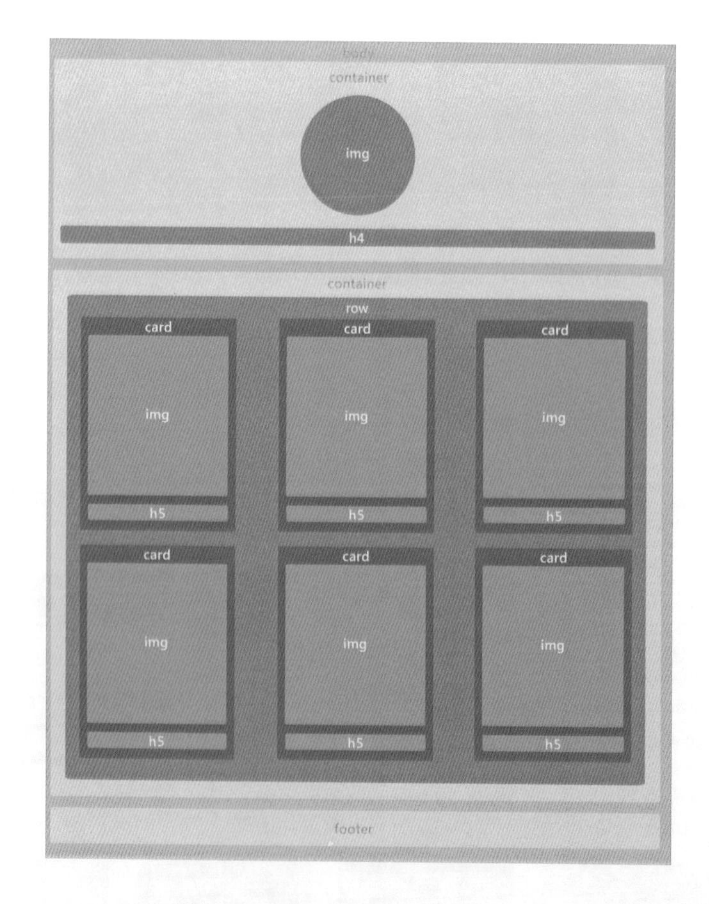

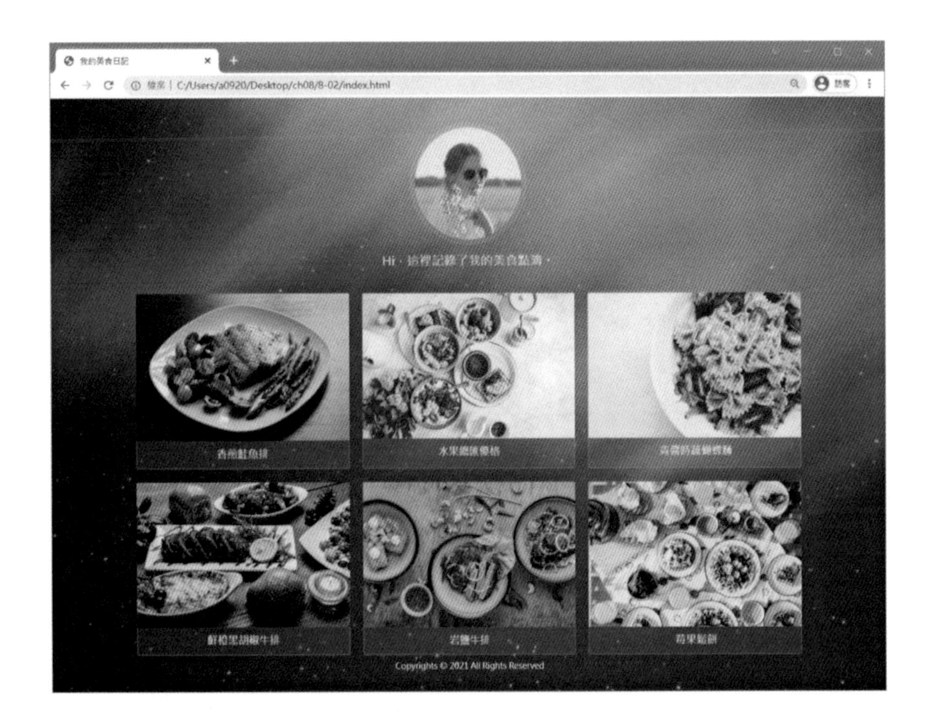

8-2-1 前置作業

step 01 新增專案資料夾 8-02，並於專案資料夾下新增 css、images 以及 js 資料夾。

step 02 新增 index.html，放於專案資料夾下。

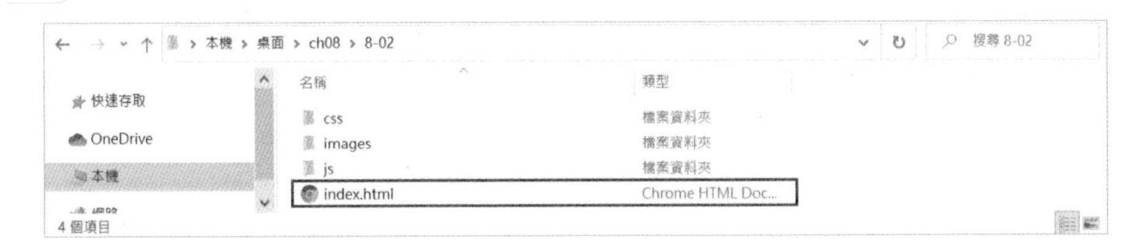

step 03 複製範例中 ch08/8-02/images 資料夾下的所有圖片，放於專案資料夾的 images 資料夾下。

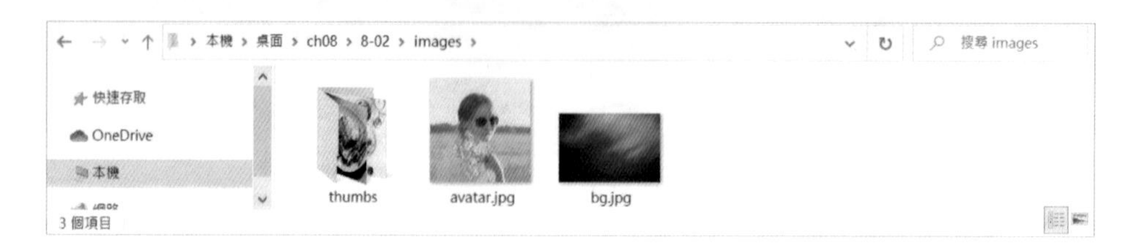

step 04 新增 index.css，以及將 bootstrap 的 bootstrap.css 置於專案資料夾的 css 資料夾中。

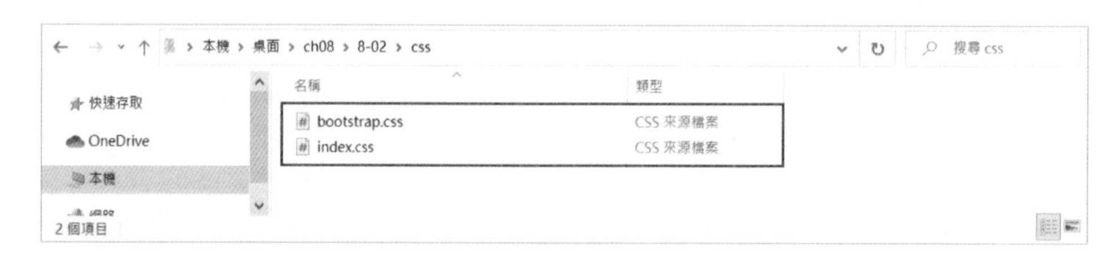

step 05 將下載好的 bootstrap.js 置於專案資料夾的 js 資料夾中。

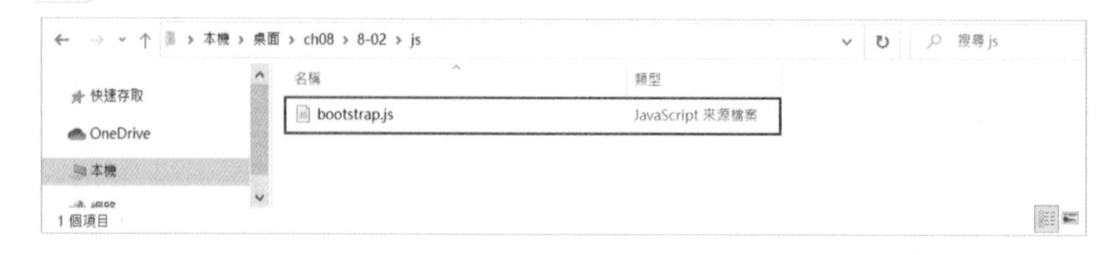

step 06 建立 HTML 基本架構，建立後如下所示。

[index.html]

```
<!doctype html>
<html lang="en">
  <head>
    <!-- Required meta tags -->
    <meta charset="utf-8">
    <meta name="viewport" content="width=device-width, initial-scale=1">
    <!-- Bootstrap CSS -->
    <link rel="stylesheet" type="text/css" href="css/bootstrap.css">
    <link rel="stylesheet" type="text/css" href="css/index.css">
```

```
    <title> 我的美食日記 </title>
  </head>
  <body>
    <!-- Optional JavaScript -->
    <script src="js/bootstrap.js"></script>
  </body>
</html>
```

TIP

此處的 HTML 架構是依據 Bootstrap 網站提供的 HTML 文件架構，進行修改而成的。粗體的部分，是我們修改的部分。

8-2-2 設定 body 元素的樣式

step 01 開啟 index.css，撰寫以下樣式。

[index.css]

```
body {
    font-family: Microsoft JhengHei;
    color: rgb(255, 255, 255);
    background-image: url(../images/bg.jpg);
    background-repeat: no-repeat;
    background-attachment: fixed;
    background-position: center center;
    background-size: cover;
}
```

TIP

- background-repeat 屬性用來設定背景圖片是否重複。在此，我們設定背景圖片為不重複（no-repeat）。
- background-attachment 屬性用來指定背景圖片是否固定，其預設值為 scroll，用於設定當頁面轉動時，背景圖片會跟著移動。在此，我們設定 background-attachment 為 fixed，使得網頁其餘部分滾動時，背景圖片不移動。
- 設定 background-position: center center 用以使得背景圖片為水平置中與垂直置中顯示。
- 設定 background-size: cover 可使得背景圖片放大至元素的大小。

8-2-3 設定網頁架構中的區塊

step 01 開啟 index.html，於 body 元素中新增 header 元素、div 元素，以及 footer 元素。

[index.html]

```
<body>
    <header></header>
    <div></div>
    <footer></footer>
    ......
</body>
```

8-2-4 製作 header 區

step 01 將 header 元素套用上 container 類別。

[index.html]

```
<header class="container">
</header>
```

step 02 在 header 元素中新增 img 和 h4 元素，並輸入內容文字。

[index.html]

```
<header class="container">
    <img src="images/avatar.jpg">
    <h4>Hi，這裡記錄了我的美食點滴。</h4>
</header>
```

step 03 將 img 元素套用 mt-5 與 rounded-circle、mx-auto、d-block 類別，並將此元素的 id 取名為 photo。

[index.html]

```
<header class="container">
    <img src="images/avatar.jpg" class="mt-5 rounded-circle mx-auto d-block"
id="photo">
    <h4>Hi，這裡記錄了我的美食點滴。</h4>
</header>
```

TIP

- 套用 mt-5 類別設定頂部外距（margin）。
- rounded-circle 類別為 Bootstrap 的內建類別，可用來將圖片的外框設定為圓形。
- 套用 mx-auto 類別自動設定左右兩側的外距（margin）。
- 若只套用 mx-auto 類別會發現看不出來有設定左右的外距，這是因為 img 元素預設為行內元素（inline），元素的寬度僅會依圖片的寬度直接填滿該元素，不會佔用其他空間，所以我們套用 d-block 類別，將 img 元素變成區塊元素（block）佔滿整行的空間，這樣就可以看出 mx-auto 所設定的左右外距變化了。建議讀者可以使用瀏覽器的開發者工具（Developers tools）進行修改來觀察變化，在 2-5 節有相關的網頁除錯教學。d-block 為 Bootstrap 中的 Display 類別，讀者可以回到 6-3-6 複習相關的 Display 類別內容。

step 04 切換至 index.css 設定 photo 的樣式。

[index.css]

```
#photo {
    padding: 8px;
    border: solid 1px rgba(255, 255, 255, 0.25);
    background-color: rgba(255, 255, 255, 0.075);
}
```

step 05 將 h4 元素套用 text-center 與 mt-3 類別。

[index.html]

```
<header class="container">
    <img src="images/avatar.jpg" class="mt-5 rounded-circle mx-auto d-block"
id="photo">
    <h4 class="text-center mt-3">Hi，這裡記錄了我的美食點滴。</h4>
</header>
```

TIP

- 套用 mt-3 類別設定頂部外距（margin）。
- 套用 text-center 類別將文字設定為置中。

step 06 儲存後，在瀏覽器中開啟文件。

8-2-5 製作內容區塊

step 01 將 div 套用 container 與 mt-5 類別。

[index.html]

```
<header class="container">
    <img src="images/avatar.jpg" class="mt-5 rounded-circle mx-auto d-block"
id="photo">
    <h4 class="text-center mt-3">Hi，這裡記錄了我的美食點滴。</h4>
</header>
<div class="container mt-5">
</div>
```

step 02 接著進入 Bootstrap 官網中的 Card 元件頁面，並下拉網頁至 Card layout 中的 Grid cards，點擊「Copy」複製下方的 HTML，並修改如下。

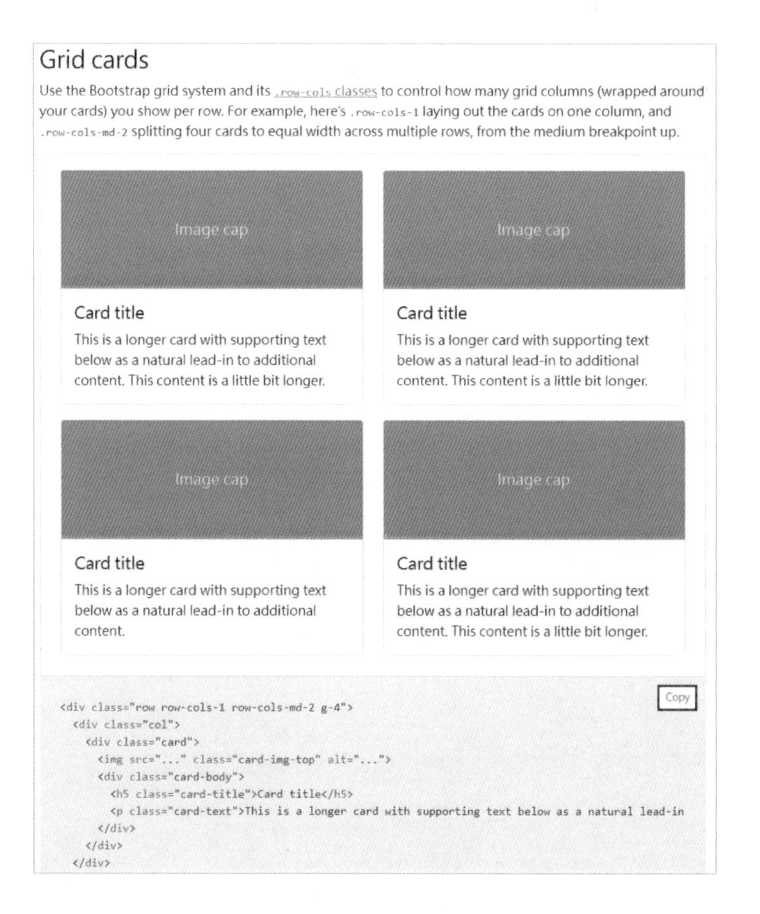

[index.html]

```
<div class="container mt-5">
    <div class="row row-cols-1 row-cols-md-3 g-4">
        <div class="col">
            <div class="card h-100">
                <img src="..." class="card-img-top" alt="..." />
                <div class="card-body">
                    <h5 class="card-title">Card title</h5>
                </div>
            </div>
        </div>
    </div>
</div>
```

TIP

Grid cards 是使用其網格及 .row-cols 來控制每行顯示的網格列數。例如：.row-cols-1 將卡片放在一列上，並 .row-cols-md-2 從中間斷點向上將四張卡片分成多行等寬。

step 03 將 img 元素的圖片路徑修改為「images/thumbs/01.jpg」。

[index.html]

```
<div class="container mt-5">
    <div class="row row-cols-1 row-cols-md-3 g-4">
        <div class="col">
            <div class="card h-100">
                <img src="images/thumbs/01.jpg" class="card-img-top"
alt="..." />
                <div class="card-body">
                    <h5 class="card-title">Card title</h5>
                </div>
            </div>
        </div>
    </div>
</div>
```

step 04 將 h5 元素的文字內容修改如下。

[index.html]

```
<div class="container mt-5">
    <div class="row row-cols-1 row-cols-md-3 g-4">
        <div class="col">
            <div class="card h-100">
                <img src="images/thumbs/01.jpg" class="card-img-top"
alt="..." />
                <div class="card-body">
                    <h5 class="card-title">香煎鮭魚排</h5>
                </div>
            </div>
        </div>
    </div>
</div>
```

step 05 將 card 套用 text-center 類別。

[index.html]

```
<div class="container mt-5">
    <div class="row row-cols-1 row-cols-md-3 g-4">
        <div class="col">
            <div class="card h-100 text-center">
                <img src="images/thumbs/01.jpg" class="card-img-top"
alt="..." />
                <div class="card-body">
                    <h5 class="card-title">香煎鮭魚排</h5>
                </div>
            </div>
        </div>
    </div>
</div>
```

TIP

套用 text-center 類別將 card 元件裡的文字置中。

step 06 切換至 index.css，設定 card 及 card-body 的樣式。

[index.css]

```
.card {
    box-shadow: 0 0 0 1px rgba(255, 255, 255, 0.25) inset;
    -webkit-box-shadow: 0 0 0 1px rgba(255, 255, 255, 0.25) inset;
    -moz-box-shadow: 0 0 0 1px rgba(255, 255, 255, 0.25) inset;
    background-color: rgba(255, 255, 255, 0.075);
    padding: 0rem 0rem 0.5rem 0rem;
    over-flow:hidden;
}

.card-body {
    padding: 0.8rem 0rem 0rem 0rem;
}
img{
    height: 90%;
    width: auto;
}
```

TIP

box-shadow 屬性用於設定元素的陰影，而一組完整的設定為 box-shadow: h-shadow v-shadow blur spread color inset;。h-shadow 為水平位移距離，v-shadow 為垂直位移距離，blur 為模糊半徑，spread 為擴散距離，color 為顏色，inset 為內陰影。此外，由於 box-shadow 是 CSS3 的新屬性，因此為了解決瀏覽器版本不支持 CSS3 新屬性的問題，我們在此屬性中加入瀏覽器前綴詞 -webkit 以及 -moz。

step 07 接著重複步驟 3~5 新增剩下的五張卡片，完成後程式碼如下。

[index.html]

```
<div class="container mt-5">
    <div class="row row-cols-1 row-cols-md-3 g-4">
        <div class="col">
            <div class="card h-100 text-center">
                <img src="images/thumbs/01.jpg" class="card-img-top"
 alt="..." />
                <div class="card-body">
                    <h5 class="card-title">香煎鮭魚排 </h5>
```

```
                </div>
            </div>
        </div>
    </div>
    <div class="row row-cols-1 row-cols-md-3 g-4">
        <div class="col">
            <div class="card h-100 text-center">
                <img src="images/thumbs/02.jpg" class="card-img-top"
alt="..." />
                <div class="card-body">
                    <h5 class="card-title"> 水果總匯優格 </h5>
                </div>
            </div>
        </div>
    </div>
    <div class="row row-cols-1 row-cols-md-3 g-4">
        <div class="col">
            <div class="card h-100 text-center">
                <img src="images/thumbs/03.jpg" class="card-img-top"
alt="..." />
                <div class="card-body">
                    <h5 class="card-title"> 青醬時蔬蝴蝶麵 </h5>
                </div>
            </div>
        </div>
    </div>
    <div class="row row-cols-1 row-cols-md-3 g-4">
        <div class="col">
            <div class="card h-100 text-center">
                <img src="images/thumbs/04.jpg" class="card-img-top"
alt="..." />
                <div class="card-body">
                    <h5 class="card-title"> 鮮橙黑胡椒牛排 </h5>
                </div>
            </div>
        </div>
    </div>
    <div class="row row-cols-1 row-cols-md-3 g-4">
        <div class="col">
            <div class="card h-100 text-center">
                <img src="images/thumbs/05.jpg" class="card-img-top"
alt="..." />
                <div class="card-body">
                    <h5 class="card-title"> 岩鹽牛排 </h5>
```

```
                </div>
            </div>
        </div>
    </div>
    <div class="row row-cols-1 row-cols-md-3 g-4">
        <div class="col">
            <div class="card h-100 text-center">
                <img src="images/thumbs/06.jpg" class="card-img-top"
alt="..." />
                <div class="card-body">
                    <h5 class="card-title"> 莓果鬆餅 </h5>
                </div>
            </div>
        </div>
    </div>
</div>
```

step 08 儲存後，在瀏覽器中開啟文件。

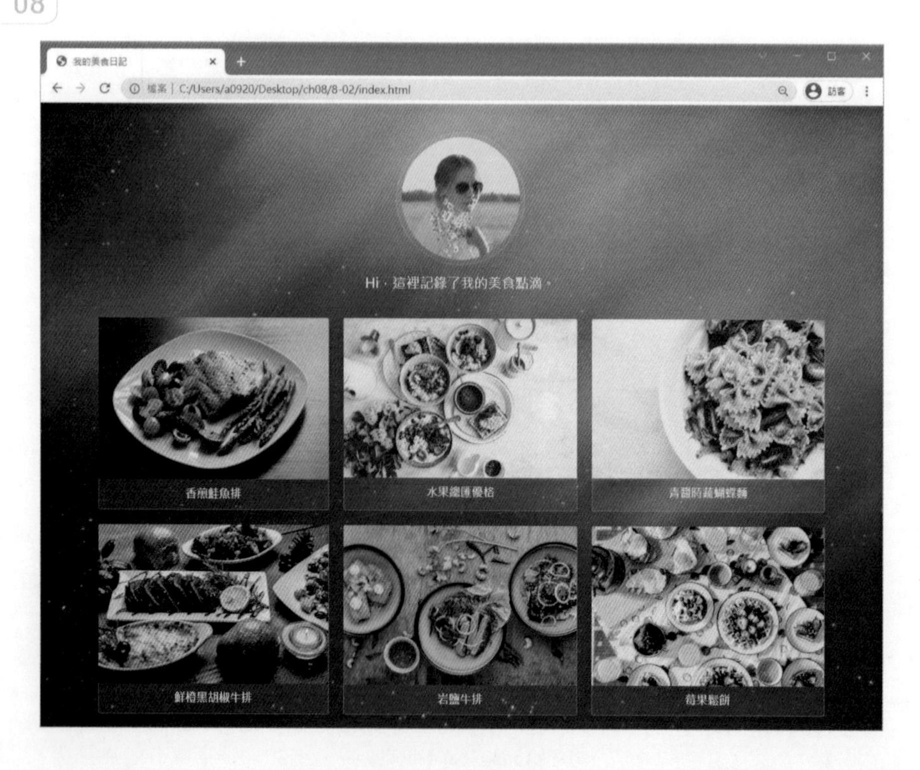

step 09 拖曳視窗，確認縮小後的版面配置變化。

8-2-6 製作 footer 區

step 01 在 footer 元素中，輸入版權宣告的文字。

[index.html]

```
<footer>
    Copyrights © 2021 All Rights Reserved
</footer>
```

step 02 將 footer 元素套用 text-center、text-white 及 py-2 類別。

[index.html]

```
<footer class="text-center text-white py-2">
    Copyrights © 2021 All Rights Reserved
</footer>
```

step 03 儲存後，在瀏覽器中開啟文件。

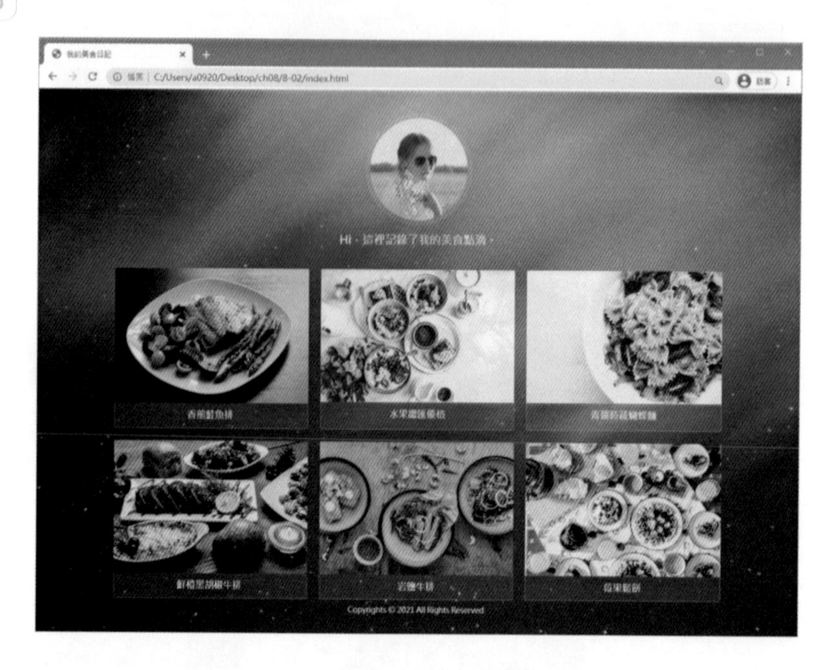

8-3 視差網頁

此章節將教學「視差網頁」的範例。在此範例中，我們將讓網頁於滾動視窗時，網頁的背景圖片不會隨著其他網頁元素一起被捲動，進而讓視覺產生錯覺，達到視差效果。視差效果的特色能增加網站視覺上的吸引力，是現在網頁設計常使用的一種手法。

在此範例中，我們除了能夠學習如何製作視差效果外，也能學習如何透過 background-image 屬性製作背景漸層效果。

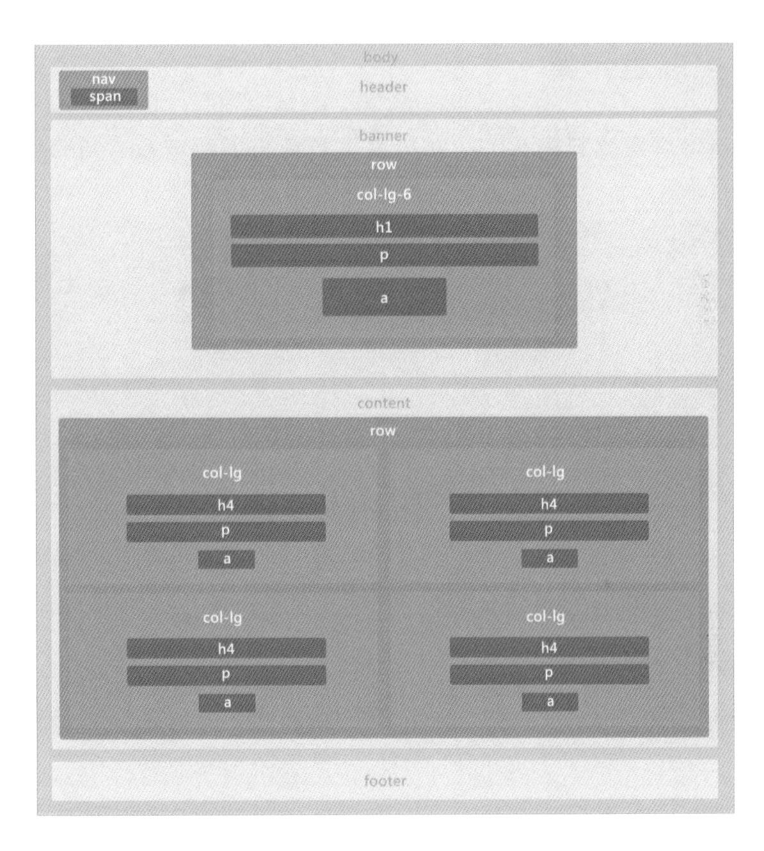
body
nav
span
header
banner
row
col-lg-6
h1
p
a
content
row
col-lg
h4
p
a
col-lg
h4
p
a
col-lg
h4
p
a
col-lg
h4
p
a
footer

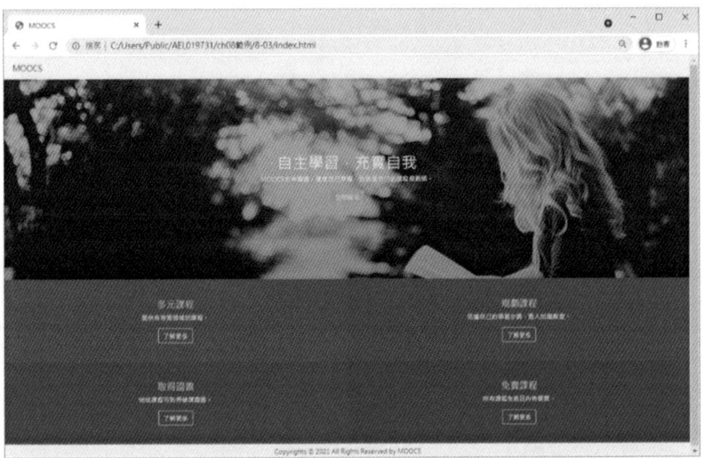
MOOCS
自主學習．充實自我
Copyrights © 2021 All Rights Reserved by MOOCS

8-3-1 前置作業

step 01 新增專案資料夾 8-03，並於專案資料夾下新增 css、images 以及 js 資料夾。

step 02 新增 index.html，放於專案資料夾下。

step 03 複製範例中 ch08/8-03/images 資料夾下的所有圖片，放於專案資料夾的 images 資料夾下。

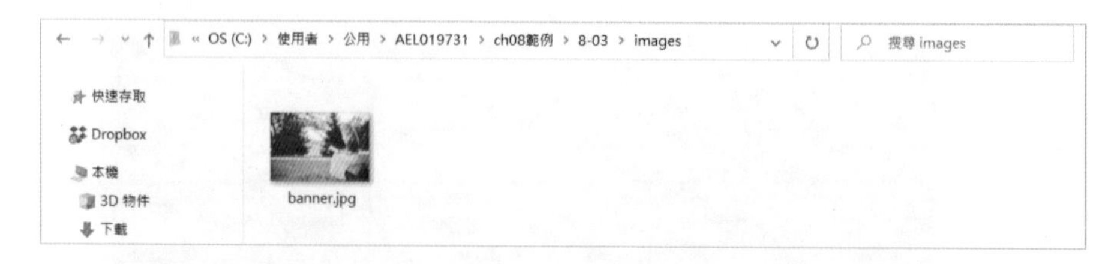

step 04 新增 index.css，以及將 bootstrap 的 bootstrap.css 置於專案資料夾的 css 資料夾中。

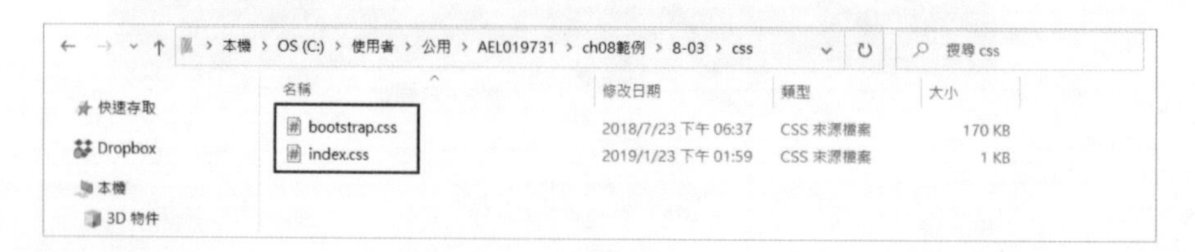

step 05 將下載好的 bootstrap.js 置於專案資料夾的 js 資料夾中。

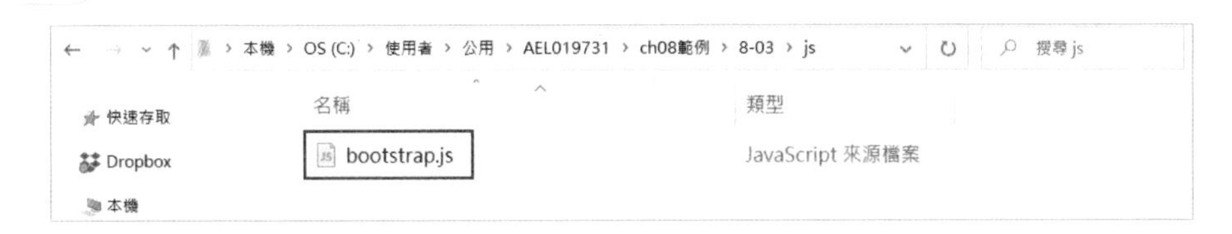

step 06 建立 HTML 基本架構，建立後如下所示。

[index.html]

```
<!doctype html>
<html lang="en">

<head>
    <!-- Required meta tags -->
    <meta charset="utf-8">
    <meta name="viewport" content="width=device-width, initial-scale=1">

    <!-- Bootstrap CSS -->
    <link rel="stylesheet" type="text/css" href="css/bootstrap.css">
    <link rel="stylesheet" type="text/css" href="css/index.css">
    <title>MOOCS</title>
</head>

<body>

    <!-- Optional JavaScript -->
    <script src="js/bootstrap.js"></script>
</body>

</html>
```

TIP

此處的 HTML 架構是依據 Bootstrap 網站提供的 HTML 文件架構，進行修改而成的。粗體則是我們修改的部分。

8-3-2 設定 body 元素的樣式

step 01 開啟 index.css，撰寫以下的樣式。

[index.css]

```
body {
    font-family: Microsoft JhengHei;
}
```

TIP

在此，我們將 body 元素內的文字皆設定為微軟正黑體。

8-3-3 設定網頁架構中的區塊

step 01 開啟 index.html，於 body 元素中依序新增 header 元素、id 為 banner 的 div 元素、id 為 content 的 div 元素，以及 footer 元素。

[index.html]

```
<body>
    <header></header>
    <div id="banner"></div>
    <div id="content"></div>
    <footer></footer>
    ……
</body>
```

8-3-4 製作 header 區

step 01 進入 Bootstrap 官網中的 Navbar 元件頁面，並下拉網頁至 Brand，複製下方的 HTML 用來製作我們的標題導覽列。

Brand

The `.navbar-brand` can be applied to most elements, but an anchor works best, as some elements might require utility classes or custom styles.

Text

Add your text within an element with the `.navbar-brand` class.

Navbar

Navbar

Copy

```
<!-- As a link -->
<nav class="navbar navbar-light bg-light">
  <div class="container-fluid">
    <a class="navbar-brand" href="#">Navbar</a>
  </div>
</nav>

<!-- As a heading -->
<nav class="navbar navbar-light bg-light">
  <div class="container-fluid">
    <span class="navbar-brand mb-0 h1">Navbar</span>
  </div>
</nav>
```

TIP

Navbar 元件的 Brand 可以用來擺放商標或是公司名稱。

step 02 在 header 元素中貼上複製的 html，並將 span 元素的內容修改為「MOOCS」。

[index.html]

```
<header>
    <nav class="navbar navbar-light bg-light">
        <span class="navbar-brand mb-0 h1">MOOCS</span>
    </nav>
</header>
```

step 03 將 nav 元素套用 ps-4 類別。

[index.html]

```
<header>
    <nav class="navbar navbar-light bg-light ps-4">
        <span class="navbar-brand mb-0 h1">MOOCS</span>
    </nav>
</header>
```

> **TIP**
>
> 套用 ps-4 類別設定起始邊的內距（padding）。

step 04 儲存後，在瀏覽器中開啟文件。

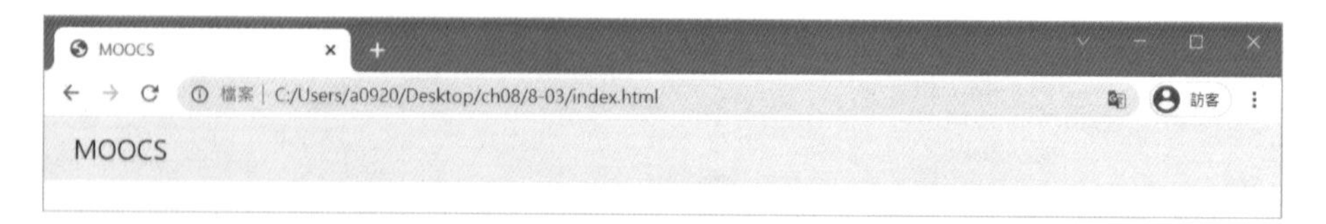

8-3-5 製作 banner 區

step 01 開啟 index.css 檔案，設定 banner 的樣式。

[index.css]

```
#banner {
    background-image: linear-gradient(rgba(0, 0, 0, 0.3), rgba(0, 0, 0, 0.5)),
url(../images/banner.jpg);
    background-size: cover;
    background-attachment: fixed;
    background-repeat: no-repeat;
    background-position: center center;
    height: 50vh;
}
```

> **TIP**
>
> - 在此，我們將為 banner 區塊製作視差動畫。background-image 屬性用於設定元素的背景圖片，它允許使用者設定多重背景。background-image 屬性中，第一個設定的背景圖片在最上面，最後一個設定的背景圖片在最下面。由於我們想在 banner.jpg 這張圖片上設定漸層背景，因此我們首先設定 linear-gradient 函數。linear-gradient 用於設定元素的背景漸層，在此我們設定 linear-gradient(rgba(0, 0, 0, 0.3), rgba(0, 0, 0, 0.5))，表示 banner 的背景漸層由上到下為黑色透明度 0.3 至黑色透明度 0.5。最後，我們新增一張位於 images 資料夾下的 banner.jpg 圖片。

- 設定 background-size: cover，可使背景圖片放大至父元素的大小。
- 設定 background-attachment: fixed，可設定當頁面轉動時，背景圖片固定不移動。
- 設定 background-repeat: no-repeat，可設定背景圖片為不重複顯示。
- 設定 background-position: center center;，可設定背景圖片的位置為水平置中與垂直置中。
- 設定 height: 50vh，vh 是指 view height，其意義為裝置可視畫面的高度百分比，設定 50 表示元素的高度會佔整個畫面高度的 50%。

step 02 在 banner 元素中，新增一個套用 row、g-0 類別的 div 元素。

[index.html]

```
<div id="banner">
    <div class="row g-0"></div>
</div>
```

step 03 在 row 類別的 div 元素中新增一個套用 col-lg-6 類別的 div 元素。

[index.html]

```
<div id="banner">
    <div class="row g-0">
        <div class="col-lg-6">
        </div>
    </div>
</div>
```

step 04 在 col-lg-6 類別的 div 元素中新增 h1、p、a 元素及元素內容。

[index.html]

```
<div id="banner">
    <div class="row g-0">
        <div class="col-lg-6">
            <h1> 自主學習，充實自我 </h1>
            <p>MOOCS 全年開課，進度自己掌握，你就是自己的課程規劃師。</p>
            <a href="#"> 立即報名 </a>
```

```
        </div>
    </div>
</div>
```

step 05 將 a 元素套用 btn 及 btn-success 類別。

[index.html]

```
<div id="banner">
    <div class="row g-0">
        <div class="col-lg-6">
            <h1> 自主學習，充實自我 </h1>
            <p>MOOCS 全年開課，進度自己掌握，你就是自己的課程規劃師。</p>
            <a href="#" class="btn btn-success"> 立即報名 </a>
        </div>
    </div>
</div>
```

TIP

- btn 類別是 Bootstrap 為按鈕設計的基本樣式類別。
- 套用 btn-success 類別將按鈕的顏色主題設定為綠色。

step 06 將類別為 row 的 div 元素套用 text-light、justify-content-center 和 align-items-center 類別。

[index.html]

```
<div id="banner">
    <div class="row g-0 text-light justify-content-center align-items-
center">
        <div class="col-lg-6">
            <h1> 自主學習，充實自我 </h1>
            <p>MOOCS 全年開課，進度自己掌握，你就是自己的課程規劃師。</p>
            <a href="#" class="btn btn-success"> 立即報名 </a>
        </div>
    </div>
</div>
```

TIP

- 套用 text-light 類別將文字設定為淺色。
- 套用 justify-content-center 類別將元素水平置中對齊。
- 套用 align-items-center 類別將元素裡的區塊垂直置中對齊。

step 07 切換至 index.css，設定 row 的樣式。

[index.css]

```
#banner >.row{
    height: 50vh;
}
```

TIP

套用了 align-items-center 類別後我們會發現元素裡的區塊並沒有垂直置中對齊，這是因為我們沒有定義它的高度。所以我們在 index.css 中設定 row 類別的樣式，設定 height 為 50vh，vh 是指 view height，其意義為裝置可視畫面的高度百分比，設定 50 表示我們 div 元素的高度會佔整個畫面高度的 50%，設定完類別樣式後就可以看到元素裡的區塊垂直置中對齊了。建議讀者可以使用瀏覽器的開發者工具（Developers tools）進行修改來觀察變化，在 2-5 節有相關的網頁除錯教學。

step 08 將類別為 col-lg-6 的 div 元素套用 text-center 類別。

[index.html]

```
<div id="banner">
    <div class="row g-0 text-light justify-content-center align-items-
center">
        <div class="col-lg-6 text-center">
            <h1> 自主學習，充實自我 </h1>
            <p>MOOCS 全年開課，進度自己掌握，你就是自己的課程規劃師。</p>
            <a href="#" class="btn btn-success"> 立即報名 </a>
        </div>
    </div>
</div>
```

> **TIP**
>
> 套用 text-center 類別將文字置中。

step 09 儲存後，在瀏覽器中開啟文件。

8-3-6 製作 content 區

step 01 將 content 套用 container-fluid 類別。

[index.html]

```
<div id="content" class="container-fluid">
</div>
```

step 02 切換至 index.css 設定 content 的樣式。

[index.css]

```
#content {
    background-color: #545669;
}
```

step 03 於 content 中，新增一個套用 row 與 text-center 類別的 div 元素。

[index.html]

```
<div id="content" class="container-fluid">
    <div class="row text-center">
    </div>
</div>
```

step 04 於 row 中，新增四個套用 col-lg 類別的 div 元素。

[index.html]

```
<div id="content" class="container-fluid">
    <div class="row text-center">
        <div class="col-lg"></div>
        <div class="col-lg"></div>
        <div class="col-lg"></div>
        <div class="col-lg"></div>
    </div>
</div>
```

TIP

套用 col-lg 類別的四個 div 元素，在沒有特別設定欄位數量的情況下，網格系統會自動幫我們分配欄位，相當於套用了 col-lg-3 類別（12/4=3），所以當解析度 ≥992px 時會形成四欄式的版面。

step 05 於第一個 col-lg 類別的 div 元素中新增 h4、p 元素及元素內容。

[index.html]

```
<div id="content" class="container-fluid">
    <div class="row text-center">
        <div class="col-lg">
            <h4> 多元課程 </h4>
            <p> 提供各專業領域的課程。</p>
        </div>
        <div class="col-lg"></div>
        <div class="col-lg"></div>
        <div class="col-lg"></div>
    </div>
</div>
```

step 06 切換至 index.css 設定 h4 的樣式。

[index.css]

```
#content h4 {
    color: #aeffa2;
}
```

step 07 將 p 元素套用 text-light 類別。

[index.html]

```
<div id="content" class="container-fluid">
    <div class="row text-center">
        <div class="col-lg">
            <h4> 多元課程 </h4>
            <p class="text-light"> 提供各專業領域的課程。</p>
        </div>
        <div class="col-lg"></div>
        <div class="col-lg"></div>
        <div class="col-lg"></div>
    </div>
</div>
```

step 08 至 Bootstrap 的 Buttons 元件頁面，複製連結按鈕的樣式。

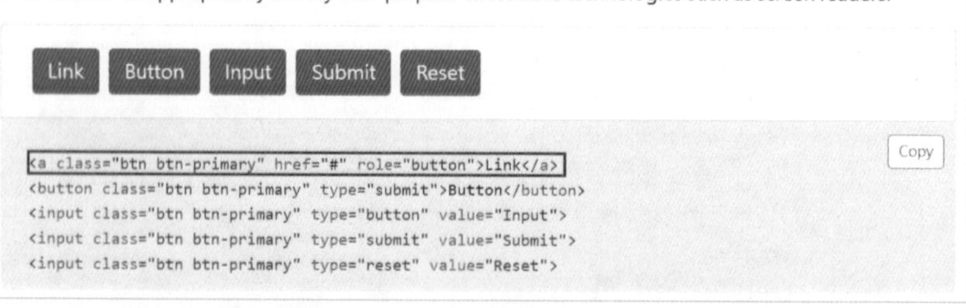

step 09 將複製的 html 貼至 p 元素下方，並修改元素內容。

[index.html]

```
<div id="content" class="container-fluid">
    <div class="row text-center">
        <div class="col-lg">
            <h4> 多元課程 </h4>
            <p class="text-light"> 提供各專業領域的課程。</p>
            <a class="btn btn-primary" href="#" role="button"> 了解更多 </a>
        </div>
        <div class="col-lg"></div>
        <div class="col-lg"></div>
```

```
        <div class="col-lg"></div>
    </div>
</div>
```

step 10 將 a 元素的按鈕顏色主題樣式更換為 btn-outline-light。

[index.html]

```
<div id="content" class="container-fluid">
    <div class="row text-center">
        <div class="col-lg">
             <h4> 多元課程 </h4>
             <p class="text-light"> 提供各專業領域的課程。</p>
             <a class="btn btn-outline-light" href="#" role="button"> 了解更多
</a>
        </div>
        <div class="col-lg"></div>
        <div class="col-lg"></div>
        <div class="col-lg"></div>
    </div>
</div>
```

TIP

「btn-outline-*」是 Bootstrap 的按鈕外框顏色類別，套用 btn-outline-light 類別設定淺色按鈕外框。

step 11 將 col-lg 類別的 div 元素套用 py-5 類別。

[index.html]

```
<div id="content" class="container-fluid">
    <div class="row text-center">
        <div class="col-lg py-5">
             <h4> 多元課程 </h4>
             <p class="text-light"> 提供各專業領域的課程。</p>
             <a class="btn btn-outline-light" href="#" role="button"> 了解更多
</a>
        </div>
        <div class="col-lg"></div>
        <div class="col-lg"></div>
        <div class="col-lg"></div>
```

```
    </div>
</div>
```

TIP

套用 py-5 類別設定頂部與底部的內距（padding）。

step 12 將下方三個類別為 col-lg 的 div 元素，依步驟 5 到 11 新增元素及元素內容，完成後的程式碼如下。

[index.html]

```
<div id="content" class="container-fluid">
    <div class="row text-center">
        <div class="col-lg py-5">
            <h4> 多元課程 </h4>
            <p class="text-light"> 提供各專業領域的課程。</p>
            <a class="btn btn-outline-light" href="#" role="button"> 了解更多
</a>
        </div>
        <div class="col-lg py-5">
            <h4> 規劃課程 </h4>
            <p class="text-light"> 依據自己的學習步調，進入知識殿堂。</p>
            <a class="btn btn-outline-light" href="#" role="button"> 了解更多
</a>
        </div>
        <div class="col-lg py-5">
            <h4> 取得證書 </h4>
            <p class="text-light"> 完成課程可取得修課證書。</p>
            <a class="btn btn-outline-light" href="#" role="button"> 了解更多
</a>
        </div>
        <div class="col-lg py-5">
            <h4> 免費課程 </h4>
            <p class="text-light"> 所有課程免費且內容優質。</p>
            <a class="btn btn-outline-light" href="#" role="button"> 了解更多
</a>
        </div>
    </div>
</div>
```

step 13 儲存後，在瀏覽器中開啟文件。

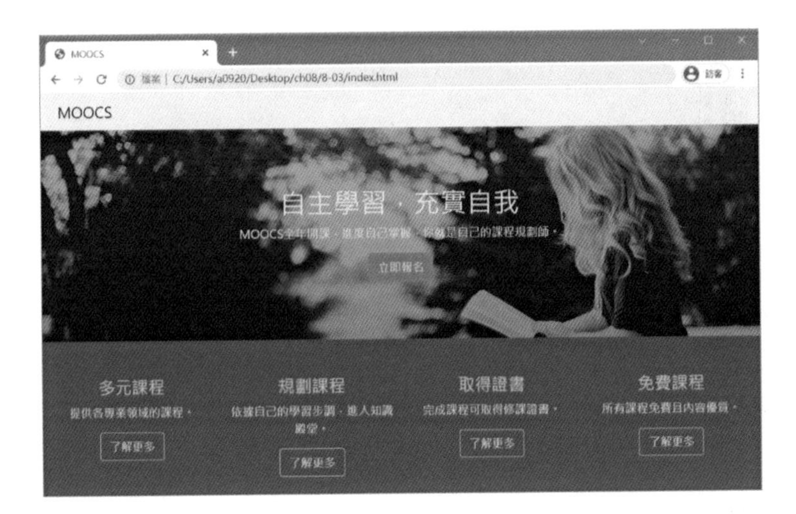

step 14 在第三個類別為 col-lg 的 div 元素之前，新增一個套用 w-100 類別的 div 元素。

[index.html]

```
<div id="content" class="container-fluid">
    <div class="row text-center">
        <div class="col-lg py-5">
            <h4> 多元課程 </h4>
            <p class="text-light"> 提供各專業領域的課程。</p>
            <a class="btn btn-outline-light" href="#" role="button"> 了解更多
</a>
        </div>
        <div class="col-lg py-5">
            <h4> 規劃課程 </h4>
            <p class="text-light"> 依據自己的學習步調，進入知識殿堂。</p>
            <a class="btn btn-outline-light" href="#" role="button"> 了解更多
</a>
        </div>
        <div class="w-100"></div>
        <div class="col-lg py-5">
            <h4> 取得證書 </h4>
            <p class="text-light"> 完成課程可取得修課證書。</p>
            <a class="btn btn-outline-light" href="#" role="button"> 了解更多
</a>
        </div>
```

```
        <div class="col-lg py-5">
            <h4> 免費課程 </h4>
            <p class="text-light"> 所有課程免費且內容優質。</p>
            <a class="btn btn-outline-light" href="#" role="button"> 了解更多
</a>
        </div>
    </div>
</div>
```

TIP

w-100 為 Bootstrap 網格系統中可以用來換行的類別，只要新增套用 w-100 的 div 元素，在它之後的元素會被強制換行，方便快速排版。透過套用 w-100 類別將欄位換行，將原本會形成四欄式的版面變成兩欄式。詳細的 w-100 類別運用可以在 6-2-8 閱讀相關內容。

step 15　儲存後，在瀏覽器中開啟文件。

step 16 切換至 index.css 設定 col-lg 類別的樣式。

[index.css]

```
.row .col-lg:nth-child(1) {
    background-color: rgba(0, 0, 0, 0.035);
}

.row .col-lg:nth-child(2) {
    background-color: rgba(0, 0, 0, 0.07);
}

.row .col-lg:nth-child(4) {
    background-color: rgba(0, 0, 0, 0.105);
}

.row .col-lg:nth-child(5) {
    background-color: rgba(0, 0, 0, 0.14);
}
```

TIP

:nth-child(n) 是 CSS3 新增的「偽類選取器（pseudo class selector）」，可用來選取特定順序的元素。例如，.row .col-lg:nth-child(1) 就表示選擇 row 下第一個類別名為 col-lg 的 div 元素。特別要注意的是，偽類選取器最主要是先看元素的順序，之後才比對類別名稱來選取。我們在 row 中總共有五個 div 元素，其中，第三個元素為套用 w-100 類別的 div 元素，這時候若使用 .row .col-lg:nth-child(3) 就會找不到第三個且類別名為 col-lg 的 div 元素，所以要將剩下類別為 col-lg 的 div 元素設定樣式的話，要設定 .row .col-lg:nth-child(4) 和 .row .col-lg:nth-child(5)，這樣就可以設定第四個以及第五個元素的樣式了。

step 17 儲存後，在瀏覽器中開啟文件。

8-3-7 製作 footer 區

step 01 在 footer 元素中，輸入版權宣告的文字。

[index.html]

```
<footer>
    Copyrights © 2021 All Rights Reserved by MOOCS
</footer>
```

step 02 將 footer 元素套用 text-center、bg-light、text-dark、py-2 類別。

[index.html]

```
<footer class="text-center bg-light text-dark py-2">
    Copyrights © 2021 All Rights Reserved by MOOCS
</footer>
```

step 03 儲存後，在瀏覽器中開啟文件。

step 04 拖曳視窗，確認縮小後的版面配置變化。

8-4 側欄固定網頁

在此章節中，我們將學習如何製作「側欄固定的網頁」。在此範例中，我們首先將欄位分成兩個區塊「col-lg-4」與「col-lg-8」，使得一行的欄位數等於 12。接著，再將左側類別為 col-lg-4 的 div 元素設定成固定，用以使得頁面捲動時，左側類別為 col-lg-4 的 div 元素仍可於固定位置上不移動。

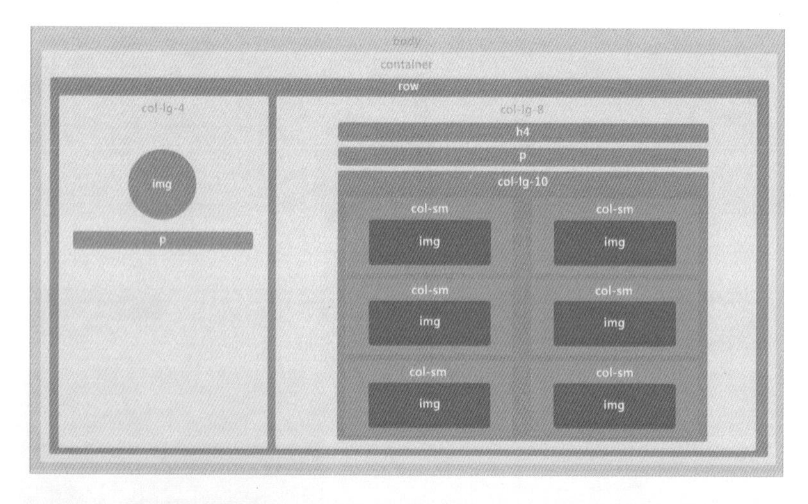

8-4-1 前置作業

step 01 新增專案資料夾 8-04，並於專案資料夾下新增 css、images 以及 js 資料夾。

step 02 新增 index.html，放於專案資料夾下。

step 03 複製範例中 ch08/8-04/images 資料夾下的所有圖片，放於專案資料夾的 images 資料夾下。

step 04 新增 index.css，將 bootstrap 的 bootstrap.css 置於專案資料夾的 css 資料夾中。

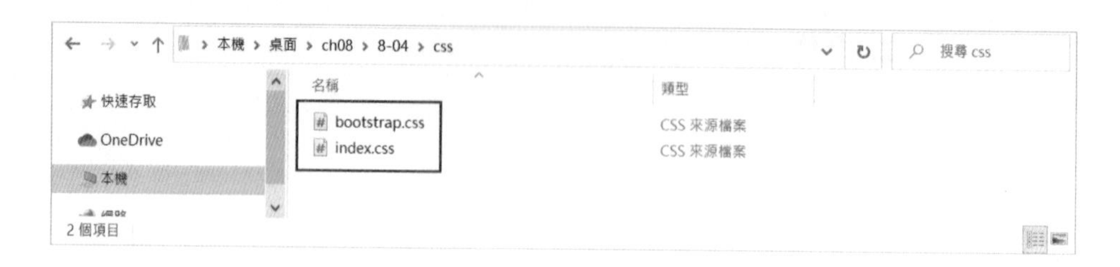

step 05 將下載好的 bootstrap.js 置於專案資料夾的 js 資料夾中。

step 06 建立 HTML 基本架構，建立後如下所示。

[index.html]

```
<!doctype html>
<html lang="en">
  <head>
      <!-- Required meta tags -->
      <meta charset="utf-8">
      <meta name="viewport" content="width=device-width, initial-scale=1>
      <!-- Bootstrap CSS -->
      <link rel="stylesheet" type="text/css" href="css/bootstrap.css">
      <link rel="stylesheet" type="text/css" href="css/index.css">
      <title> 攝影日記 </title>
  </head>
  <body>
      <!-- Optional JavaScript -->
      <script src="js/bootstrap.js"></script>
  </body>
</html>
```

8-4-2 設定 body 元素的樣式

step 01 開啟 index.css，撰寫以下樣式。

[index.css]

```
body {
    font-family: Microsoft JhengHei;
}
```

TIP

在此，我們將 body 元素內的文字皆設定為微軟正黑體。

8-4-3 設定網頁架構中的區塊

step 01 於 body 元素中新增一個套用 container-fluid 類別的 div 元素，並在元素中新增一個類別為 row 的 div 元素。

[index.html]

```
<body>
    <div class="container-fluid">
        <div class="row"></div>
    </div>
    ......
</body>
```

TIP

container-fluid 為 Bootstrap 中的容器類別，可以用來將版面配置呈現滿版的佈局。

step 02 於 row 中，新增一個類別為 col-lg-4、id 為 about 的 div 元素。

[index.html]

```
<div class="container-fluid">
    <div class="row">
        <div class="col-lg-4" id="about">
        </div>
    </div>
</div>
```

step 03 在類別為 col-lg-4 的 div 元素下方，新增一個類別為 col-lg-8 的 div 元素。

[index.html]

```
<div class="container-fluid">
    <div class="row">
        <div class="col-lg-4" id="about">
        </div>
        <div class="col-lg-8">
        </div>
    </div>
</div>
```

TIP

我們透過使用類別為 col-lg-4 與 col-lg-8 的兩個 div 元素，製作出 1：2 比例的兩欄式版型。

8-4-4 製作 col-lg-4 區塊元素內容

step 01 於類別為 col-lg-4 的 div 元素中，新增一個套用 row 類別且 id 為 people 的 div 元素。

[index.html]

```
<div class="col-lg-4" id="about">
    <div class="row" id="people">
    </div>
</div>
```

step 02 開啟 index.css 檔案，設定 about 的樣式。

[index.css]

```
#about {
    position: fixed;
    background-image: url(../images/bg.jpg);
    background-repeat: no-repeat;
    background-position: center center;
    background-size: cover;
    height: 100vh;
}
```

TIP

- 我們將 position 設定為 fixed，可使得當網頁頁面捲動時，about 會在相同位置上固定不動。
- 設定 height: 100vh，vh 是指 view height，其意義為裝置可視畫面的高度百分比，設定 100 表示元素的高度會佔整個畫面高度的 100%。

step 03 於 people 中新增一個 div 元素，並在元素中新增 id 為 photo、路徑為「images/avatar.jpg」的 img 元素。

[index.html]

```
<div class="col-lg-4" id="about">
    <div class="row" id="people">
        <div>
            <img src="images/avatar.jpg" id="photo">
        </div>
    </div>
</div>
```

step 04 切換至 index.css 檔案，設定 photo 的樣式。

[index.css]

```
#photo {
    height: 20vh;
}
```

TIP

設定 height: 20vh，將元素的高度設定佔整個畫面高度的 20%。

step 05 將 img 元素套用 rounded-circle 和 my-3 類別。

[index.html]

```
<div class="col-lg-4" id="about">
    <div class="row" id="people">
        <div>
            <img src="images/avatar.jpg" class="rounded-circle my-3"
id="photo">
        </div>
    </div>
</div>
```

TIP

- rounded-circle 類別為 Bootstrap 的內建類別，可用來將圖片的外框設定為圓形。
- 套用 my-3 類別設定頂部與底部的外距（margin）。

step 06 於 img 元素下方新增一個套用 text-light 類別的 p 元素及元素內容。

[index.html]

```
<div class="col-lg-4" id="about">
    <div class="row" id="people">
        <div>
            <img src="images/avatar.jpg" class="rounded-circle my-3"
id="photo">
            <p class="text-light">我是 Penny，我喜歡用攝影紀錄生活的每一刻。
</p>
        </div>
    </div>
</div>
```

TIP

套用 text-light 類別將文字顏色設定為淺色。

step 07 將 img 和 p 元素的 div 父元素套用 text-center 類別。

[index.html]

```
<div class="col-lg-4" id="about">
    <div class="row" id="people">
        <div class="text-center">
            <img src="images/avatar.jpg" class="rounded-circle my-3"
id="photo">
            <p class="text-light">我是 Penny，我喜歡用攝影紀錄生活的每一刻。
</p>
        </div>
    </div>
</div>
```

TIP

套用 text-center 類別將 div 元素的內容置中。

step 08 將類別為 row 的 div 元素套用 justify-content-center 和 align-items-center 類別。

[index.html]

```
<div class="col-lg-4" id="about">
    <div class="row justify-content-center align-items-center" id="people">
        <div class="text-center">
            <img src="images/avatar.jpg" class="rounded-circle my-3"
id="photo">
            <p class="text-light">我是 Penny，我喜歡用攝影紀錄生活的每一刻。
</p>
        </div>
    </div>
</div>
```

TIP

- 套用 justify-content-center 類別將元素水平置中對齊。
- 套用 align-items-center 類別將元素裡的區塊垂直置中對齊。

step 09 切換至 index.css 檔案，設定 people 的樣式。

[index.css]

```
#people {
    height: 60vh;
}
```

TIP

套用了 align-items-center 類別後，我們會發現元素裡的區塊並沒有垂直置中對齊，這是因為我們沒有定義它的高度。所以我們在 index.css 中設定 people 的樣式，設定 height 為 60vh，設定元素高度會佔整個畫面高度的 60%，設定完類別樣式後就可以看到元素裡的區塊垂直置中對齊了。建議讀者可以使用瀏覽器的開發者工具（Developers tools）進行修改來觀察變化，在 2-5 節有相關的網頁除錯教學。

step 10 儲存後，在瀏覽器中開啟文件。

8-4-5 製作 col-lg-8 區塊元素內容

step 01 將類別為 col-lg-8 的 div 元素套用 bg-light 類別。

[index.html]

```
<div class="col-lg-4" id="about">
    <div class="row justify-content-center align-items-center" id="people">
        <div class="text-center">
            <img src="images/avatar.jpg" class="rounded-circle my-3"
id="photo">
            <p class="text-light"> 我是 Penny，我喜歡用攝影紀錄生活的每一刻。
</p>
        </div>
    </div>
</div>
<div class="col-lg-8 bg-light">
</div>
```

step 02 在類別為 col-lg-8 的 div 元素中，新增一個類別為 col-lg-10、mx-auto 與 py-5 的 div 元素。

[index.html]

```
<div class="col-lg-8 bg-light">
    <div class="col-lg-10 mx-auto py-5">
    </div>
</div>
```

TIP

- 套用 col-lg-10 類別，使得 div 元素的寬度在解析度 ≥992px 為 10 個欄位。
- 套用 mx-auto 自動設定元素左右的外距（margin）。
- 套用 py-5 類別設定頂部與底部的內距（padding）。

step 03 在類別為 col-lg-10 的 div 元素中，新增 h4 和 p 元素及元素內容。

[index.html]

```
<div class="col-lg-8 bg-light">
    <div class="col-lg-10 mx-auto py-5">
        <h4> 攝影作品 </h4>
```

```
        <p> 我熱愛生活也享受生活，所以我拿著相機走遍世界各地，試圖拍攝每個場景、每個故事，每個相遇的朋友，好留住美好的時光給以後念想……</p>
    </div>
</div>
```

step 04 儲存後，在瀏覽器中開啟文件。

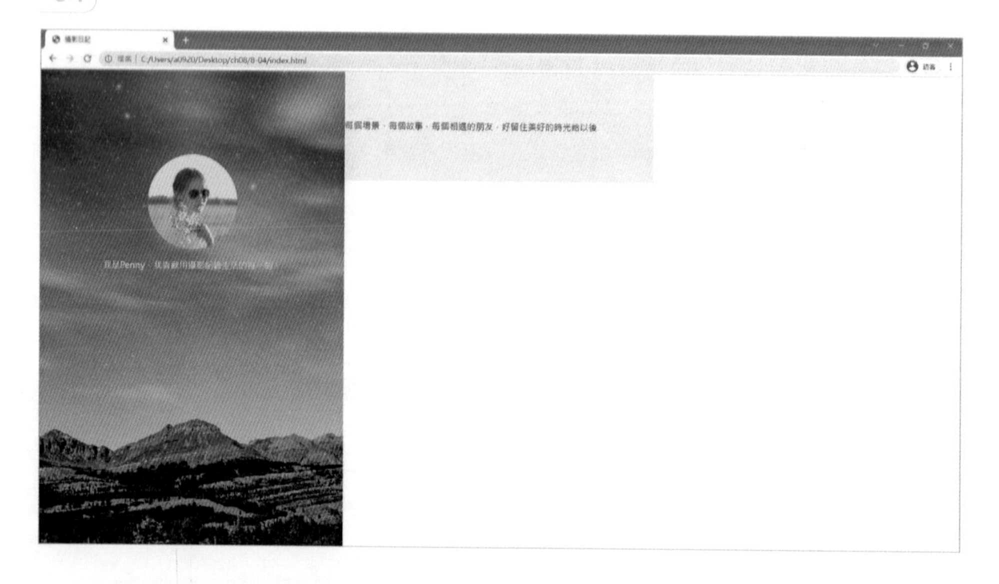

step 05 將類別為 col-lg-8 的 div 元素套用 offset-lg-4 類別。

[index.html]

```
<div class="col-lg-8 bg-light offset-lg-4">
    <div class="col-lg-10 mx-auto py-5">
        <h4> 攝影作品 </h4>
        <p> 我熱愛生活也享受生活，所以我拿著相機走遍世界各地，試圖拍攝每個場景、每個故事，每個相遇的朋友，好留住美好的時光給以後念想……</p>
    </div>
</div>
```

🔊 **TIP**

Bootstrap 網格系統將網頁元素一行分成 12 欄。在我們的 row 中有一個套用 col-lg-4 類別及一個套用 col-lg-8 類別的 div 元素，正常來說 8 個欄位加上 4 個欄位，正好成 12 個欄位，不會有跑版的狀況發生。但是由於我們將 col-lg-4 的區塊元素樣式設定了 position: fixed;，該樣式會將區塊元素的位置固定，且脫離 html 原本的排列結構，而我們並沒有設定 col-lg-8 區塊元素的位置，所以當我們開始撰寫 col-lg-8 的區塊元素內容後，便會看到原本的 col-lg-4 區塊元素被覆蓋住了。為了解決此問題，我們將 col-lg-8 的元素區塊套用 offset-lg-4 類別，將元素區塊向右推移 4 個欄位、改變它的位置，完整滿足一行 12 個欄位的設定。建議讀者可以使用瀏覽器的開發者工具（Developers tools）進行修改來觀察變化，在 2-5 節有相關的網頁除錯教學。

step 06 儲存後，在瀏覽器中開啟文件。

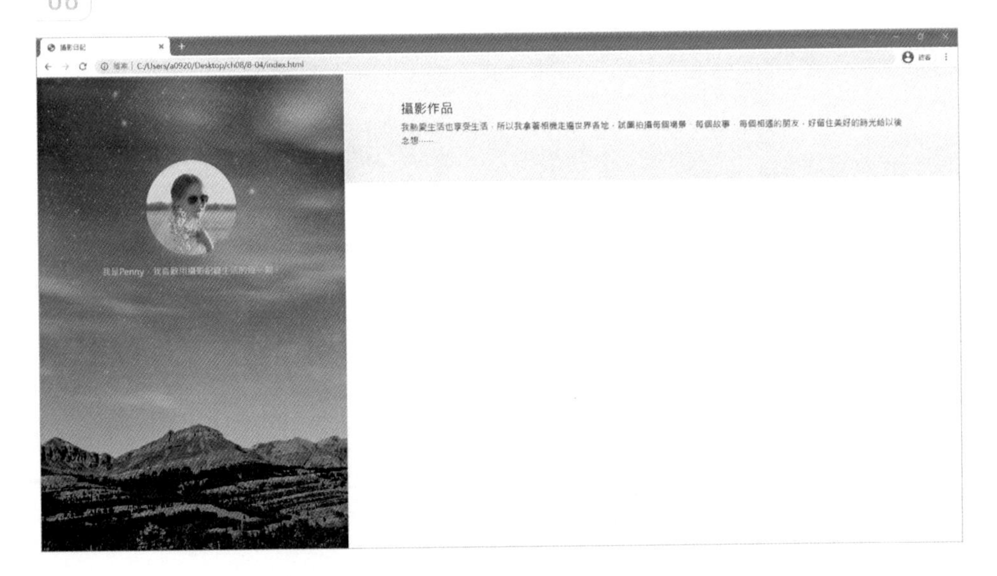

step 07 在 p 元素下方新增一個套用 row 類別的 div 元素。

[index.html]

```
<div class="col-lg-8 bg-light offset-lg-4">
    <div class="col-lg-10 mx-auto py-5">
        <h4> 攝影作品 </h4>
```

```
        <p> 我熱愛生活也享受生活，所以我拿著相機走遍世界各地，試圖拍攝每個場景、每個故事，每個相遇的朋友，好留住美好的時光給以後念想……</p>
        <div class="row">
        </div>
    </div>
</div>
```

step 08 在 row 中新增六個套用 col-sm 及 my-2 類別的 div 元素。

[index.html]

```
<div class="row">
      <div class="col-sm my-2">
      </div>
      <div class="col-sm my-2">
      </div>
      <div class="col-sm my-2">
      </div>
      <div class="col-sm my-2">
      </div>
      <div class="col-sm my-2">
      </div>
      <div class="col-sm my-2">
      </div>
</div>
```

TIP

套用 col-sm 類別的六個 div 元素，在沒有特別設定欄位數量的情況下，網格系統會自動幫我們分配欄位，相當於套用了 col-sm-2 類別（12/6=2），所以當解析度 ≥576px 時會形成六欄式的版面。

step 09 在每個 col-sm 類別的 div 元素中新增 img 元素，並將路徑修改如下。

```
<div class="row">
    <div class="col-sm my-2">
        <img src="images/01.jpg">
    </div>
    <div class="col-sm my-2">
        <img src="images/02.jpg">
    </div>
```

```
    <div class="col-sm my-2">
        <img src="images/03.jpg">
    </div>
    <div class="col-sm my-2">
        <img src="images/04.jpg">
    </div>
    <div class="col-sm my-2">
        <img src="images/05.jpg">
    </div>
    <div class="col-sm my-2">
        <img src="images/06.jpg">
    </div>
</div>
```

step 10 將每個 img 元素套用 img-fluid 類別。

```
<div class="row">
    <div class="col-sm my-2">
        <img src="images/01.jpg" class="img-fluid">
    </div>
    <div class="col-sm my-2">
        <img src="images/02.jpg" class="img-fluid">
    </div>
    <div class="col-sm my-2">
        <img src="images/03.jpg" class="img-fluid">
    </div>
    <div class="col-sm my-2">
        <img src="images/04.jpg" class="img-fluid">
    </div>
    <div class="col-sm my-2">
        <img src="images/05.jpg" class="img-fluid">
    </div>
    <div class="col-sm my-2">
        <img src="images/06.jpg" class="img-fluid">
    </div>
</div>
```

TIP

img-fluid 為 Bootstrap 的圖片類別，該類別樣式設定了 max-width: 100%; 以及 height: auto;，套用 img-fluid 類別的圖片會依父元素的大小進行縮放，圖片便能夠隨著裝置解析度的不同做出響應式變化。

step 11 儲存後，在瀏覽器中開啟文件。

step 12 在第三個以及第五個類別為 col-sm 的 div 元素之前，分別新增一個套用 w-100 類別的 div 元素。

```
<div class="row">
    <div class="col-sm my-2">
        <img src="images/01.jpg" class="img-fluid">
    </div>
    <div class="col-sm my-2">
        <img src="images/02.jpg" class="img-fluid">
    </div>
    <div class="w-100"></div>
    <div class="col-sm my-2">
        <img src="images/03.jpg" class="img-fluid">
    </div>
    <div class="col-sm my-2">
        <img src="images/04.jpg" class="img-fluid">
    </div>
    <div class="w-100"></div>
    <div class="col-sm my-2">
        <img src="images/05.jpg" class="img-fluid">
    </div>
    <div class="col-sm my-2">
        <img src="images/06.jpg" class="img-fluid">
    </div>
</div>
```

> **TIP**
>
> w-100 為 Bootstrap 網格系統中可以用來換行的類別，只要新增套用 w-100 的 div 元素，在它之後的元素會被強制換行，方便快速排版。透過套用 w-100 類別將欄位換行，將原本會形成六欄式的版面變成兩欄式。詳細的 w-100 類別運用可以在 6-2-8 閱讀相關內容。

step 13　儲存後，在瀏覽器中開啟文件。

8-4-6 撰寫 Media Queries

step 01　切換至 index.css，新增 about 以及 people 在視窗寬度 <=991.5px 時的樣式。

[index.css]

```
@media (max-width: 991.5px) {
    #about {
        position: static;
        height: 30vh;

    }
```

```
    #people {
        height: 30vh;
    }

}
```

TIP

- 設定當視窗寬度小於或等於 991.5px 時，position 的值從 fixed 改為 static，我們便可以將 about 在固定位置顯示的樣式取消，變回預設值。
- 設定 about 和 people 的區塊元素在視窗寬度小於或等於 991.5px 時，height 變成 30vh，將元素的高度設定佔整個畫面高度的 30%。

step 02 儲存後，拖曳視窗寬度至 991.5px 以下檢視網頁。

9

網頁轉 App

學習概念

在前面的章節中，相信各位應該對於響應式網頁的設計有一定程度的了解及熟練。那麼，既然響應式網頁能夠讓使用者在手機上也能以更符合手機的瀏覽方式來檢視及閱讀網頁，能不能將其作為一個手機的應用程式進行發佈呢？

- 主流行動 APP 的開發模式
- Android Studio 開發環境安裝
- Android Studio 操作將網頁轉換成 App
- Google Play 商店上架

9-1 APP 開發方式

App 為「Application」的縮寫，指「應用程式」、「應用軟體」，源自於 2007 年 Apple 公司在第一代 iPhone 上市後，同時建立發布平台 App Store，「App」也因此成為了手機、平板電腦應用程式的代名詞。

目前行動 APP 的開發方式主要分為三種方式：

1. Native APP（原生應用程式）

   指的是原生程式，依照不同平台的官方建議開發方式（開發平台：Xcode、Android Studio）及程式語言（開發語言：Swift、Java）進行開發，透過使用官方提供的 SDK 將程式編譯為可被安裝及執行的應用程式。因此能夠存取最完整的手機功能，但因要針對不同的平台個別開發，因此開發及維護成本較高。其 Native APP 在 Android/iOS 手機中常見的 APPs，像是：Faccebook、Line 及 Youtube 等，使用者需要到 Google Play Store 或是 Apple App Store 來下載該 APP 來使用。

2. Web APP（網頁應用程式）

   指的是利用相同的前端網頁技術，像是 HTML5、JavaScript 及 CSS3 來進行開發，透過瀏覽器輸入網址來進行瀏覽，因此開發門檻較低且具有跨平台的優勢，但 Web APP 能夠存取的系統功能有限，且需要網路才能使用。

3. Hybrid APP（混合式應用程式）

   指的是使用 Web APP 的技術進行開發後，將其透過 Cordova、PhoneGap 等包裝框架將其包裝為類似於 Native APP 一樣能夠進行離線操作的應用程式，因此除了能夠存取手機功能之外，也能夠透過不同的封裝程序快速的將其封裝為不同作業系統使用的版本。

9-2 開發環境安裝

安裝 Android Studio 所需要的環境如下：

安裝環境	說明
Java Development Kit(JDK)	Android 程式是以 Java 語言來開發，需要安裝 Java 的軟體開發套件 JDK。
Android Studio	安裝 Android Studio 會安裝 Android 所需要的 Android SDK(Android 開發套件)，開發與測試執行 Android 應用程式

9-2-1 Java Development Kit 安裝

step 01 請至 Oracle 官網點擊「Products」，並選擇「Java」。

TIP

Oracle 官網網址為 https://www.oracle.com/tw/index.html。

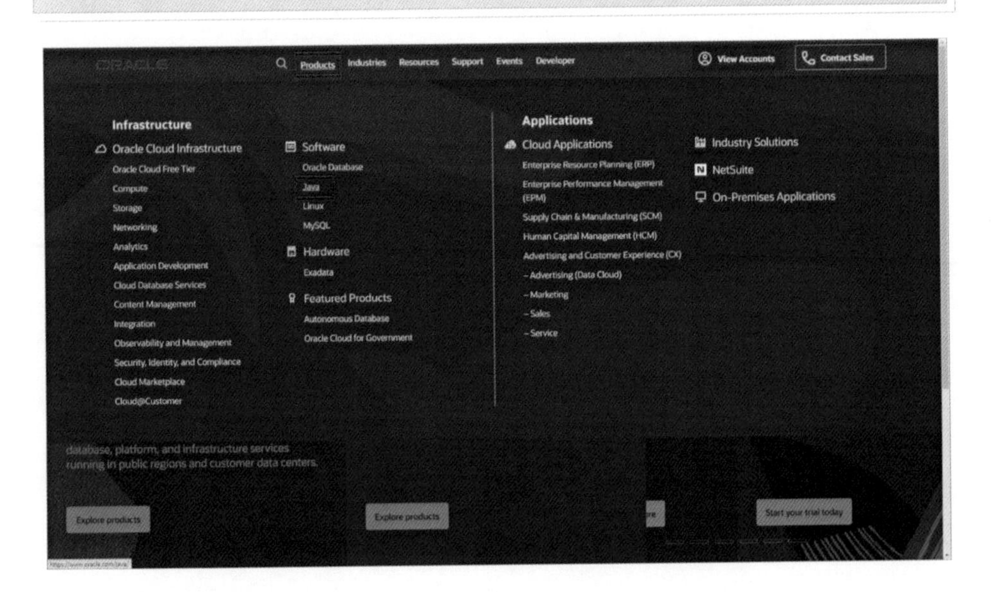

step 02 請點擊「Download Java」至下載頁面。

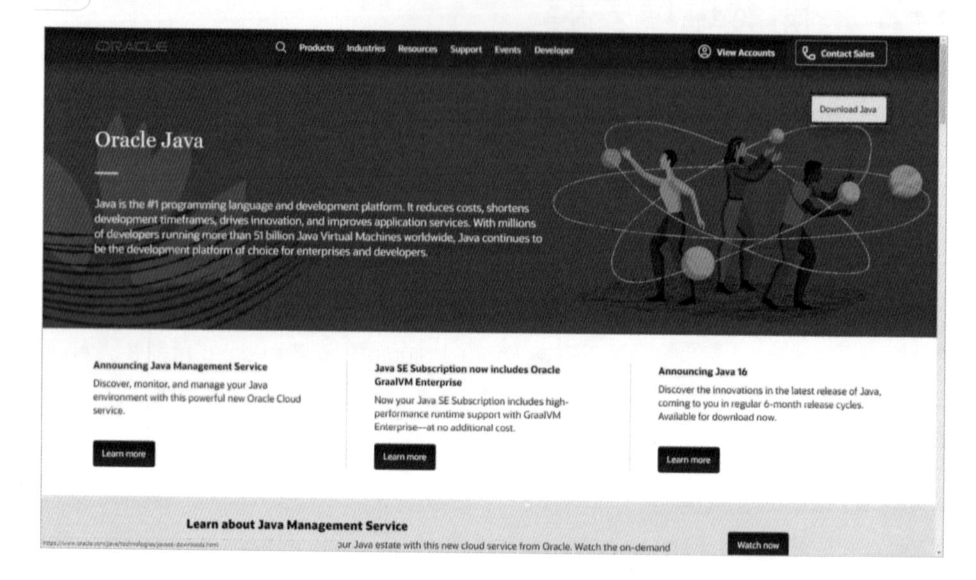

step 03 本書以 Java SE 8 為例。請滾動滑鼠滾輪往下找到「Java SE 8」，並點擊「JDK Download」。

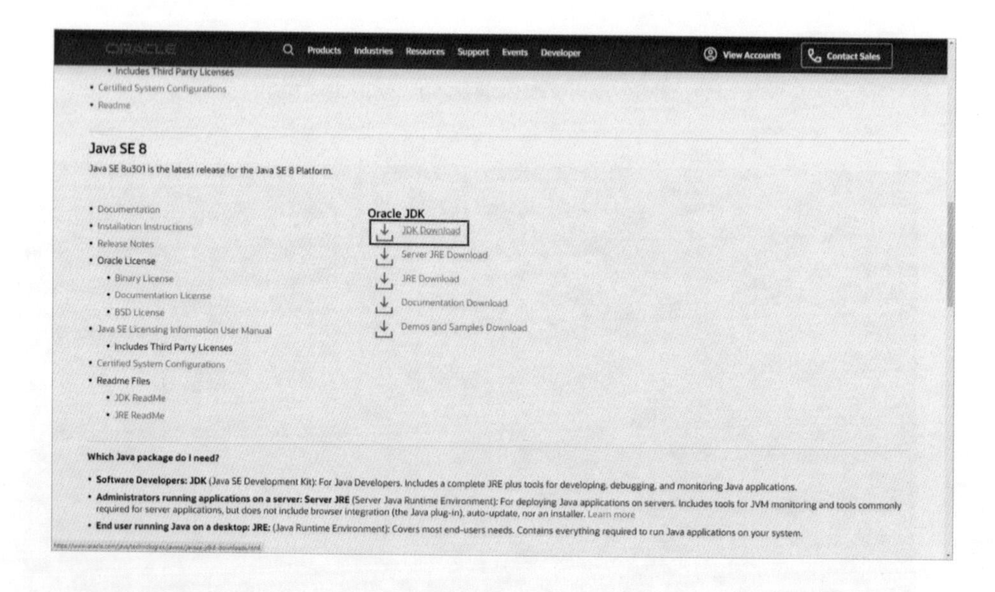

step 04 請選擇符合個人電腦作業系統的安裝檔。

ORACLE Products Industries Resources Support Events Developer View Accounts Contact Sales

Linux x64 Compressed Archive	138.78 MB	jdk-8u301-linux-x64.tar.gz
macOS x64	197.26 MB	jdk-8u301-macosx-x64.dmg
Solaris SPARC 64-bit (SVR4 package)	133.66 MB	jdk-8u301-solaris-sparcv9.tar.Z
Solaris SPARC 64-bit	94.8 MB	jdk-8u301-solaris-sparcv9.tar.gz
Solaris x64 (SVR4 package)	134.42 MB	jdk-8u301-solaris-x64.tar.Z
Solaris x64	92.66 MB	jdk-8u301-solaris-x64.tar.gz
Windows x86	156.45 MB	jdk-8u301-windows-i586.exe
Windows x64	169.46 MB	jdk-8u301-windows-x64.exe

Java SE Development Kit 8u301 Demos and Samples Downloads

Demos and samples of common tasks and new functionality available on JDK 8. JavaFX 8 demos and samples are included in the JDK 8 Demos and Samples packages. The source code provided with demos and samples for the JDK is meant to illustrate the usage of a given feature or technique and has been deliberately simplified.

step 05 請點擊勾選框將其打勾，並點擊「Download」按鈕。

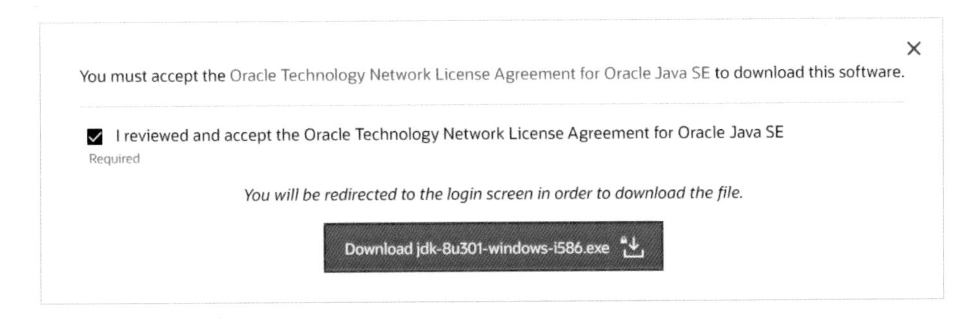

step 06 接著會跳出 Oracle 的登入頁面，請輸入「使用者名稱」與「密碼」，並點擊登入。

TIP

如果沒有 Oracle 的帳戶，請先行建立帳戶，註冊的過程要記得至 Email 收取驗證信唷！

step 07 登入後即開始下載安裝檔，待安裝檔下載完成，請開啟安裝檔，並點擊「Next」。

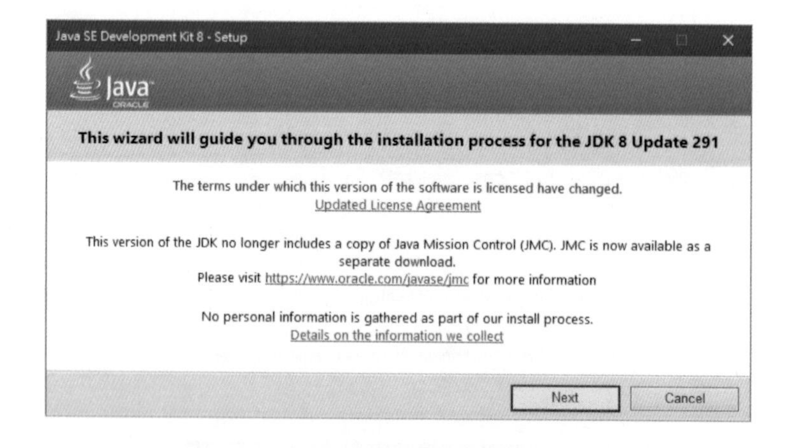

step 08 點擊「Next」。

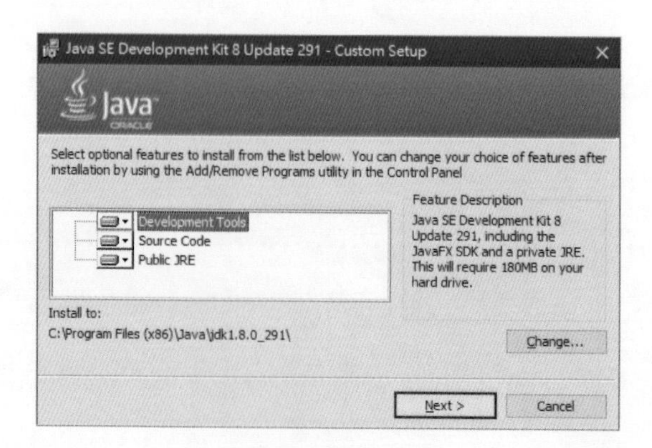

step 09 待進度條跑完，請點擊「下一步」。

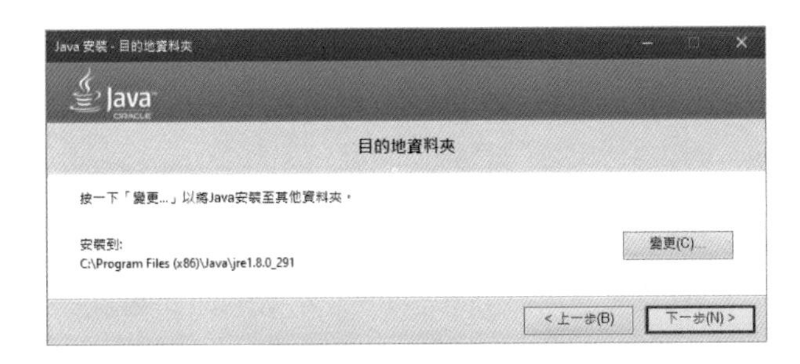

step 10 待安裝進度條跑完，請點擊「Close」。

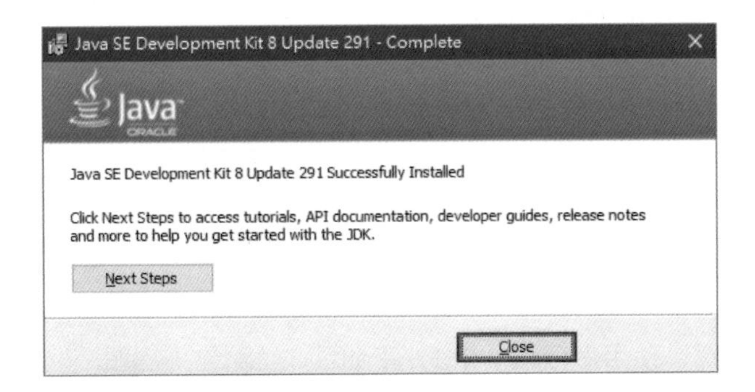

step 11 安裝完成後，請至電腦中的「控制台」→「系統」→「進階系統設定」。

step 12 請點擊「環境變數」。

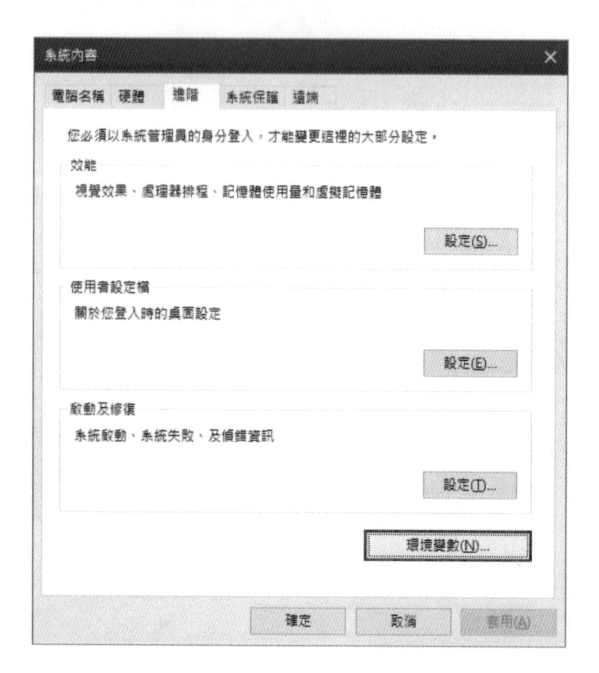

step 13 請選擇「使用者變數」中的「Path」，並點擊「編輯」。

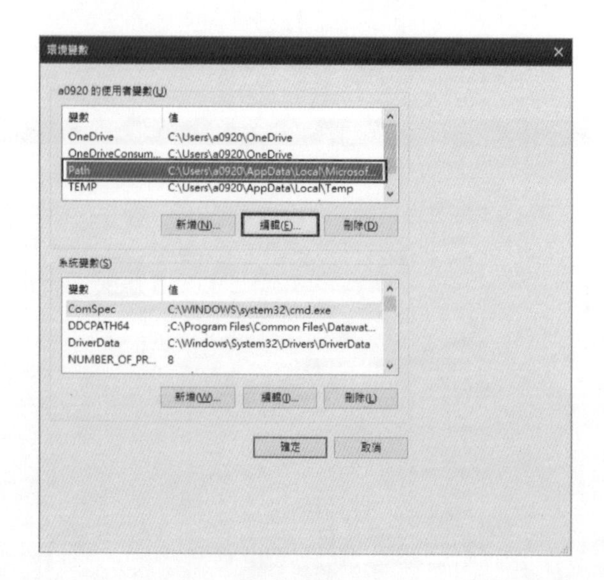

step 14 請點擊「新增」。

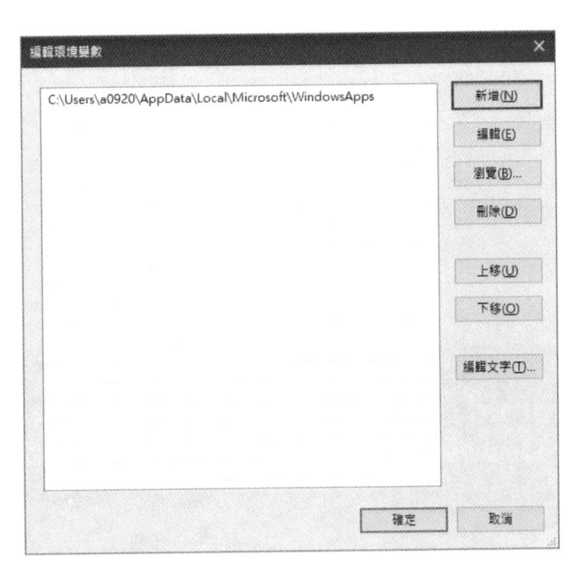

step 15 請根據步驟 8 安裝的目的地資料夾路徑輸入 JDK 路徑，並且加上路徑「\bin」，最後點擊「確定」。

9-2-2 Android Studio 安裝

step 01 請於 Android for developers 官網點擊「Download Android Studio」。

> **TIP**
>
> Android for developers 官網網址為 https://developer.android.com/。

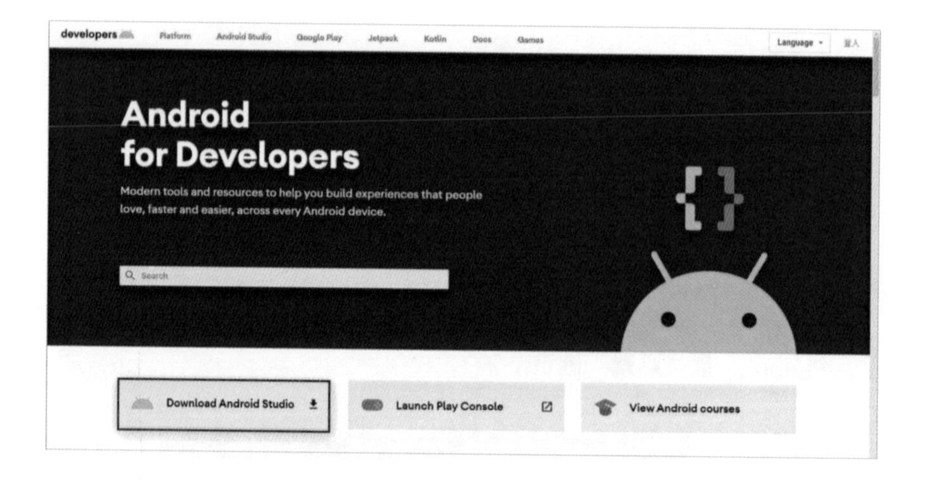

step 02 請點擊「Download Android Studio」。

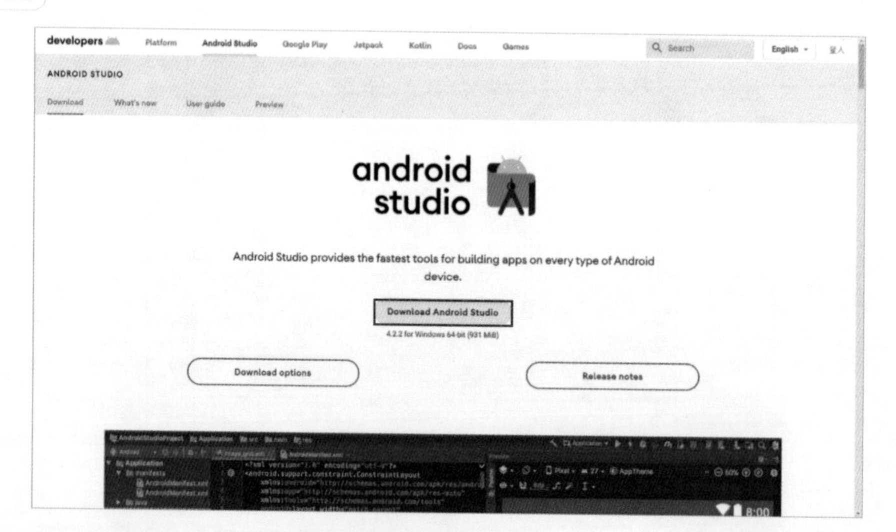

step 03 請滾動滑鼠滾輪往下找到勾選框將其打勾，並點擊「Download Android Studio for Windows」。

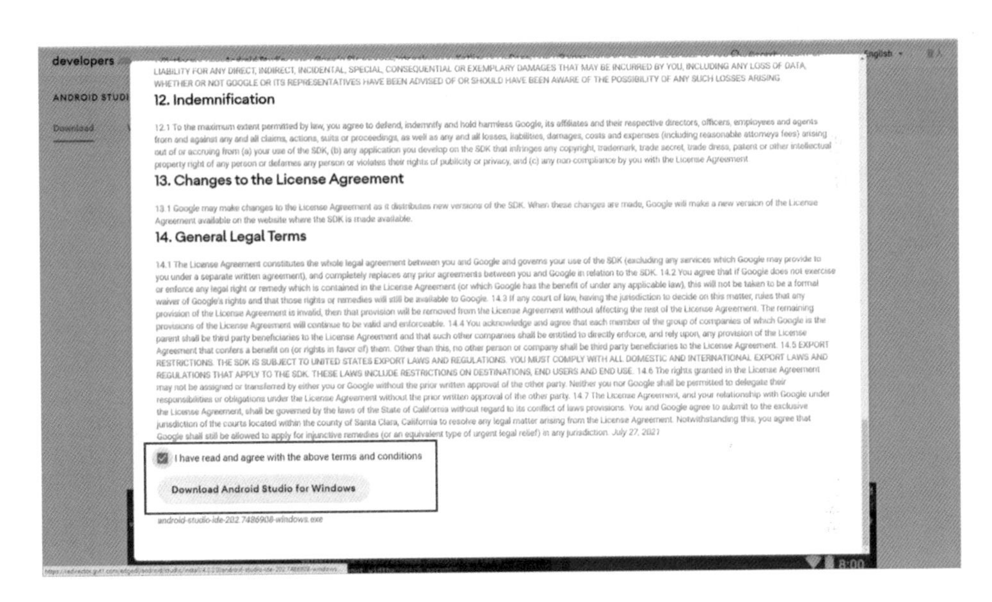

step 04 待安裝檔下載完成，請開啟安裝檔，並點擊「Next」。

step 05 請點擊「Next」。

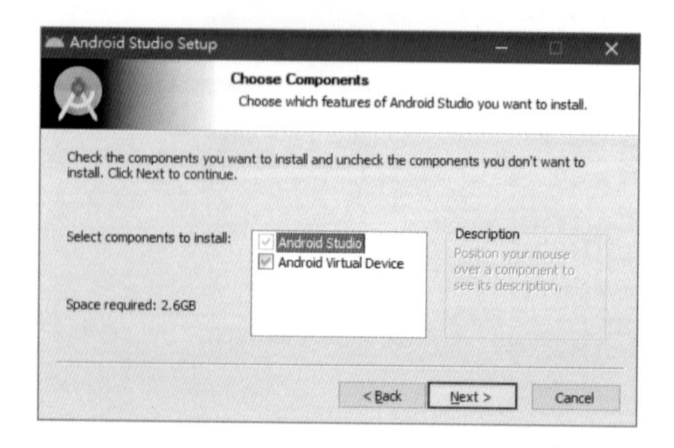

step 06 請點擊「Next」。

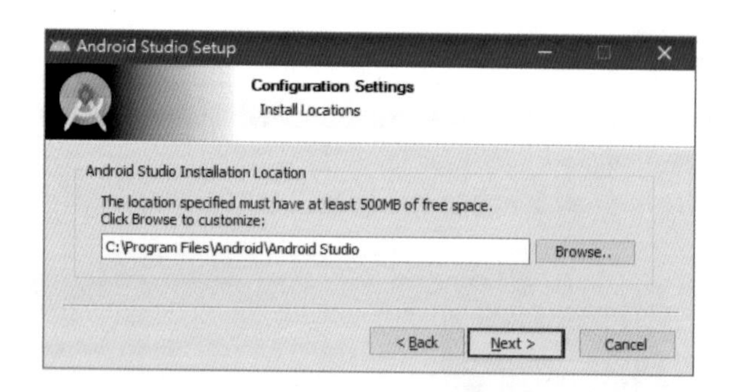

step 07 請點擊「Install」。

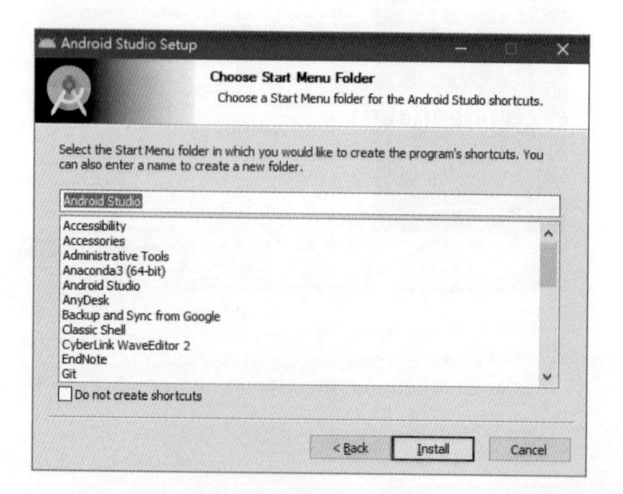

step 08 待安裝進度條跑完後，請點擊「Next」。

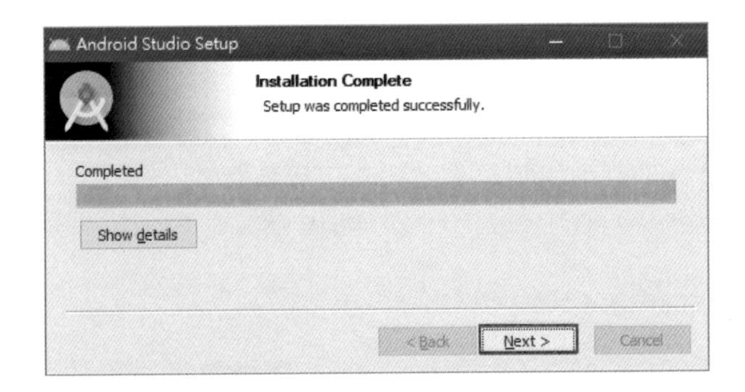

step 09 請點擊「Finish」，並啟動 Android Studio。

step 10 請點擊「OK」。

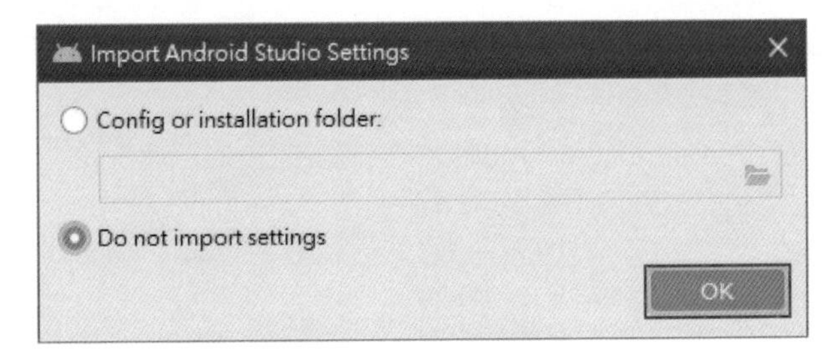

step 11 請根據個人意願是否傳送資料幫助 Google 改進 Android Studio。

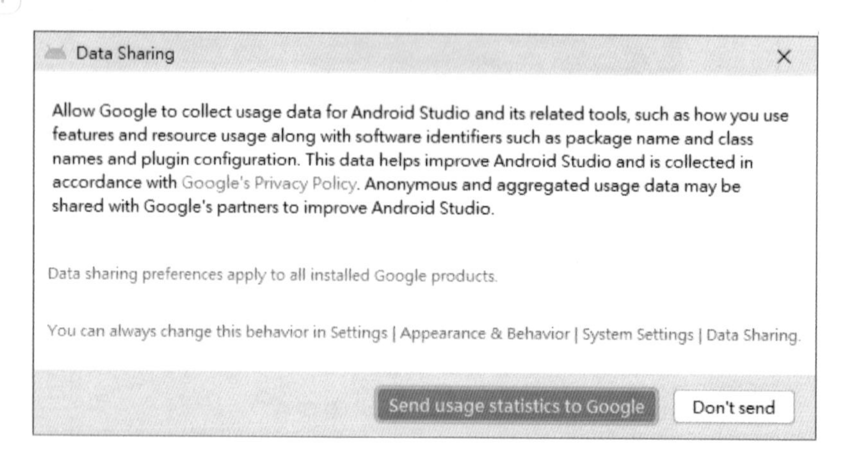

step 12 進入 Welcome 畫面後，即可點選「Next」進入 Android Studio。

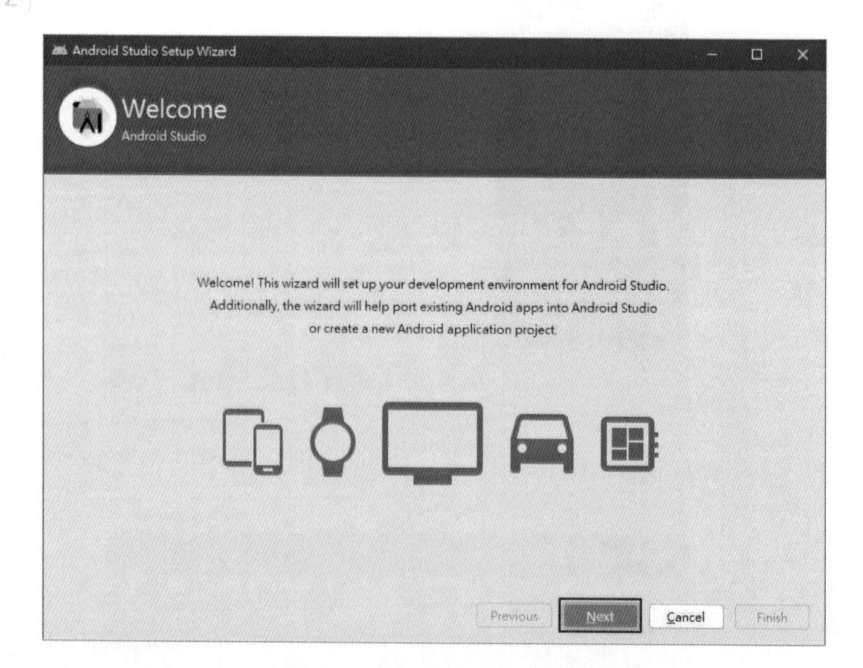

9-3 利用 Android Studio 將網頁轉換成 App

9-3-1 Android Studio 環境設定

Android 應用程式套件 (Android application package) 簡稱「APK」，是 Android 作業系統使用的一種套件檔案格式，用於發佈和安裝行動應用程式，如果欲將應用程式用於 Android 的行動裝置中，需要先經過編譯，接著打包成為一個可以被 Android 所辨識的檔案方可被執行，APK 分為認證與未認證兩種，認證後的 APK 才被允許上架至 Google Play，未經認證則無法上架，但依然可以安裝於行動裝置中。

step 01 請開啟 Android Studio，並點擊「Next」。

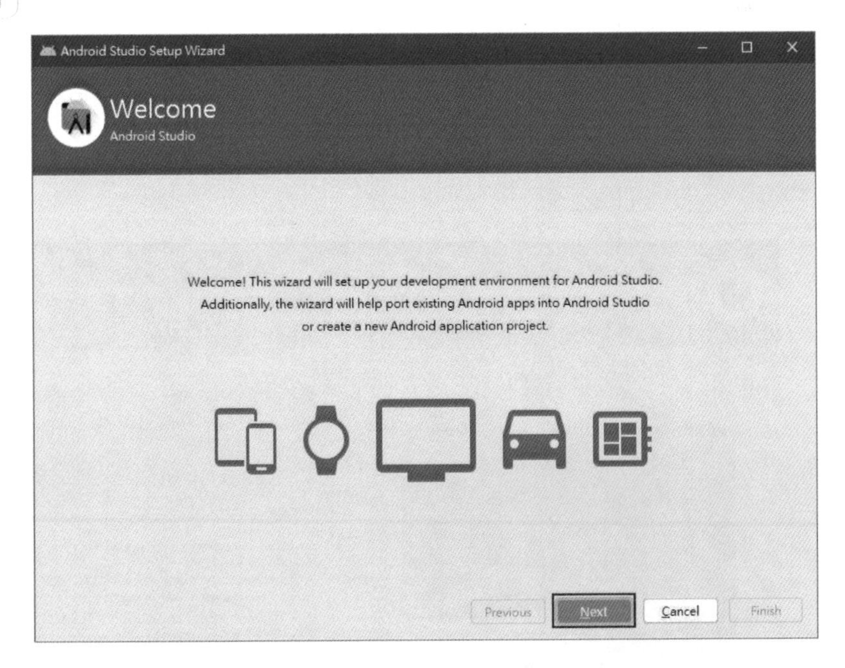

step 02 請選擇「Standard」或「Custom」進行安裝，並點擊「Next」。

TIP

初學者如果不知道如何做選擇，可以選擇「Standard」即可。

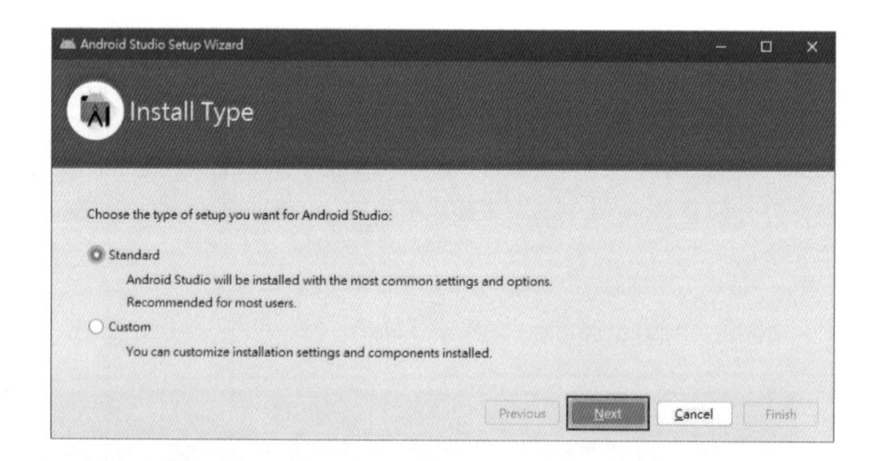

step 03 請根據個人喜好選擇 Android Studio 主題色系，並點擊「Next」。

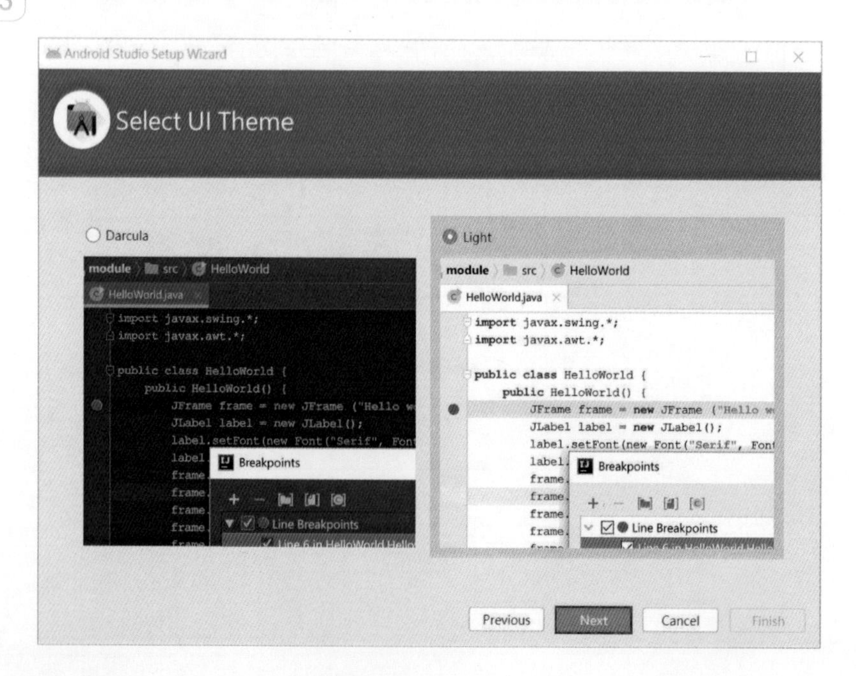

step 04 請點擊「Finish」。

TIP

若出現「Your sdk location contains non-ascii characters」提示，代表路徑中包含中文字，需要重新設定路徑。

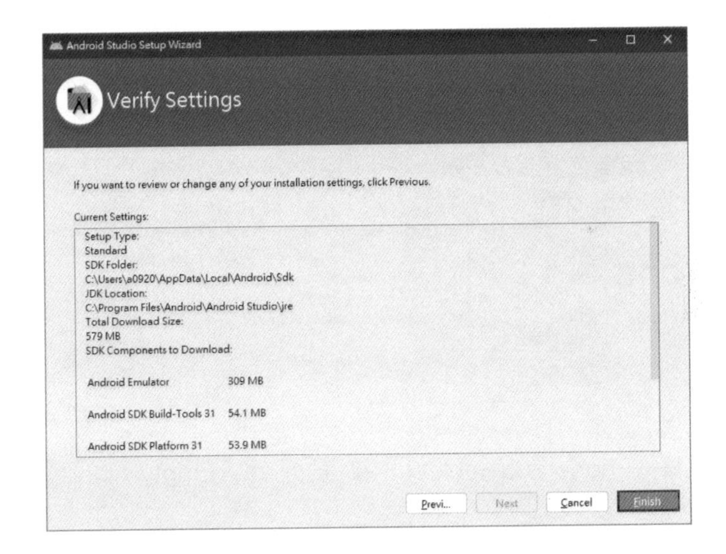

step 05 請點擊「Finish」。

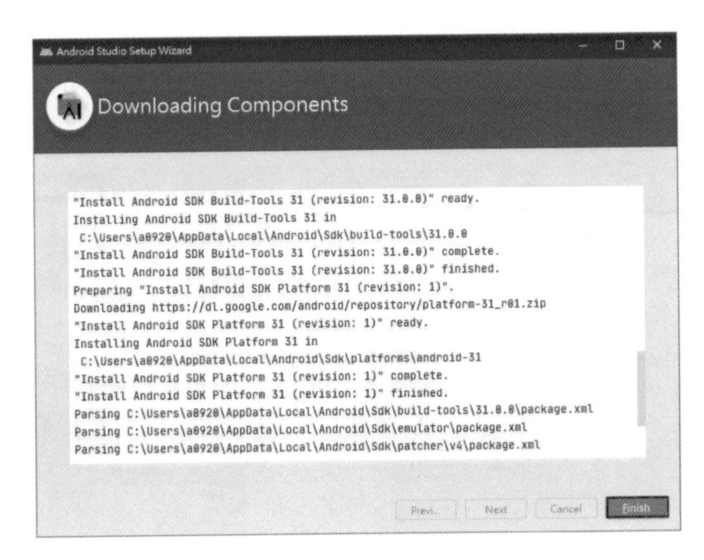

9-3-2 建立專案

step 01 請點擊「Create New Project」。

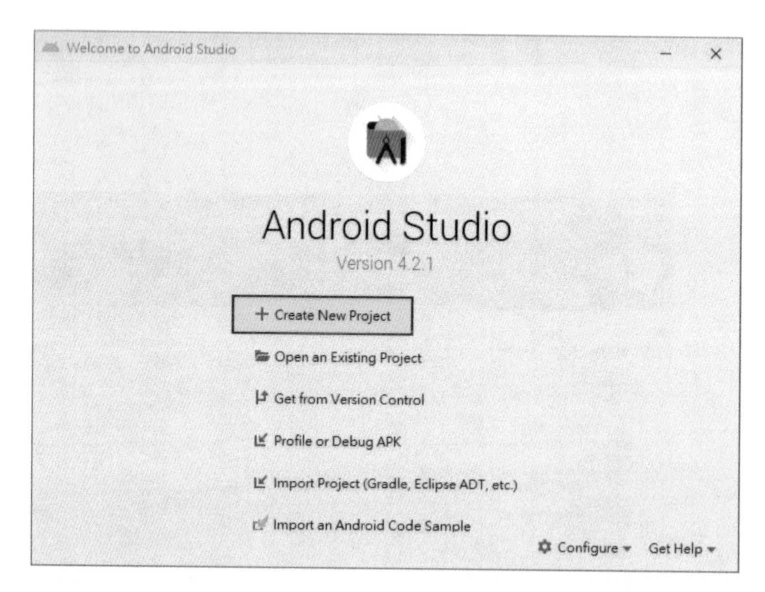

step 02 選擇「Phone and Tablet」，接著選擇「Empty Activity」，最後點擊「Next」。

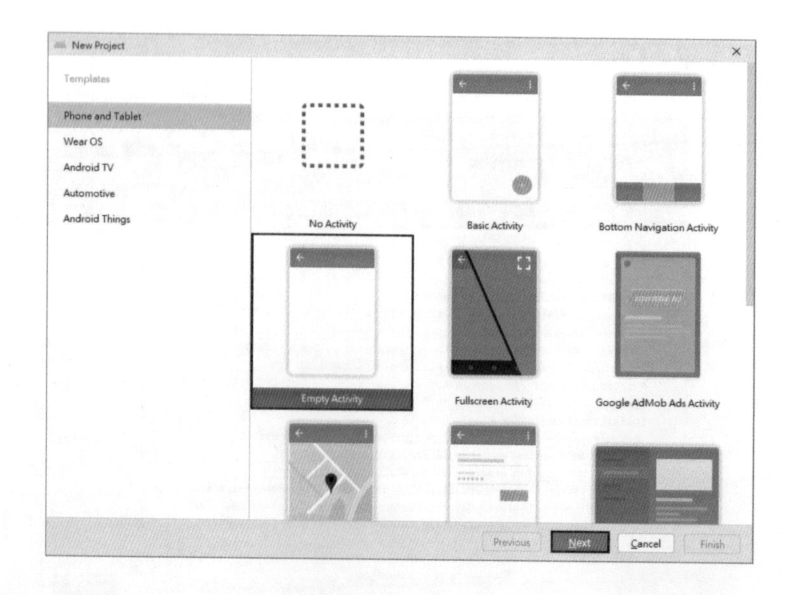

step 03 依序輸入「Name」、「Package name」，選擇「Save location」、「Language」、「Minimim SDK」，並點擊「Finish」。

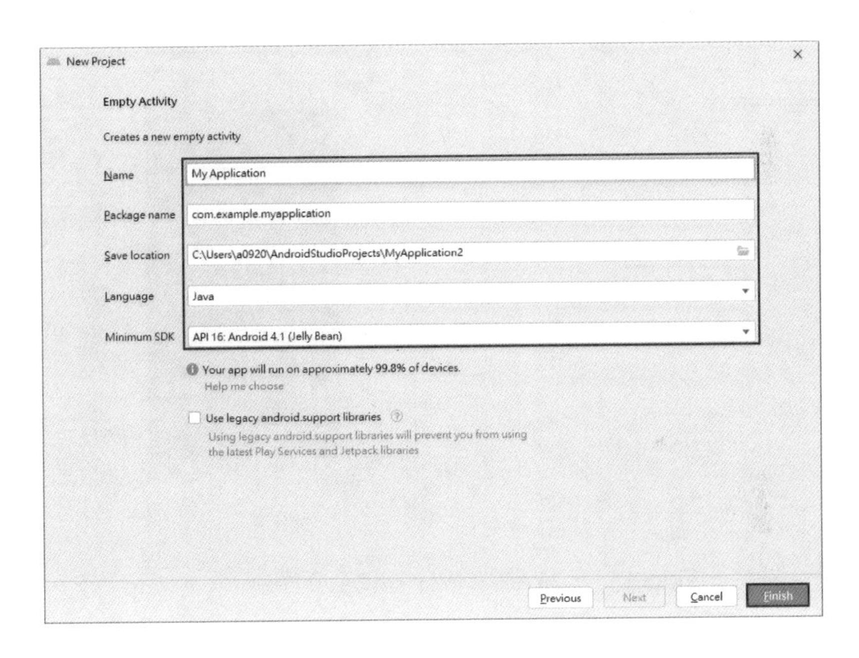

step 04 請點擊「res」→「layout」→「activity_main.xml」。

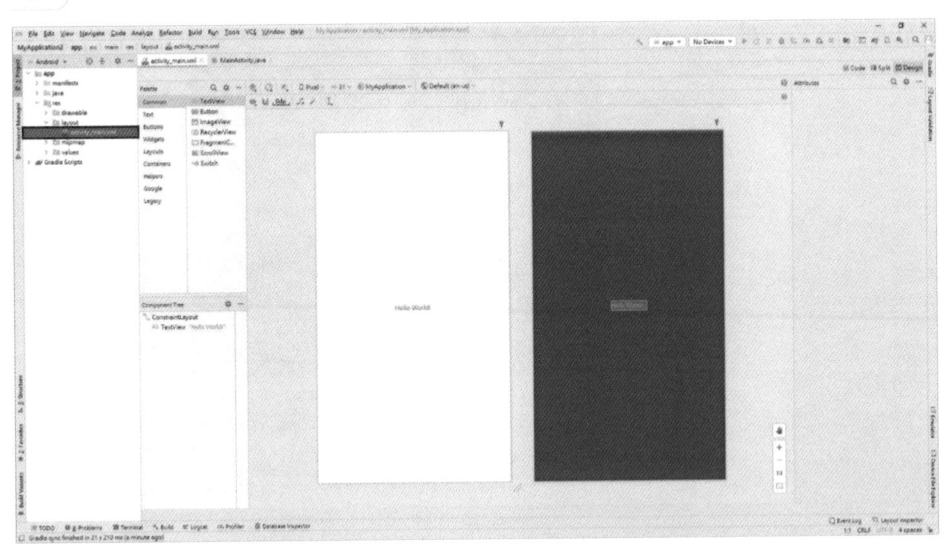

step 05 請將畫面上原有組件刪除。

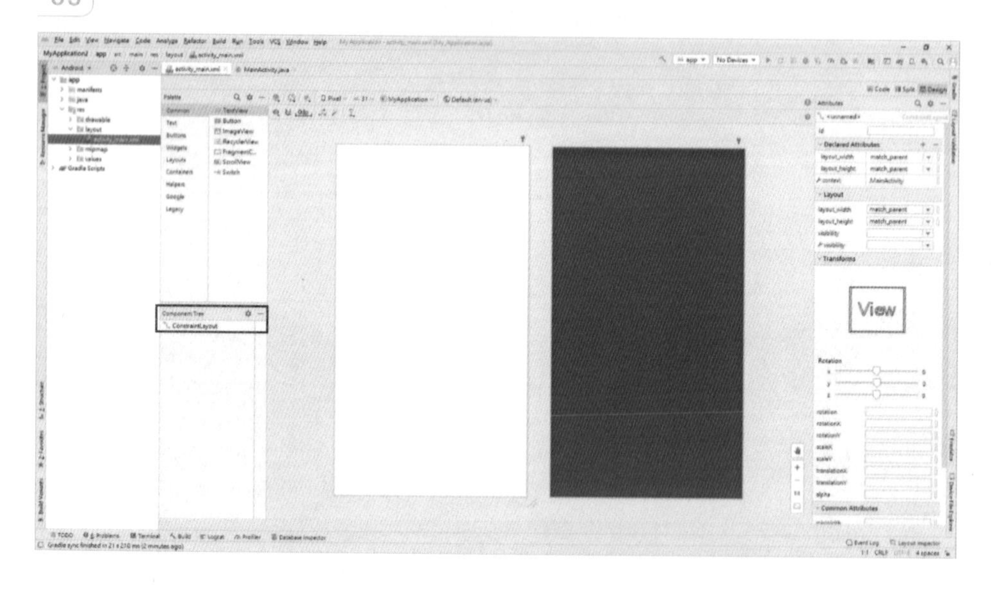

step 06 請將「Widget」→「Web View」拖曳至介面中。

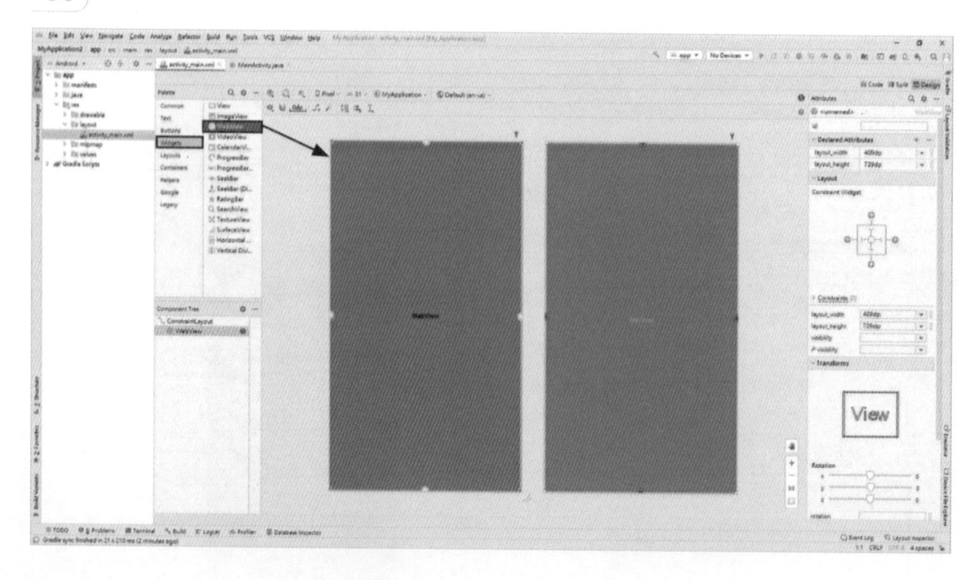

step 07 請輸入 id「web_view」，並點擊中間類似魔術棒的圖示。

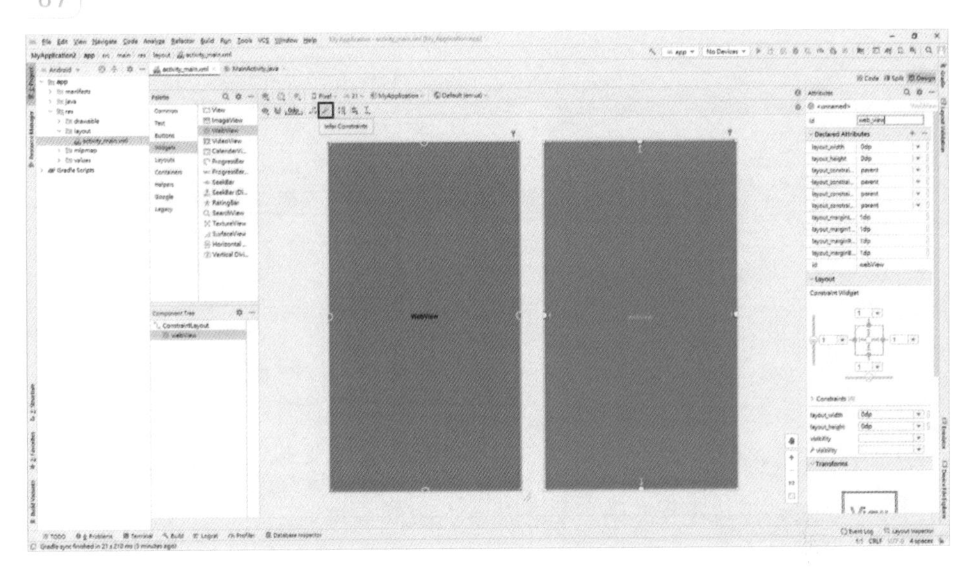

step 08 可於畫面中的右上角「Code」切換成程式碼模式。

TIP

- Code：程式碼模式
- Split：分割模式
- Design：設計模式

```
<?xml version="1.0" encoding="utf-8"?>
<androidx.constraintlayout.widget.ConstraintLayout xmlns:android="http://schemas.android.com/apk/res/android"
    xmlns:app="http://schemas.android.com/apk/res-auto"
    xmlns:tools="http://schemas.android.com/tools"
    android:layout_width="match_parent"
    android:layout_height="match_parent"
    tools:context=".MainActivity">

    <WebView
        android:id="@+id/web_view"
        android:layout_width="0dp"
        android:layout_height="0dp"
        android:layout_marginStart="1dp"
        android:layout_marginLeft="1dp"
        android:layout_marginTop="1dp"
        android:layout_marginEnd="1dp"
        android:layout_marginRight="1dp"
        android:layout_marginBottom="1dp"
        app:layout_constraintBottom_toBottomOf="parent"
        app:layout_constraintEnd_toEndOf="parent"
        app:layout_constraintStart_toStartOf="parent"
        app:layout_constraintTop_toTopOf="parent" />
</androidx.constraintlayout.widget.ConstraintLayout>
```

step 09 請點擊「manifests」→「AndroidManifest.xml」，並加入網路權限設定「<uses-permission android:name="android.permission.INTERNET" />」。

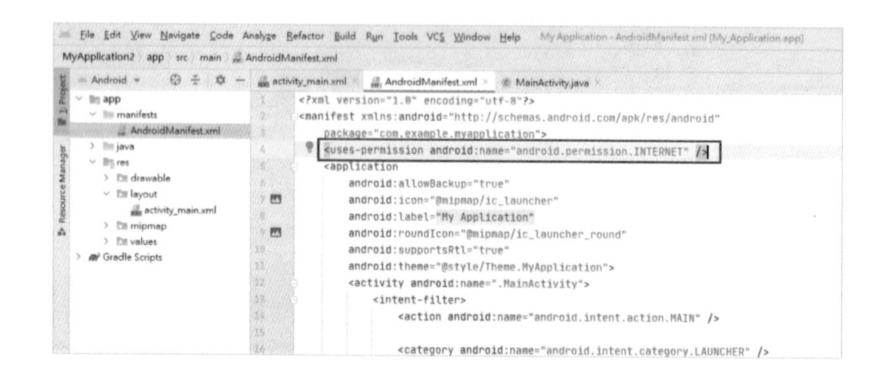

step 10 請點擊「java」→「com.example.myapplication」→「MainActivity.java」，並修改成以下程式碼，此處以 google 首頁為例。

> **TIP**
>
> 在撰寫過程中，「WebView」與「WebViewClient」如果是紅字，請將游標移到該字上，按下「Alt」+「Enter」，並選擇「Import Class」。

```
public class MainActivity extends AppCompatActivity {

    @Override
    protected void onCreate(Bundle savedInstanceState) {
        super.onCreate(savedInstanceState);
        setContentView(R.layout.activity_main);
        WebView web =(WebView) findViewById(R.id.web_view);
        web.getSettings().setJavaScriptEnabled(true);
        web.setWebViewClient(new WebViewClient());
        web.loadUrl("https://www.google.com/?hl=zh_TW");
    }
}
```

step 11 於「java」→「com.example.myapplication」→「MainActivity.java」繼續新增監聽使用者行動裝置返回鍵，程式碼如下。

TIP

在撰寫過程中，「KeyEvent」如果是紅字，請將游標移到該字上，按下「Alt」+「Enter」，並選擇「Import Class」。

```
public class MainActivity extends AppCompatActivity {

    @Override
    protected void onCreate(Bundle savedInstanceState) {
        super.onCreate(savedInstanceState);
        setContentView(R.layout.activity_main);
        WebView web =(WebView) findViewById(R.id.web_view);
        web.getSettings().setJavaScriptEnabled(true);
        web.setWebViewClient(new WebViewClient());
        web.loadUrl("https://www.google.com/?hl=zh_TW");
    }

    @Override
    public boolean onKeyDown(int keyCode, KeyEvent event){
        WebView web = (WebView) findViewById(R.id.web_view);
        if (keyCode == KeyEvent.KEYCODE_BACK && web.canGoBack())
        {
            web.goBack();
            return true;
        }
        return super.onKeyDown(keyCode, event);
    }
}
```

9-3-3 建立測試用模擬器

step 01 請點擊導覽列中「Tools」→「AVD Manager」。

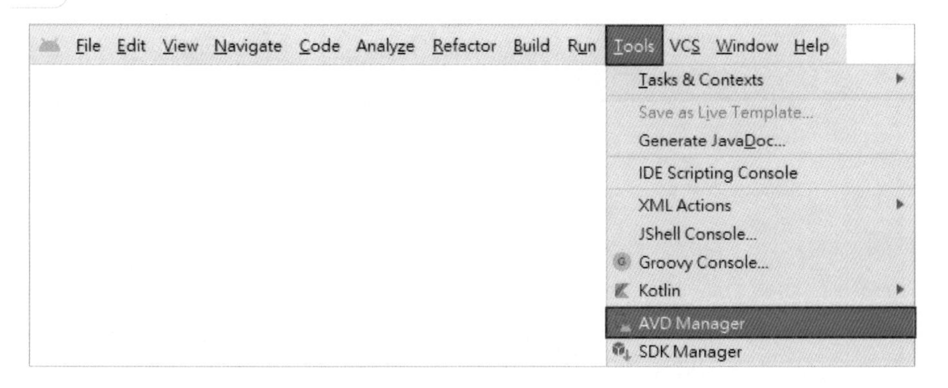

step 02 請點擊「+ Create Virtual Device」。

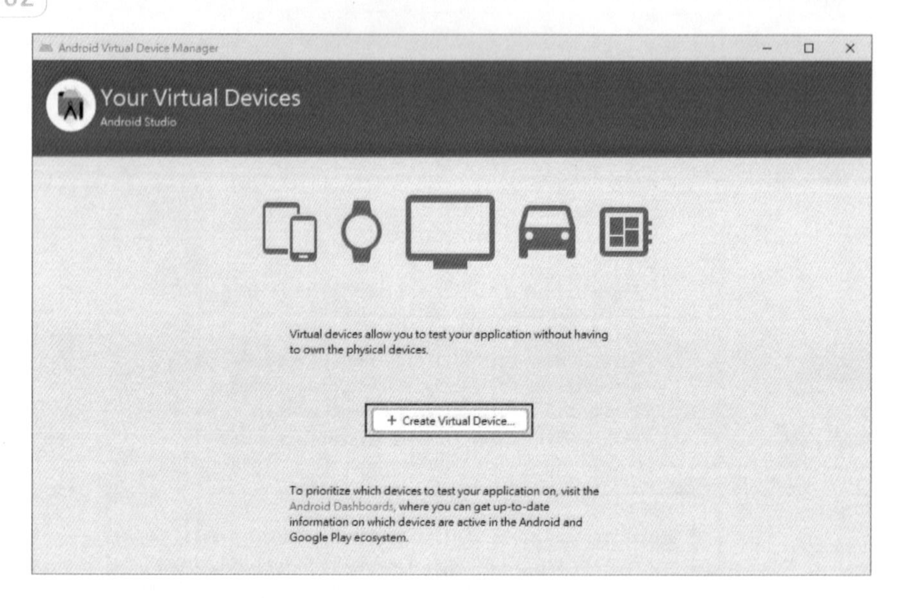

step 03 請根據個人需求選用模擬器，本書以「Pixel 2」為例，選擇完模擬器後點擊「Next」。

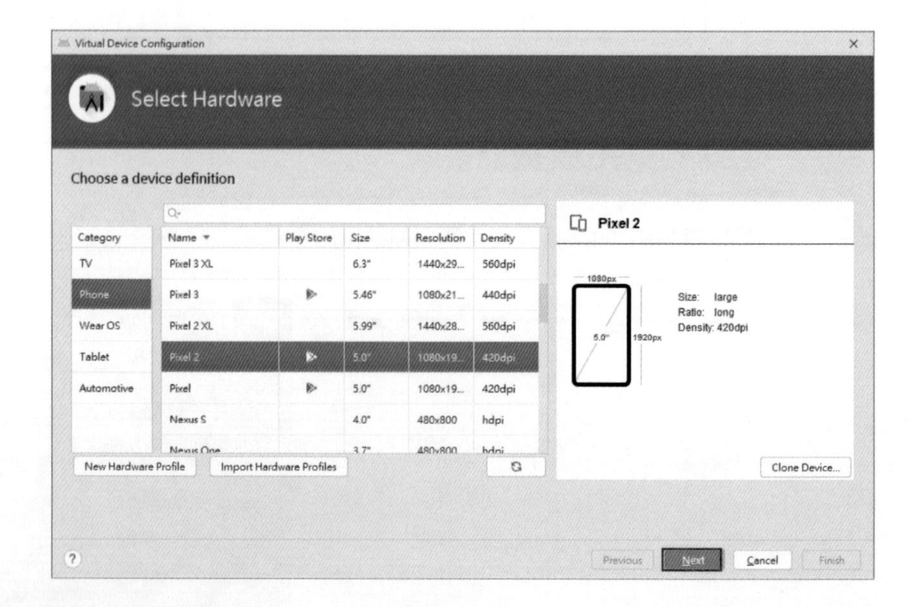

step 04 請點擊最新版本 R 版的「Download」。

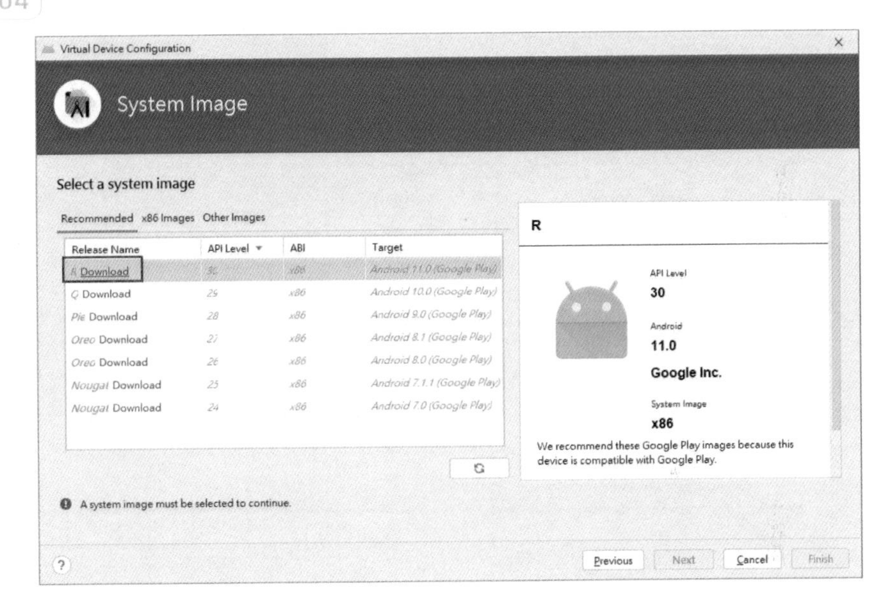

step 05 請選擇「Accept」，並點擊「Next」。

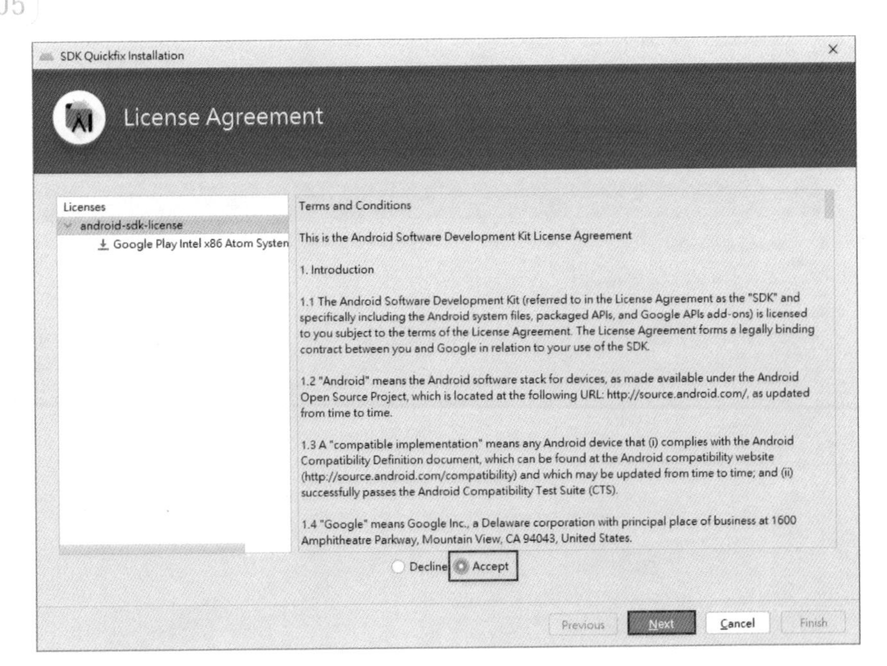

step 06 待進度條跑完後，請點擊「Finish」。

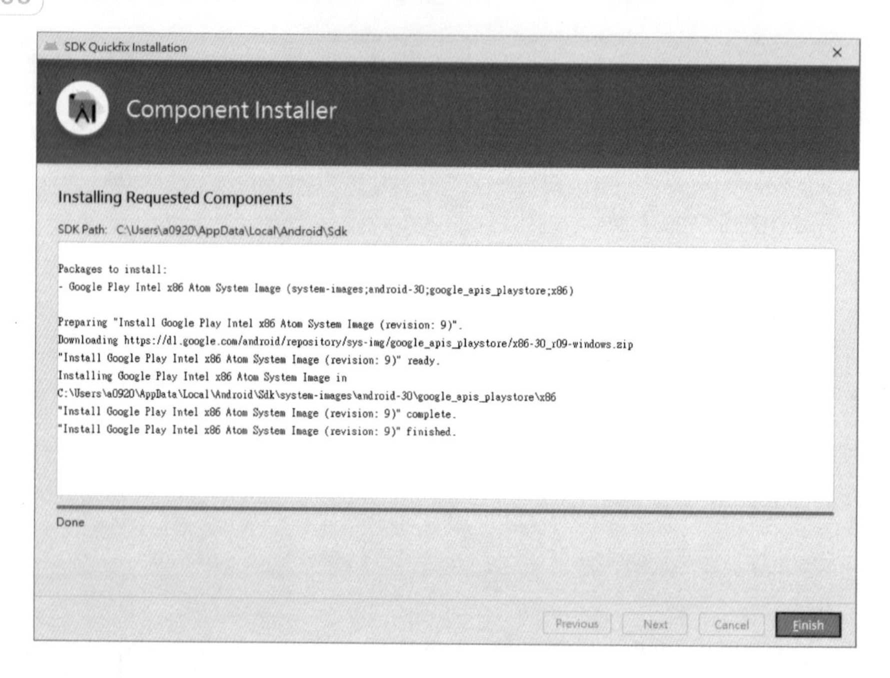

step 07 請點擊「Next」。

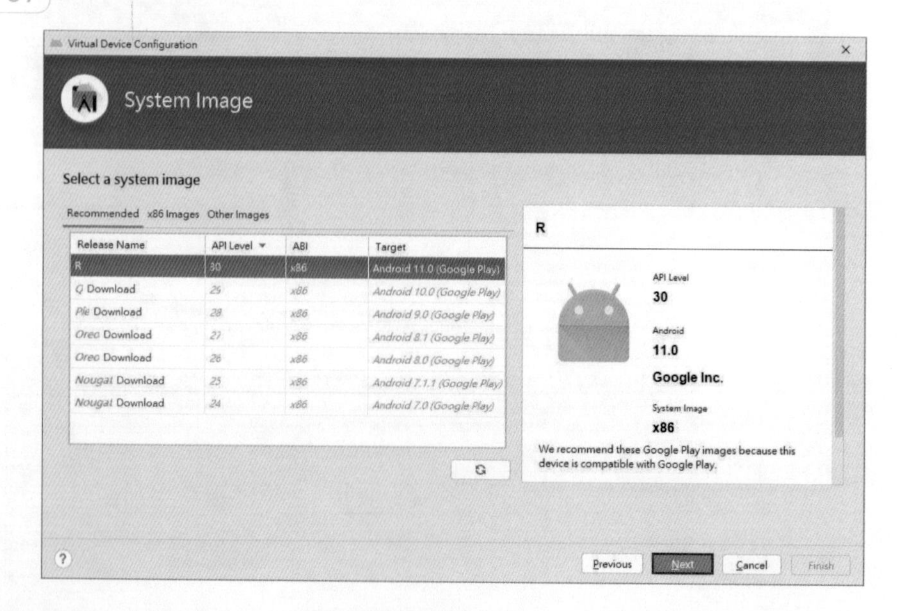

step 08 可根據個人喜好或需求更改 AVD Name，並點擊「Finish」。

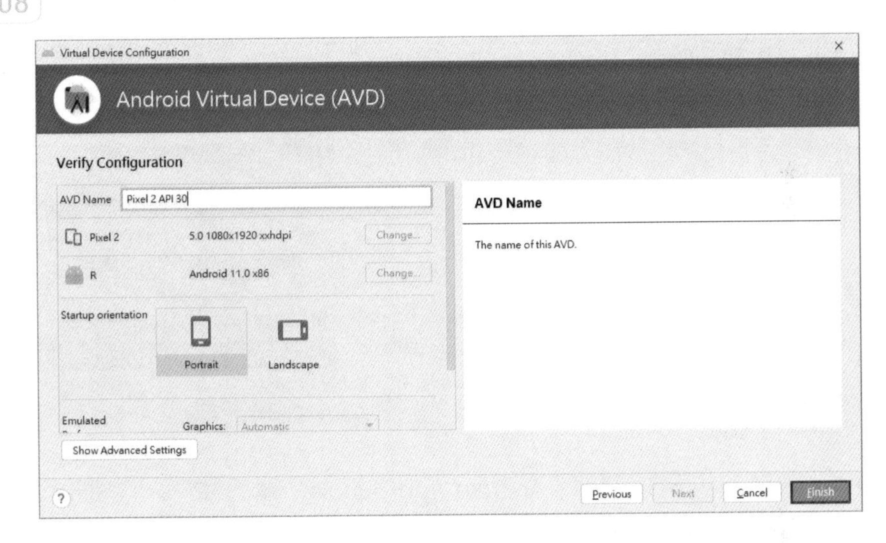

step 09 回到 Android Studio，點擊導覽列中「Run」→「Run 'app'」。

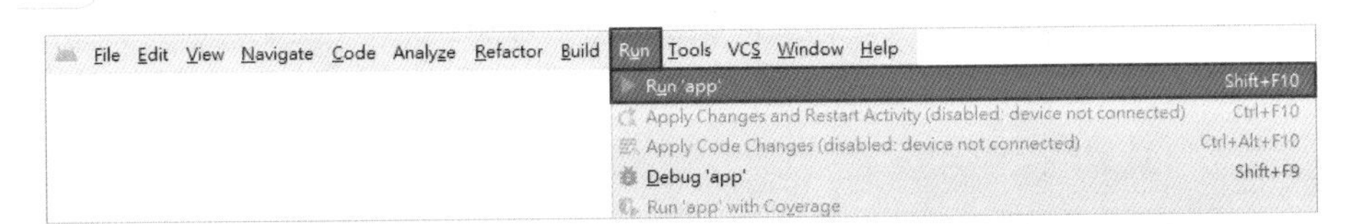

step 10 請查看模擬器，出現右圖畫面即表示成功。

9-3-4 匯出 apk 執行檔

step 01 請點擊「Build」→「Generate Signed Build / APK⋯」。

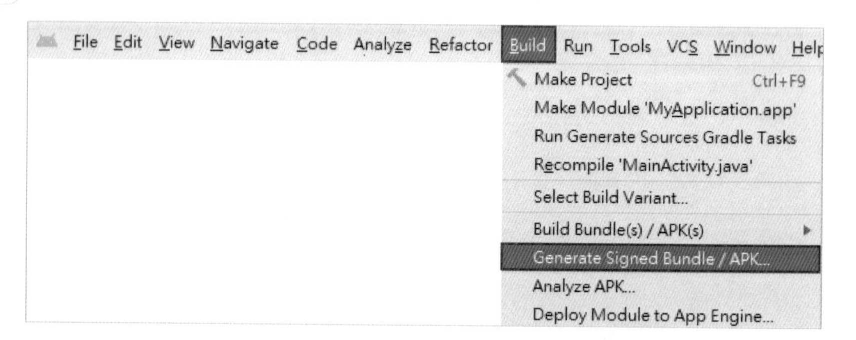

step 02 根據個人需求選擇「Android App Bundle」或「APK」，本書以 Android App Bundle 為例，接著請點擊「Next」。

TIP

1. Android App Bundle (.aab) 是一種能包含所有程式碼與資源檔的 Android App 發佈格式。
2. Android application package(APK) 是一種可直接安裝於行動裝置上的應用程式，需透過認證才可上架至 Google Play。

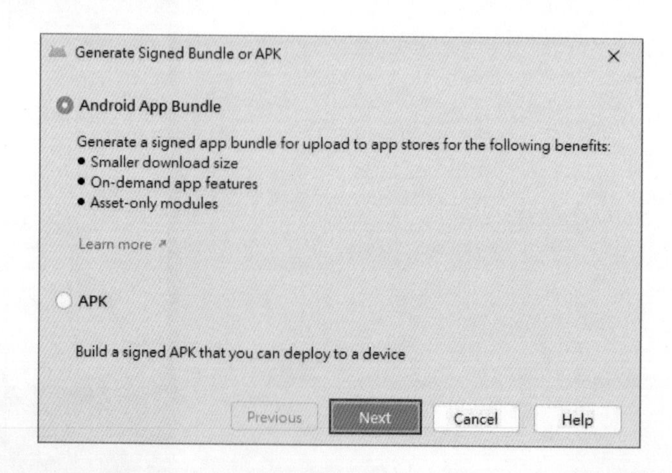

step 03 請點擊「Create new …」產生認證檔案。

TIP

如果已建立過 Key store path，請選擇「Choose existing」。

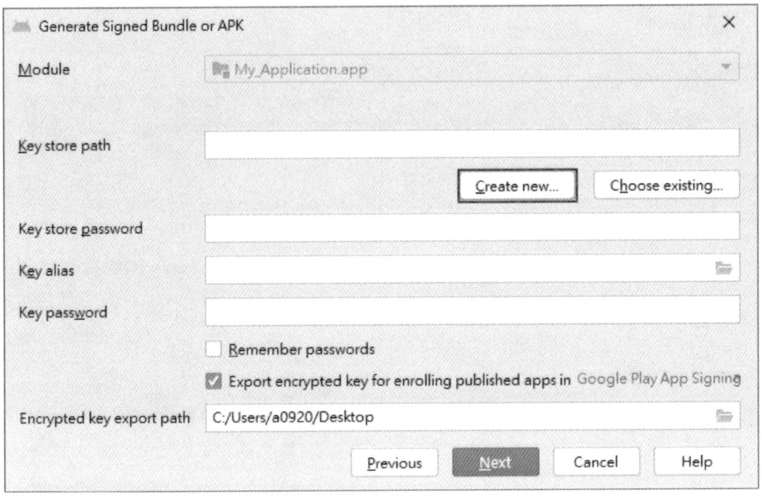

Generate Signed Bundle or APK
Module My_Application.app
Key store path
Create new... Choose existing...
Key store password
Key alias
Key password
Remember passwords
Export encrypted key for enrolling published apps in Google Play App Signing
Encrypted key export path C:/Users/a0920/Desktop
Previous Next Cancel Help

step 04 請輸入認證檔案資訊，並點擊「OK」。

TIP

1. 各欄位代表：

欄位	代表	是否為必填
Key store path	產生出來的簽名檔儲存位置	是
Password	簽名檔密碼，最少要六碼	是
Confirm	再次確認簽名檔密碼	是
Alias	簽名檔別名	是
Password(Key)	簽名檔別名密碼，最少要六碼	是
Confirm(Key)	再次確認簽名檔密碼	是

欄位	代表	是否為必填
Validity(years)	簽名檔有效期限，預設 25 年	是
First and Last Name	作者姓名	是
Organization Unit	公司單位	否
Organization	公司名稱	否
City or Locality	公司所在城市	否
State or Province	公司所在區域或省	否
Country Code (XX)	國家地區代碼	否

2.「金鑰工具錯誤：java.io.IOException: Incorrect AVA format」錯誤訊息，代表欄位中不得出現「,」。

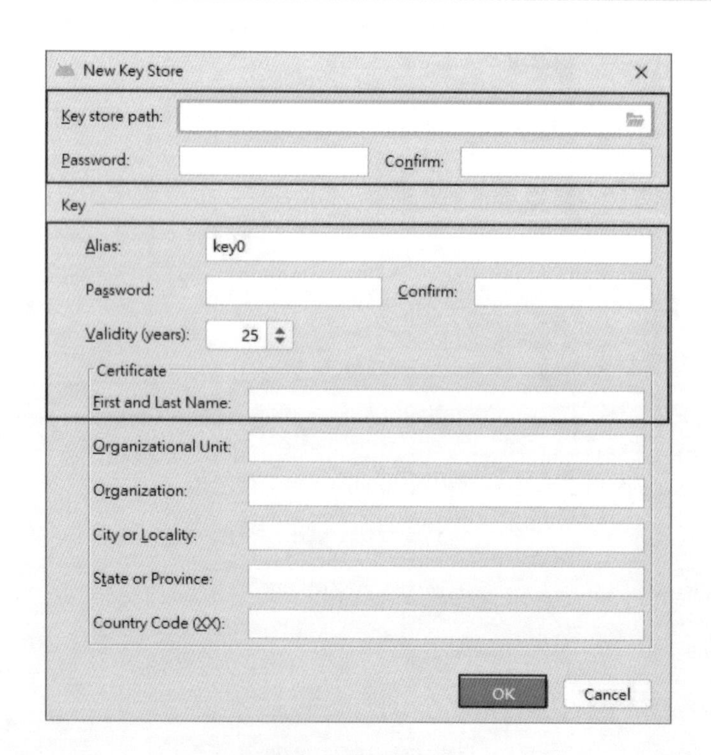

step 05 請點擊「Next」。

Generate Signed Bundle or APK

Module: My_Application.app

Key store path: C:\Users\a0920\AndroidStudioProjects\20210728.jks

Create new... Choose existing...

Key store password: ••••••

Key alias: key0

Key password: ••••••

Remember passwords

Export encrypted key for enrolling published apps in Google Play App Signing

Encrypted key export path: C:/Users/a0920/Desktop

Previous Next Cancel Help

step 06 請選擇欲打包成的 APK 類型，並點擊「Finish」。

TIP

- Debug：除錯版，可安裝在行動裝置或模擬器上進行測試但無法上架至應用程式商店。
- Release：發行版，可安裝在行動裝置或模擬器上進行測試並上架於應用程式商店。

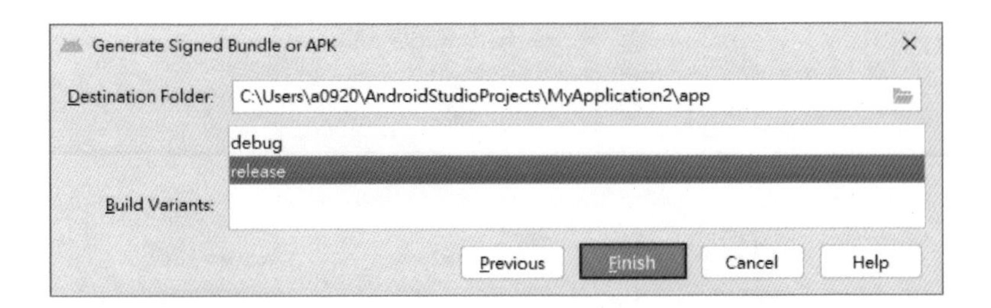

TIP

如果要更新 APK 時，請點擊導覽列「Build」→「Build Bundle(s) / APK(s)」。

9-4 Android App 上架流程

Google Play 商店是 Android 最大的應用程式商店，並且是由 Google 官方建立。只要取得 Google 正式授權的 Android 系統行動裝置皆會內建。

在 Google Play 商店上架應用程式並非免費，需支付一次性費用 $25 USD 便可永久使用，不限上架次數與時間。

9-4-1 註冊 Google Play 開發人員帳戶

step 01 請至 Google Play Console 官網，並點擊「Go to Play Console」。

> **TIP**
>
> Google Play Console官網網址為https://play.google.com/console/about/。

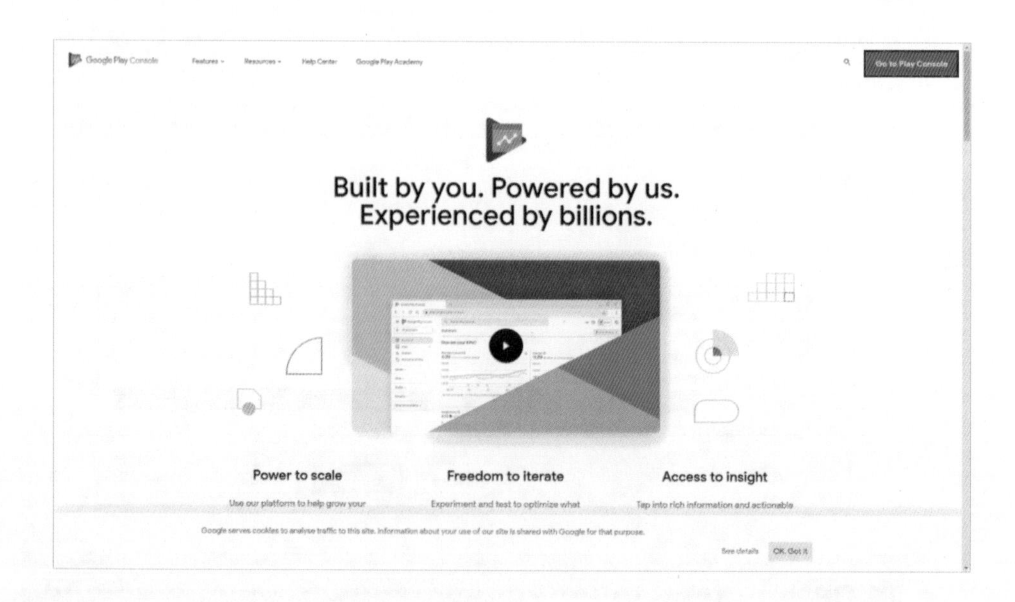

step 02 請登入個人帳戶，並建立開發人員帳戶。

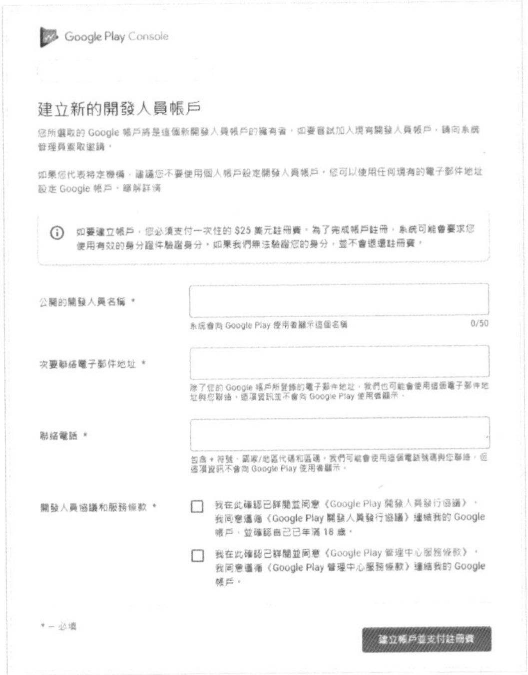

Google Play Console

建立新的開發人員帳戶

您所選取的 Google 帳戶將是這個新開發人員帳戶的擁有者，如要嘗試加入現有開發人員帳戶，請向系統管理員索取邀請。

如果您代表特定機構，建議您不要使用個人帳戶設定開發人員帳戶，您可以使用任何現有的電子郵件地址設定 Google 帳戶。瞭解詳情

如要建立帳戶，您必須支付一次性的 $25 美元註冊費。為了完成帳戶註冊，系統可能會要求您使用有效的身分證件驗證身分，如果我們無法驗證您的身分，並不會退還註冊費。

公開的開發人員名稱 *

系統會向 Google Play 使用者顯示這個名稱 0/50

次要聯絡電子郵件地址 *

除了您的 Google 帳戶所登錄的電子郵件地址，我們也可能會使用這個電子郵件地址與您聯絡，這項資訊並不會向 Google Play 使用者顯示。

聯絡電話 *

包含 + 符號、國家/地區代碼和區碼，我們可能會使用這個電話號碼與您聯絡，但這項資訊不會向 Google Play 使用者顯示。

開發人員協議和服務條款 *

我在此確認已詳閱並同意《Google Play 開發人員發行協議》，我同意遵循《Google Play 開發人員發行協議》連結我的 Google 帳戶，並確認自己已年滿 18 歲。

我在此確認已詳閱並同意《Google Play 管理中心服務條款》，我同意遵循《Google Play 管理中心服務條款》連結我的 Google 帳戶。

* — 必填

建立帳戶並支付註冊費

step 03 請輸入個人付款資訊以支付 $25 USD。

完成購買程序 ×

Developer Registration Fee US$25.00

新增信用卡或簽帳金融卡

卡號

卡號為必填

月份 / 年份 信用卡驗證碼

持卡人姓名

台灣 (TW)

郵遞區號

「郵遞區號」是必填欄位

選擇繼續即表示您同意 Google Payments 的《服務條款》。《隱私權聲明》說明 Google 如何處理您的資料。

結帳

9-4-2 在 Google Play 商店創建一個自己的 App

step 01 請點擊「建立應用程式」。

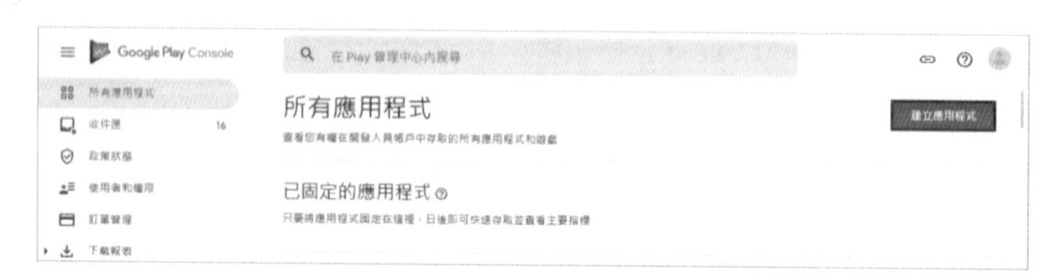

step 02 請輸入應用程式名稱、預設語言，並根據個人需求做後續勾選，勾選完畢後點擊「建立應用程式」。

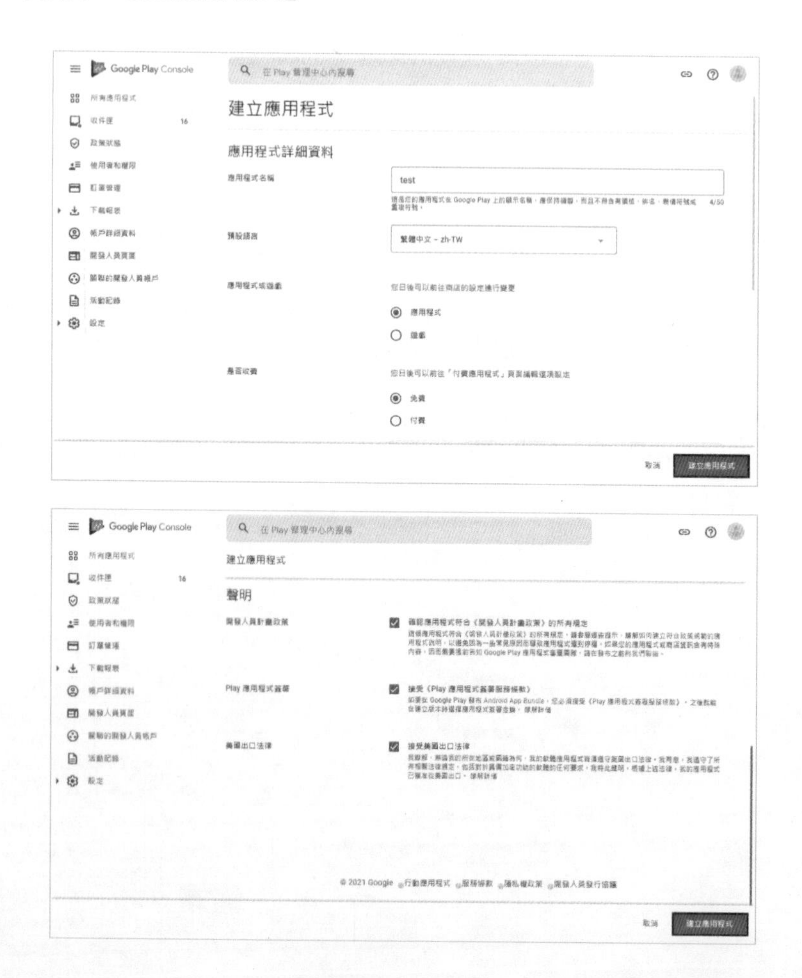

step 03 請點擊側邊選單「主要商店資訊」，填寫應用程式說明，上傳應用程式圖片與螢幕截圖，並點擊「儲存」。

TIP

上傳螢幕截圖時，請留意圖片大小及檔案大小限制。

step 04 請點擊側邊選單「正式版」，並點擊「建立新版本」。

step 05 請上傳 APK 至應用程式套件，並輸入版本資訊後點擊「儲存」。

step 06 請點擊側邊選單「應用程式內容」，完成各項各項問卷填寫。

step 07 請點擊側邊選單「政策狀態」，等待應用程式通過審核。

TIP

此步驟僅在需要更改應用程式收費時操作，若未更動設定則「儲存變更」的按鈕將無法點擊。

step 08 請點擊側邊選單「應用程式定價」，可以調整應用程式定價。

step 09 最後，請點擊側邊選單「正式版」，並點擊「編輯版本」後進行發布。

參考網站

【第一章】

1. Visual Studio Code，https://code.visualstudio.com
2. Git，http://git-scm.com
3. Github，https://github.com

【第二章】

1. 郭嘉雯，2011/11/16，「Div+CSS 網頁版面設計：輕鬆做網頁排版，隨手做 SEO，http://www.kingstone.com.tw/book/book_page.asp?kmcode=2013120196292
2. IT 閱讀，2016/11/7，「HTML5 新增的結構元素——能用不代表用對了」，http://www.itread01.com/articles/1478508926.html
3. 湯姆大叔的博客，2011/12/7，「HTML5 学习笔记简明版（2）：新元素之section,article,aside」http://www.cnblogs.com/TomXu/archive/2011/12/07/2269032.html
4. 維基百科，「HTML」，https://zh.wikipedia.org/wiki/HTML
5. W3school，「HTML/CSS」，http://www.w3school.com.cn/html/

6. Wibibi 網頁設計教學百科，「HTML meta 標籤」，
http://www.wibibi.com/info.php?tid=415

7. 壹讀，「HTML5 與 CSS3 基礎教程：用 aside 表示網頁獨立內容，
https://read01.com/5OBzJ4.html

【第三章】

1. 郭嘉雯，2011/11/16，「Div+CSS 網頁版面設計：輕鬆做網頁排版，隨手做 SEO」，http://www.kingstone.com.tw/book/book_page.asp?kmcode=2013120196292

2. goodlucky，2009/7/3，「[CSS] Div CSS 網站的優點」，
http://goodlucky.pixnet.net/blog/post/28527416-%5Bcss%5D-div-css%E7%B6%B2%E7%AB%99%E7%9A%84%E5%84%AA%E9%BB%9E

3. Jas9 Taipei. 設計誌，2011/9/20「網頁設計該用哪種字級單位：px、em 或 rem ？」，http://jas9.blogspot.com/2011/09/pxemrem.html

4. DesignRock，2014 /9 /29，「css 中單位 px 和 em,rem 的區別」，
https://designrockin.wordpress.com/2014/09/29/css%E4%B8%AD%E5%96%AE%E4%BD%8Dpx%E5%92%8Cemrem%E7%9A%84%E5%8D%80%E5%88%A5/

5. 維基百科，「階層式樣式表」，https://zh.wikipedia.org/wiki/%E5%B1%82%E5%8F%A0%E6%A0%B7%E5%BC%8F%E8%A1%A8

6. 一化網頁設計，「為什麼要使用 CSS 設計網頁 ??」，
https://www.webdesigns.com.tw/ework_081209.asp

7. W3school，「CSS 基礎教程」，https://www.w3schools.com/css/default.asp

8. Will 保哥，「學習 CSS 版面配置 - 關於 position 屬性」，
http://zh-tw.learnlayout.com/position.html

【第四章】

1. Vexed's Blog，2012/7/7，「html5shiv 請在 HTML5 標籤前載入」，
http://blog.xuite.net/vexed/tech/61584433-html5shiv+%E8%AB%8B%E5%9C%A8+HTML5+%E6%A8%99%E7%B1%A4%E5%89%8D%E8%BC%89%E5%85%A5

2. 郭嘉雯，2011/11/16，「Div+CSS 網頁版面設計：輕鬆做網頁排版，隨手做 SEO」，http://www.kingstone.com.tw/book/book_page.asp?kmcode=2013120196292
3. 飛肯設計學苑，2012/8 /30，使用 Veiwport 設定手機網頁的螢幕解析度，http://www.flycan.com/article/mobile-web/meta-veiwport-1316.html
4. 愛貝斯網路，「響應式網頁原理」，https://www.ibest.tw/page02.php
5. 愛貝斯網路，「什麼是響應式網頁設計 (Responsive Web Design)」，https://www.ibest.tw/page01.php
6. 佳訊國際行銷顧問有限公司，「何謂響應式網頁設計？」，http://www.e-goodnews.com.tw/www/info_rwd.php?id=37
7. 一化網頁設計，「什麼是 RWD (響應式網頁設計、回應式網頁設計)?」，https://www.webdesigns.com.tw/RWD-web-design.asp
8. jQuery，https://jquery.com/
9. Adobe color，https://color.adobe.com/zh/explore/?filter=newest
10. Coolors，http://coolors.co/

【第五章】

1. W3school，「HTML/CSS」，https://www.w3schools.com/html/default.asp

【第六章】

1. Bootstrap，http://getbootstrap.com/

【第七章】

1. W3school，「HTML/CSS」，https://www.w3schools.com/html/default.asp
2. Bootstrap，http://getbootstrap.com/

【第八章】

1. W3school，「HTML/CSS」，https://www.w3schools.com/html/default.asp
2. Bootstrap，http://getbootstrap.com/

秒懂行動網頁設計 Visual Studio Code+GitHub+Bootstrap5+CSS3 +HTML5+Web App 專案實作

作　　者：蕭國倫 / 姜琇森 / 陳璟誼 / 董子瑜 / 朱珮儀
章家源
企劃編輯：江佳慧
文字編輯：王雅雯
設計裝幀：張寶莉
發 行 人：廖文良

發 行 所：碁峰資訊股份有限公司
地　　址：台北市南港區三重路 66 號 7 樓之 6
電　　話：(02)2788-2408
傳　　真：(02)8192-4433
網　　站：www.gotop.com.tw
書　　號：AEL024900
版　　次：2021 年 12 月初版
2024 年 06 月初版三刷
建議售價：NT$550

國家圖書館出版品預行編目資料

秒懂行動網頁設計 Visual Studio Code+GitHub+Bootstrap5+CSS3 +HTML5+Web App 專案實作 / 蕭國倫, 姜琇森, 陳璟誼, 董子瑜, 朱珮儀, 章家源著. -- 初版. -- 臺北市：碁峰資訊, 2021.12
面；　公分
ISBN 978-626-324-031-5(平裝)
1.網頁設計
312.1695　　110019405

本書是根據寫作當時的資料撰寫而成，日後若因資料更新導致與書籍內容有所差異，敬請見諒。若是軟、硬體問題，請您直接與軟、硬體廠商聯絡。